全国高职高专机电及机器人专业工学结合“十三五”规划教材

自动化生产线安装与调试（亚龙系统）

主　编　贾丽仕　郭选明　周北明

副主编　汤德荣　张泽华　朱　佳　郭小进

丁度坤　梁生龙　周　威

参　编　李腾飞

主　审　尹　霞

华中科技大学出版社

中国·武汉

内 容 简 介

本书分为四个模块，模块一是对整个自动化生产线系统进行总体介绍，并了解亚龙 YL-335B 自动化生产线系统的基本构成和功能；模块二是对系统涉及的机械装配、气动、电气、传感器、电动机、PLC 等进行阐述；模块三是对亚龙 YL-335B 自动化生产线系统中的五个单元进行详细讲解；模块四是对各站的通信后进行联机调试及人机界面。通过这四个模块的学习，提高学生的综合应用能力。

自动化生产线作为高职高专机电专业的核心课程，本书的编写在基于工作过程导向的课程开发与教学设计思想之上，加大课程建设和改革力度，创新教材模式，是具有工学结合特色的改革教材。本书内容紧凑、图文并茂、讲述连贯，紧扣高职办学理念，强化学生职业素养，具有极强的可读性、应用性和先进性。本书理论与实践结合，并合理组织了每个教学板块，提高了学生的学习积极性和兴趣。

图书在版编目（CIP）数据

自动化生产线安装与调试（亚龙系统）/贾丽仕，郭选明，周北明主编. —武汉：华中科技大学出版社，2016.9（2024.1 重印）

全国高职高专机电及机器人专业工学结合"十三五"规划教材

ISBN 978-7-5680-1819-7

Ⅰ.①自… Ⅱ.①贾… ②郭… ③周… Ⅲ.①自动生产线-安装-高等职业教育-教材 ②自动生产线-调试方法-高等职业教育-教材 Ⅳ.①TP278

中国版本图书馆 CIP 数据核字（2016）第 103160 号

自动化生产线安装与调试（亚龙系统） 贾丽仕 郭选明 周北明 主编

Zidonghua Shengchanxian Anzhuang yu Tiaoshi(Yalong Xitong)

策划编辑：严育才
责任编辑：刘 飞
封面设计：原色设计
责任校对：何 欢
责任监印：周治超
出版发行：华中科技大学出版社（中国·武汉） 电话：(027)81321913
武汉市东湖新技术开发区华工科技园 邮编：430223
录 排：华中科技大学惠友文印中心
印 刷：武汉市籍缘印刷厂
开 本：787mm×1092mm 1/16
印 张：15
字 数：381 千字
版 次：2024 年 1 月第 1 版第 9 次印刷
定 价：39.80 元

全国高职高专机电及机器人专业
工学结合"十三五"规划教材
编审委员会

前　言

“自动化生产线”是高职高专机电专业的一门专业核心课程。通过学习“自动化生产线”课程，能够提高学生对自动化生产线设备现场基本故障的诊断和维修，确定故障原因并排除的能力；能对设备进行管理和维护；能对自动化生产线技术进行改进。

本书以亚龙 YL-335B 型西门子自动化生产线实训考核设备为主线，迎合自动化生产线安装与调试技能大赛的需求，考核学生的综合能力和动手能力。在内容上考虑自动化生产线需要一定的知识技能储备，把气动、电动机驱动、变频器、传感器、可编程控制器等相关内容讲解了一遍，方便后续模块的深入学习。教材分为四个模块，循序渐进地介绍了整个自动化生产线控制系统。亚龙的自动化生产线 YL-335B 包括五个部分和五个单元。五个部分是指电源部分、按钮部分、变频器部分、步进电动机驱动部分、PLC 部分；五个单元是指供料单元、加工单元、装配单元、分拣单元、输送单元。在内容的编排上保持每个模块的独立性，坚持够用、以实际需要出发为原则，根据课时安排进行菜单式组合，满足教学需求。本书努力做到图文并茂，以便于提高学生的学习兴趣和效率。

本书由贾丽仕、郭选明、周北明主编，由尹霞主审。贾丽仕负责全书的组织与统稿，并编写了模块一的任务 1.2，模块二的任务 2.1、任务 2.3，模块三的任务 3.1。周北明编写了模块三的任务 3.2、任务 3.3 和模块四。郭选明、郭小进、丁度坤、朱佳、周威、梁生龙、汤德荣、张泽华、李腾飞编写了其他章节。

限于编者经验及水平，书中难免有不足之处，恳请专家、读者批评指正。

编　者

2016 年 5 月

目　　录

模块一　自动化生产线系统介绍

任务 1.1　自动化生产线的认识

【任务提要】

自动化生产线在工业领域中有着重要的意义，本次实训的主要任务是通过对模拟自动化生产线的认识安装和调试，掌握自动生产线操作的基本方法。YL-335B 设备分为五个单元，通过各单元的学习，来完成以下的任务。

(1) 了解自动化生产线在工业生产领域中的应用范围。

(2) 了解自动化生产线的结构和功能。

(3) 了解自动化生产线的现状与发展。

(4) 认识 YL-335B 自动化生产线各部件、操作面板和基本功能。

(5) 学习查阅资料，掌握获取信息的方法。学会有计划，有目的地进行生产，具有安全意识和团结合作精神。

【技能目标】

(1) 通过查阅资料，初步了解自动化生产线的应用领域。

(2) 查阅资料总结自动化生产线的特点、功能和类型。

(3) 观察生产线的整个流程，理解自动化生产线的含义及任务，详细了解自动化生产线各部分的构成。

1. 自动化生产线的应用

进入 20 世纪 80 年代，许多企业开始普遍采用计算机进行生产的控制和管理，从而使企业进入工厂自动化时代。自动化生产线作为大批量生产的核心组件，将机械工艺、电气技术、网络通信技术、传感器技术等融为一体，是典型的机电一体化设备。它在汽车制造、机械加工、食品加工、家用电器、建筑材料等领域有着广泛的应用。

图 1-1 所示为某方便面生产企业生产方便面的自动化生产线，主要完成混合、压延、切丝、蒸煮、淋汁、切断、油炸、冷却、充填、包装等生产过程，全程采用可编程控制器(PLC)控制，提高了劳动生产率，降低了损耗和产品成本。

图 1-2 所示为某汽车整车装配生产线。一般来说，一个完整的汽车生产厂家都拥有四大生产工艺，即冲压、焊接、涂装、总装。由于各个工艺环节都采用了自动化设备，因此在工作效率、产品质量与安全性方面比人工操作都有很大的提高。

图 1-3 所示为组合机床和自动化生产线。组合机床和自动化生产线作为机电一体化产品，它是控制、驱动、测量、监控、刀具和机械组件等技术的综合反映。它是一种专用高效的自

图 1-1　方便面生产线

图 1-2　汽车整车装配生产线

动化技术装备,因而被广泛应用于汽车、拖拉机、内燃机和压缩机制造等许多工业生产领域。特别是汽车工业,是组合机床和自动化生产线最大的用户。如德国大众汽车厂在 Salzgitter 的发动机工厂,20 世纪 90 年代初所采用的设备主要是自动化生产线(60%)、组合机床(20%)和加工中心(20%)。显然,在大批量生产的机械工业企业,大量采用了组合机床及自动化生产线。

(a) 桑塔纳轿车缸体设计制造的自动线

(b) 捷达轿车离合器设计制造的自动线

图 1-3　组合机床和自动化生产线

2. 自动化生产线的任务

生产线指产品生产过程所经过的路线,即从原料进入生产现场开始,经过加工、运送、装配、检验等一系列生产活动所构成的路线。生产线按范围大小分为产品生产线和零部件生产线,按节奏快慢分为流水生产线和非流水生产线,按自动化程度分为自动化生产线和非自动化生产线。

自动化生产线简称自动线,是在连续流水线基础上进一步发展形成的,是一种先进的生产组织形式,是由工件传送系统和控制系统组成,能实现产品生产过程自动化的一种机器体系。通过采用一套能自动进行加工、检测、装卸、运输的机器设备,组成高度连续的、完全自动化的生产线,来实现产品的生产。

自动化生产线是由执行装置(包括各种执行器件、机构,如电动机、电磁铁、电磁阀、气动装置,液压装置等),经各种检测装置(包括各种检测器件、传感器、仪表等)检测各装置的工作进程和工作状态,经逻辑、数学运算并判断,按生产工艺要求的程序自动进行生产作业的流水线。

自动化生产线的任务就是为了实现自动生产,为实现这一任务,自动化生产线综合应用机械技术、控制技术、传感器技术、驱动技术、工业网络控制技术等,通过一些辅助装置按照工艺

顺序将各种机械加工装置连成一体，并控制气、液、电系统的各部件协调工作，完成预定的生产过程。

3. 自动化生产线的特点和功能

采用自动化生产线进行生产的产品应有足够大的产量，产品设计和工艺应先进、稳定、可靠，并在较长的时间内保持基本不变。在大批量生产中采用自动化生产线能提高劳动生产率和产品质量，改善劳动条件，缩减生产占地面积，降低生产成本，缩短生产周期，保证生产均衡性，有显著的经济效益。

自动线中设备的连接方式有刚性连接和柔性连接两种。在刚性连接自动线中，工序之间没有储料装置，工件的加工和传送过程有严格的节奏性。当某一台设备发生故障而停歇时，会引起全线停工。因此，对刚性连接自动线中各种设备的工作可靠性要求高。在柔性连接自动线中，各工序（工段）之间设有储料装置，各工序节拍不必严格一致，某一台设备短暂停歇时，可以由储料装置在一定时间内起调剂平衡的作用，因而不会影响其他设备的正常工作。综合自动线、装配自动线和较长的组合机床自动线常采用柔性连接。

大多数的自动化生产线都应具备最基本的四大功能，即运转功能、控制功能、检测功能和驱动功能。在自动化生产线中，运转功能依靠动力源来提供；控制功能主要由微机、单片机、可编程控制器或其他一些电子装置来承担；检测功能主要由位置传感器、直线位移传感器、角位移传感器等来实现；在工作过程中，设置在各部位的传感器把信号检测出来，控制装置对其进行存储、运算、变换等，然后用相应的接口电路向执行机构发出命令，完成必要的动作。

自动化生产线的工件传送系统一般包括机床上下料装置、传送装置和储料装置。在旋转体加工自动线中，传送装置包括重力输送式或强制输送式的料槽或料道，以及提升、转位和分配装置等。有时采用机械手，完成传送装置的某些功能。在组合机床自动线中，当工件有合适的输送基面时，采用直接输送方式，其传送装置有各种步进式输送装置、转位装置和翻转装置等。对于外形不规则、无合适的输送基面的工件，通常装在随行夹具上定位和输送，这种情况下要增设随行夹具的返回装置。

自动化生产线的控制系统主要用于保证线内的机床、工件传送系统，以及辅助设备按照规定的工作循环和连锁要求正常工作，并设有故障寻检装置和信号装置。为适应自动化生产线的调试和正常运行的要求，控制系统有三种工作状态：调整、半自动和自动。在调整状态时可手动操作和调整，实现单台设备的各个动作；在半自动状态时可实现单台设备的单循环工作；在自动状态时自动化生产线能连续工作。控制系统有“预停”控制机能，自动化生产线在正常工作情况下需要停车时，能在完成一个工作循环、各机床的有关运动部件都回到原始位置后才停车。自动化生产线的其他辅助设备是根据工艺需要和自动化程度设置的，如清洗机工件自动检验装置、自动换刀装置、自动捧屑系统和集中冷却系统等。为提高自动化生产线的生产率，必须保证自动化生产线的工作可靠性。影响自动化生产线工作可靠性的主要因素是加工质量的稳定性和设备工作可靠性。

自动化生产线的类型是多种多样的，根据不同的特征，它可以有不同的分类方法。根据工作性质的不同可分为切削加工自动化生产线，自动装配生产线，综合性生产线，分别具有不同性质的工序，如机械加工、装配检验、热处理、玻璃制品熔化、剪料、成型、检验等。

4. 自动装配生产线简介

自动装配生产线一般由四个部分组成。

(1) 零部件运输装置:它可以是输送带,也可以是有轨或无轨运输小车。

(2) 装配机械手或装配机器人:自动化程度高的装配自动化生产线需要采用装配机器人,它是装配自动线的关键环节。

(3) 检验装置:用以检验已装配好的部件或整机的质量。

(4) 控制系统:用以控制整条装配自动线,使其协调工作。

5. 自动化生产线的发展

从20世纪20年代开始,随着汽车、滚动轴承、小型电动机和缝纫机等工业发展,机械制造中开始出现了自动化生产线,最早出现的是组合机床自动化生产线。在此之前,在汽车工业中出现了流水生产线和半自动化生产线,随后发展成为自动化生产线。第二次世界大战以后,在工业发达国家的机械制造业中,自动化生产线的数目急剧增加。

自动化生产线的发展趋势是:提高可调性,扩大工艺范围,提高加工精度和自动化程度,同计算机结合实现整体自动化车间与自动化工厂。为了适应中小批量、多品种产品装配的要求,需要建立没有固定装配节拍、能够自动从装配一种零部件或机器转到装配另一种零部件或机器的柔性装配系统。在这种系统中,将采用多种有一定视觉、触觉和决策功能的多关节装配机器人和自动传送装置。

任务1.2 亚龙YL-335B型自动化生产线系统

【任务提要】

(1) 了解亚龙YL-335B型自动化生产线的基本结构。

(2) 了解亚龙YL-335B型自动化生产线各单元的功能。

【技能目标】

(1) 学习模块化结构组成。

(2) 了解亚龙自动化生产线装备的概况。

1. 基本组成

YL-335B型自动化生产线装备由安装在铝合金导轨式实训台上的供料单元、加工单元、装配单元、输送单元和分拣单元共五个单元组成。其外观如图1-4所示。

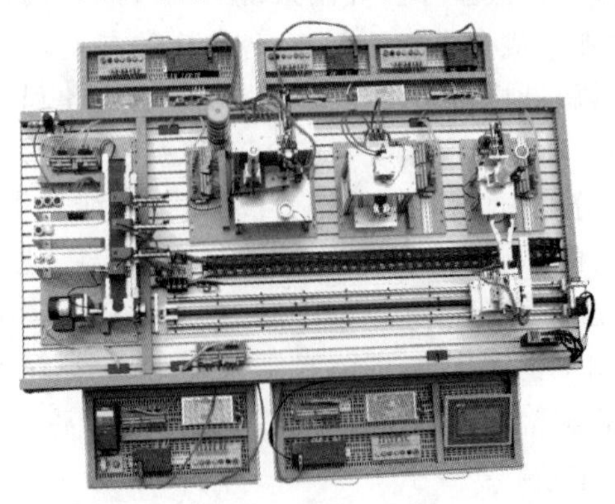

图1-4 YL-335B型自动化生产线外观图

其中，每一个工作单元都可自成一个独立的系统，组合起来就构成一个机电一体化系统。各个单元的执行机构基本上以气动执行机构为主，但输送单元的机械手装置整体运动则采用伺服电动机驱动、精密定位的位置控制，该驱动系统具有长行程、多定位点的特点，是一个典型的一维位置控制系统。传送带驱动则采用了通用变频器驱动三相异步电动机的交流传动装置。位置控制和变频器技术是现代工业企业应用最为广泛的电气控制技术。

在 YL-335B 型自动化生产线的设备上应用了多种类型的传感器，分别用于判断物体的运动位置、物体通过的状态、物体的颜色及材质等。传感器技术是机电一体化技术中的关键技术之一，是现代工业实现高度自动化的前提之一。

2. 基本功能

YL-335B 有五个单元，俯视图如图 1-5 所示。

(1) 供料单元的基本功能　按照需要将放置在料仓中待加工的工件自动送出到物料台上，以便输送单元的抓取机械手装置将工件抓取并送往其他工作单元。供料单元的外观如图 1-6 所示。

(2) 加工单元的基本功能　把该单元物料台上的工件(工件由输送单元的抓取机械手装置送来)送到冲压机构下面，完成一次冲压加工动作，然后再送回到物料台上，待输送单元的抓取机械手装置取出。加工单元的外观如图 1-7 所示。

(3) 装配单元基本功能　完成将该单元料仓内的黑色或白色小圆柱工件嵌入已加工的工件中的装配过程。装配单元的外观如图 1-8 所示。

(4) 分拣单元基本功能　完成将上一单元送来的已加工、装配的工件进行分拣，使不同颜色的工件从不同的料槽分流的功能。分拣单元的外观如图 1-9 所示。

(5) 输送单元的基本功能　该单元通过到指定单元的物料台精确定位，并在该物料台上抓取工件，完成把抓取到的工件输送到指定地点然后放下的功能。输送单元的外观如图 1-10 所示。

3. YL-335B 设备的结构特点

YL-335B 设备是一套半开放式的设备，用户在一定程度上可根据自己的需要选择设备组成单元的数量、类型，最多可由五个单元组成，最少时一个单元即可自成一个独立的控制系统。由多个单元组成的系统和 PLC 网络的控制方案可以体现出自动生产线的控制特点。

YL-335B 综合应用了多种技术知识，如气动控制技术、机械技术(机械传动、机械连接等)，传感器应用技术，PLC 控制技术，组网、伺服电动机位置控制和变频器技术等。利用该系统，可以缩短理论教学与实际应用之间的距离。

YL-335B 设备的各工作单元的结构特点是机械和电气控制分离。每个工作单元机械装置安装在底板上，而控制部分的 PLC 安装在抽屉里。将机械装置的电磁阀和传感器引线接到装置侧的接线端口，将 PLC 的 I/O 引出线连接到 PLC 侧的接线端口。两个接线端口通过多芯信号电缆连接，如图 1-11 所示。

装置侧的接线端口采用三层端子结构，上层端子连接直流 24 V 电源的正极，底层端子连接直流 24 V 电源的负极，中间层端子连接信号线。

PLC 侧的接线端口采用两层端子结构，上层连接信号线，端子号与装置侧的中间层端子相对应。底层端子连接直流 24 V 电源的正极和负极。

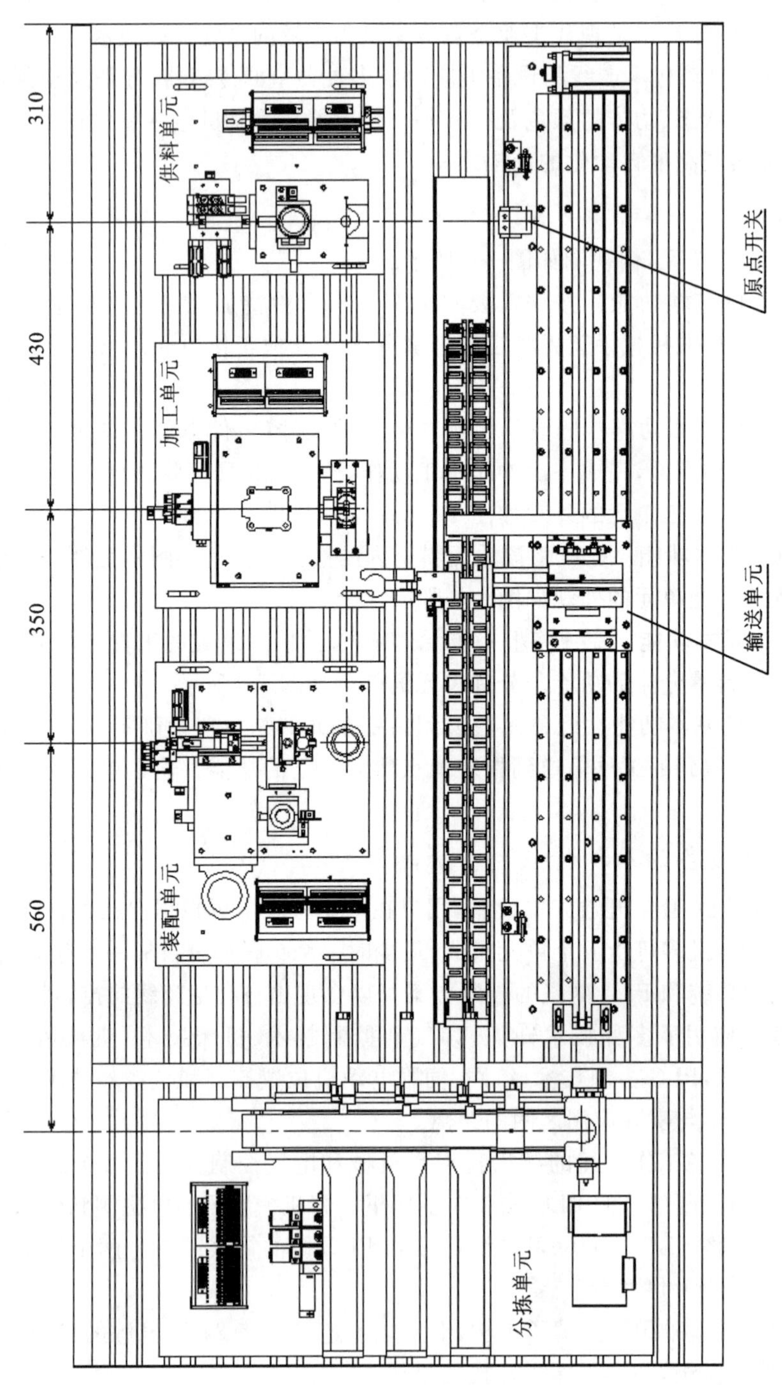

图 1-5　YL-335B 俯视图

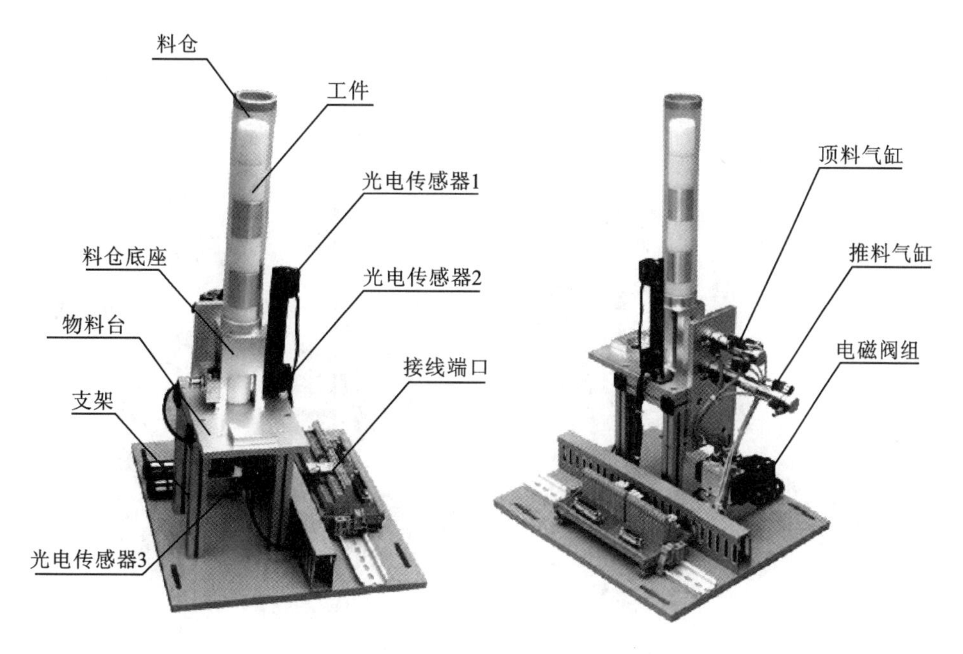

图 1-6　供料单元外观图

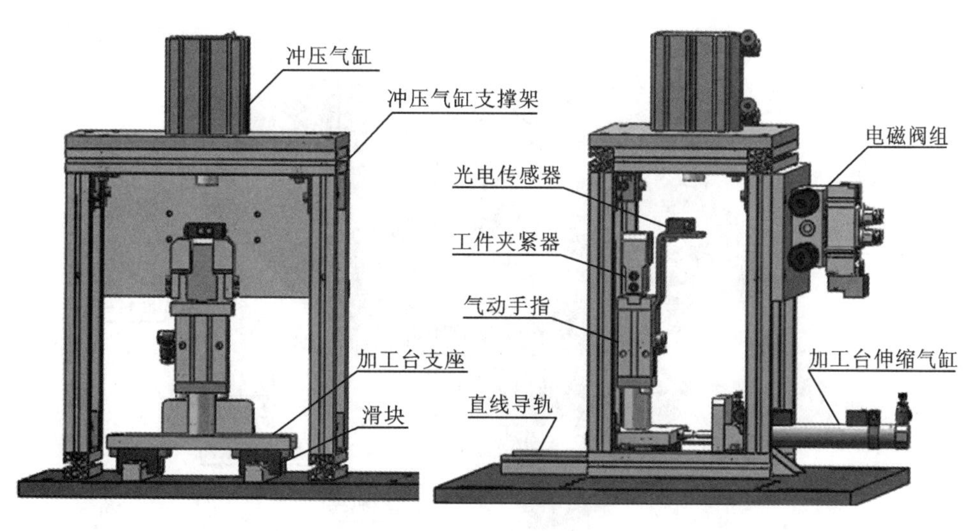

图 1-7　加工单元外观图

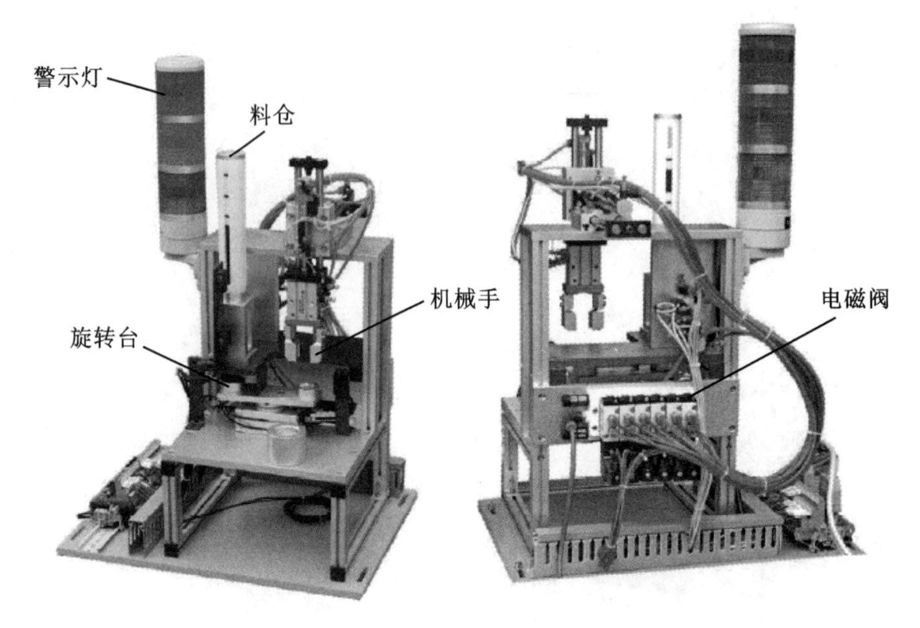

图 1-8　装配单元外观图

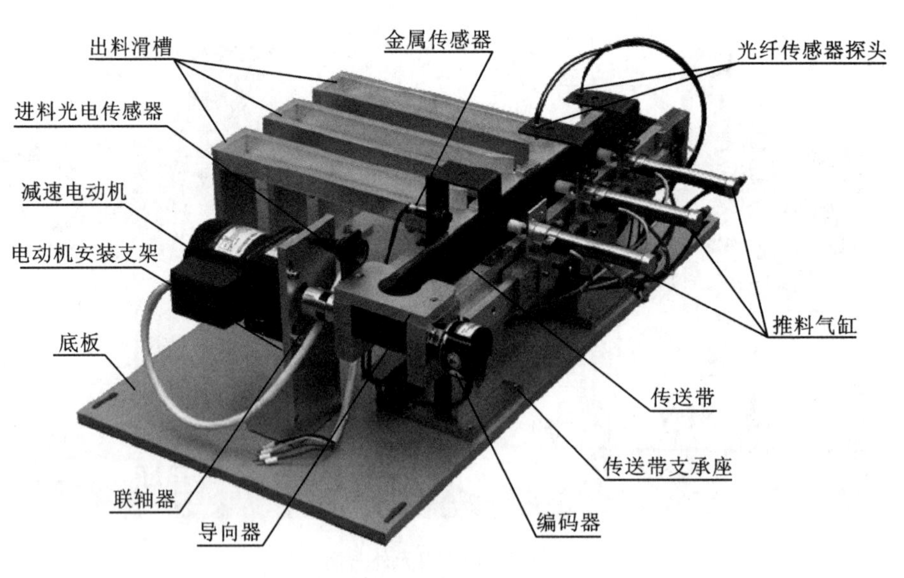

图 1-9　分拣单元外观图

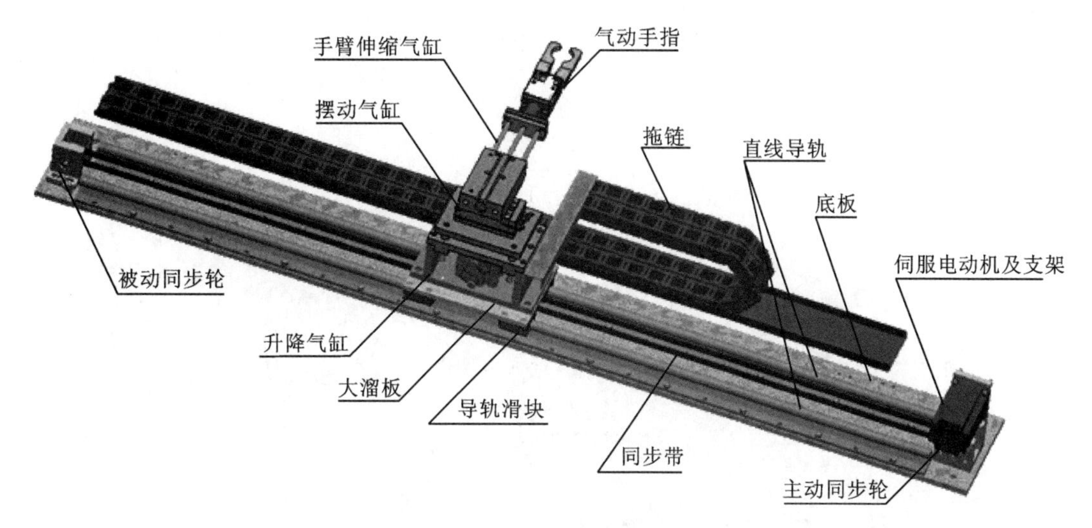

图 1-10　输送单元外观图

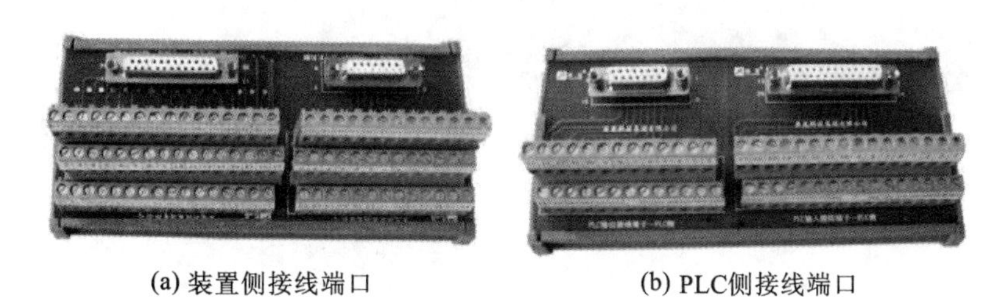

(a) 装置侧接线端口　　(b) PLC侧接线端口

图 1-11　接线端口

装置侧的接线端口和 PLC 侧的接线端口通过专用电缆连接。25 针接线电缆连接 PLC 的输入信号，15 针接线电缆连接 PLC 的输出信号。

4．YL-335B 设备的控制系统

（1）主令电器。

模块盒上的器件包括指示灯和主令器件。指示灯有三个，分别是黄色 HL1，绿色 HL2，红色 HL3。主令器件有一个绿色常开按钮 SB1，一个红色常开按钮 SB2，一个黑色的选择开关 SA，一个红色的急停按钮 QS。模块盒如图 1-12 所示。

（2）组态控制。

系统运行的指令包括启动、停止、复位等，这些信号都是通过触摸屏发出的，同时界面上也显示系统运行的状态信息。使用人机界面能清楚地了解设备的状况，使机器的配线标准简单化，减少 PLC 所需的输入和输出点数。YL-335B 采用昆仑通态 TPC7062KS 触摸屏作为人机界面，如图 1-13 所示。

5．供电电源

外部供电是交流 380V/220V 电源，总电源开关选用 DZ47LE-32/C32 型三相四线漏电保护自动开关。变频器电源通过 DZ47C16/3P 三相自动开关供电，各单元 PLC 采用 DZ47C5/2P 单相自动开关控制。系统配置 4 台直流 24 V/6 A 开关电源用作各单元的直流电供应。供电电源模块一次回路原理图如图 1-14 所示，配电箱如图 1-15 所示。

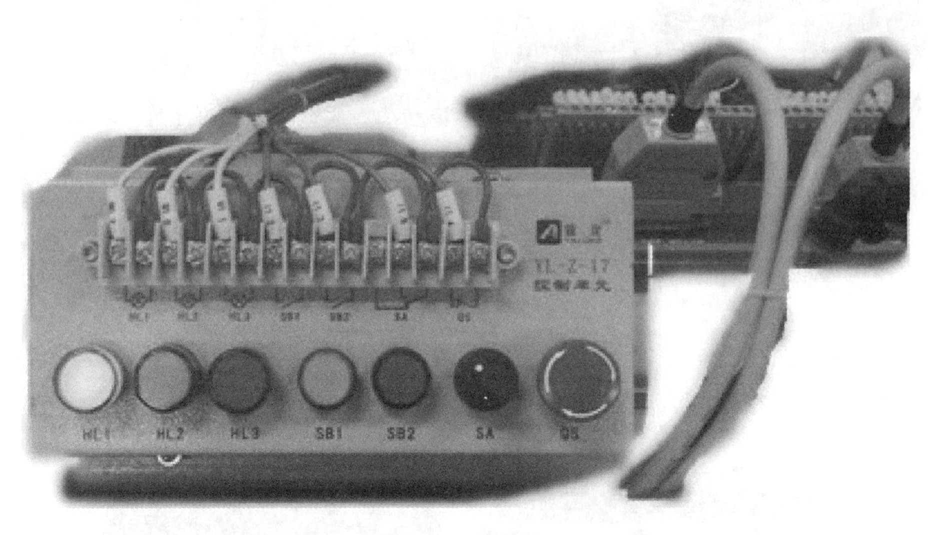

图 1-12　模块盒

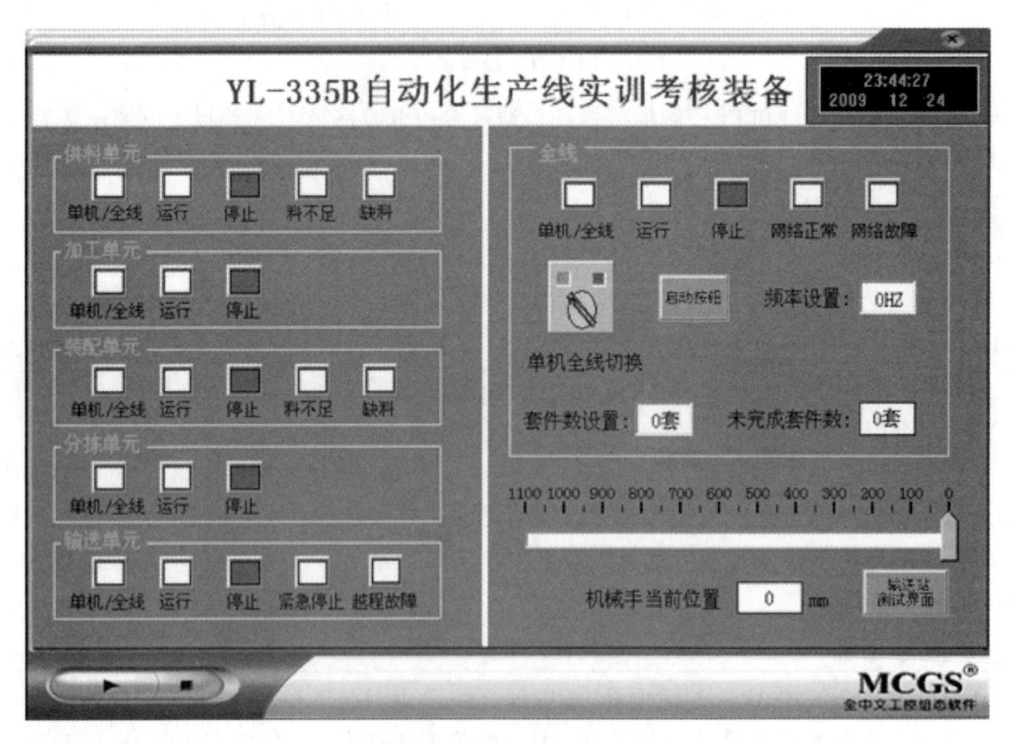

图 1-13　人机界面的主窗口界面

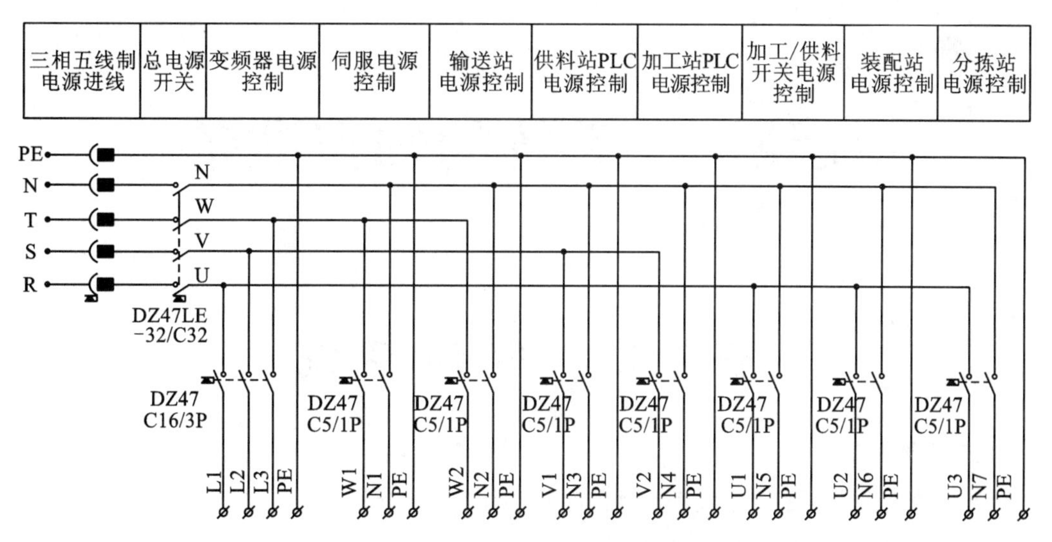

图 1-14　供电电源模块一次回路原理图

图 1-15　配电箱

习　题　1

1. YL-335B 型自动生产线装备由安装在铝合金导轨式实训台上的________、________、________、________和________共五个单元组成。

2. 简要说明 YL-335B 型自动生产线装备五个单元的基本功能。

模块二　系统的知识准备

任务 2.1　气 动 系 统

【任务提要】

（1）自动化生产线系统中气动元件的结构和作用。

（2）常用的气动元件符号表示方法。

（3）气动回路原理图表示法。

【技能目标】

（1）熟悉气动元件结构。

（2）熟悉常用的气动元件符号。

（3）能看懂气动回路图。

（4）能设计并绘制气动回路图。

一个复杂的气动系统由若干个气动回路组成。气动系统结构如图 2-1 所示。气动系统是以压缩空气为工作介质，依靠空气的压力和体积分别传递动力和运动的一种装置，由气源系统、信号输入元件、信号处理元件、控制元件、执行元件组成。气源装置是通过各种形式的空压机来获取压缩空气的装置，将电动机的机械能转变成压力能，并向系统提供一定流量和压力的气体；控制元件是通过数字化电信号对气动系统中的气体压力和流量及气流方向进行控制和调节的各种阀类元件；执行元件是在气体的推动下由气缸或气马达向外输出运动和速度以驱动工作部件实现直线/回转运动，从而将空气的压力能转换为机械能的元件；辅助元件是用于辅助保证气动系统正常工作的一些装置，如过滤器、干燥器、消声器、油雾器。

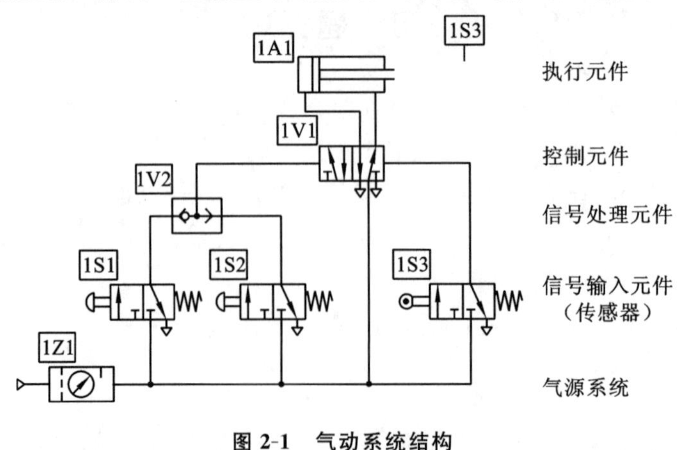

图 2-1　气动系统结构

2.1.1　气动元件

2.1.1.1　空气压缩站

气源装置的主体是空气压缩机(简称空压机)。在气压系统中,压缩空气是传递动力和信号的工作介质,气压系统能否可靠工作,取决于系统中所用的压缩空气。

空气压缩站是为气动设备提供压缩空气的动力源装置,包括空压机、过滤器、后冷却器、油水分离器、储气罐等。

1. 空压机

空压机是空压站的核心装置,将电动机输出的机械能转换为压缩空气的压力能供给气动系统使用。空压机如图 2-2 所示。

(a) 空压机实物图

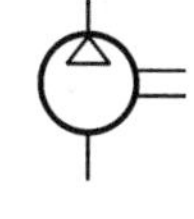

(b) 空压机图形符号

图 2-2　空压机实物图和电气符号

空压机是用来压缩气体提高气体压力或输送气体的机器。国外的压缩机比较著名的品牌有日本的日立、三菱,美国的通用电气,德国的西门子,韩国的三星。

1) 空压机分类

空压机分为容积式、速度式。容积式压缩机以往复运动部件或旋转部件在工作腔内周期性的运动,使吸入工作腔的等质量气体体积缩小而提高压力。速度式压缩机借助做高速旋转的转子,使气体获得很高速度,在扩容器中降速增压,使气体动能转变为压力能。空压机按排气压力高低分低压、中压、高压空压机,按润滑方式分为无油和机润滑空压机。

2) 空压机的选型

(1) 空压机主要依据工作可靠性、经济型、安全性选择。

(2) 空气压缩机选用原则:气动系统所需要的工作压力和流量。

(3) 空气压缩机型号:ZB-0.14/8-B40 中 ZB 是捷豹的缩写,0.14 表示公称流量为 0.14 m^3/min,8 表示额定压力为 8 bar,其中 1 bar=0.1 MPa,1 MPa=1000000 Pa。

3) 空压机的使用方法

在工业飞速发展的现代社会,空压机是大多数企业必备的机械动力设备之一,保持空压机的安全操作是非常必要的。要确保操作人员安全,延长空压机的使用寿命,必须严格遵守空压机操作规程。

(1) 空压机操作前应该注意的问题。

① 空压机操作前应检查防护装置及安全附件是否完好、齐全。

② 检查排气管路是否畅通。

③ 检查各运动部位是否灵活,各连接部位是否紧固,润滑系统是否正常,电动机及电器控制设备是否安全可靠。

④ 保持油池中润滑油在标尺范围内,空压机操作前应检查注油器内的油量不低于刻度线值。

⑤ 接通水源,打开各进水阀,使冷却水畅通。

(2) 空压机必须在无载荷状态下启动,待空载运转情况正常后,再逐步使空压机加入负荷运转。空压机正常运转后,应经常注意各种仪表读数,并随时予以调整。

(3) 在空压机操作中应该注意的情况。

① 电动机温度是否正常,各电表读数是否在规定的范围内。

② 各机件运行声音是否正常。

③ 吸气阀盖是否发热,阀的声音是否正常。

④ 各种安全防护设备是否可靠。

(4) 空压机运行 2 h 后,需将油水分离器、中间冷却器、后冷却器内的油水排放一次。储风桶内油水应每班排放一次。

(5) 如在空压机运行过程中发现下列情况,应立即停车,查明故障原因并予以排除后才可以再次启动空压机。

① 润滑油中断或冷却水中断。

② 排气压力突然升高,安全阀失灵。

③ 水温突然升高或降低。

④ 负荷突然超出正常值。

⑤ 电动机或电器设备等出现异常。

⑥ 机械响声异常。

(6) 在空压机长期停用后再次启动前,必须盘车检查,并注意有无撞击声、卡住等异常出现,如果有类似现象,立刻停用并查出故障原因加以排除。

下述内容即空压机的正确操作方法,如在使用过程中还有其他问题,可以直接与空压机厂家客服人员取得联系,以便及时排除故障,更换正品空压机配件,保证空压机的正常使用。

4) 空压机的正确操作方法

(1) 开机。

① 检查电源电压是否正常,电源电压是否在(380±5%)之间。

② 检查供气管上的阀门是否打开。

③ 检查油位是否在正常绿色或橙色(橘黄色)区,有无漏油,漏气,漏水点。

④ 检查手动盘车是否正常(特别是空压机长时间停机后开机)。

⑤ 如果电源经过检修或更改,必须点动检查转向是否和标志同向。

⑥ 确认无误后开机，听声音是否正常，特别是加载声音，并手动加卸载几次。

⑦ 加载正常后检查是否有跑、冒、滴、漏现象。

⑧ 操作人员必须严格遵守有关的安全规则，包括空压机说明书所阐述的内容。

(2) 运行中。

① 每小时检查一次压力表的读数，并做好记录。

② 每小时检查一次运行中冷凝液(水)的排放。

③ 每天检查一次是否有跑、冒、滴、漏现象。

④ 每天检查一次油位是否在正常绿色或橙色区。

⑤ 经常注意空压机电动机表面温度。

⑥ 经常留意振动和噪声。

⑦ 定期清洁电动机翅片和通风罩。

⑧ 定期(3000 h)给电动机加黄油。

⑨ 定期清洁或更换空气过滤器。

⑩ 定期测量电动机电压和电流。

⑪ 定期安排做保养(500 h、3000 h、6500 h)，500 h 做首保。

(3) 停机。

① 按停机按钮，自动运行灯熄灭，自动卸载运行 30 s 后停止空压机。

② 关闭供气阀。

③ 打开手动排水阀。

2. 储气罐

储气罐是用来储存压缩空气，解决短时间内用气量大于空压机输出气量的矛盾，还可在空压机出现故障或停电时作为应急气源维持短时间供气，以便采取措施保证气动设备的安全。储气罐的容积根据消除压力脉动、储存压缩空气、调节用气量来选择。应在储气罐上设置安全阀来保证安全。储气罐底部装有排污阀，对罐中的污水定期排放。

3. 后冷却器

空压机输出的压缩空气温度可达到 120℃以上，空气中的水分呈气态。后冷却器安装在空压机排气口处的管道上，将空压机排出的压缩空气温度冷却，使压缩空气中的油雾和水汽迅速达到饱和而大部分析出，凝结成水滴和油滴，经油水分离器排除。后冷却器应装有自动排水器，排除冷凝水和杂质。后冷却器分为风冷式和水冷式。

4. 油水分离器

油水分离器将后冷却器降温析出的水滴、油滴从压缩空气中分离出来，使压缩空气得到初步净化。如果不把这些杂质分离出来，它会随着气体进入气缸，黏附在气阀上，使气阀工作失常，寿命减少；水滴附在气缸壁上，壁面润滑恶化；空气压缩机和管路中的油滴大量积聚会引起爆炸。油水分离器依靠液滴和气体分子的质量不同，通过气流方向转折，利用惯性和附着特性完成油水与气体的分离。油水分离器分惯性油水分离器和离心力油水分离器。

5. 干燥器

经过净化处理的压缩空气基本满足一般气动系统的需求，干燥器的作用是进一步除去压缩空气的水、油、灰尘，干燥方法主要有冷冻法、吸附法、吸收法。

1）冷冻式干燥器

使压缩空气冷却到一定的露点温度，然后析出相应的水分，使压缩空气达到一定干燥度的干燥器。冷冻式干燥方法适用于处理低压大流量并对干燥度要求不高的压缩空气。压缩空气的冷却除了采用冷冻设备外，也可采用制冷剂直接蒸发，或用冷却液间接冷却的方法。图 2-3(a)所示为冷冻式干燥器的工作原理。

2）吸附式干燥器

利用具有吸附性能的吸附剂吸附压缩空气中的水分而使其达到干燥的目的。由于水分与吸附剂之间没有化学反应，所以不需要更换吸附剂。图 2-3(b)所示为吸附式干燥器的工作原理。

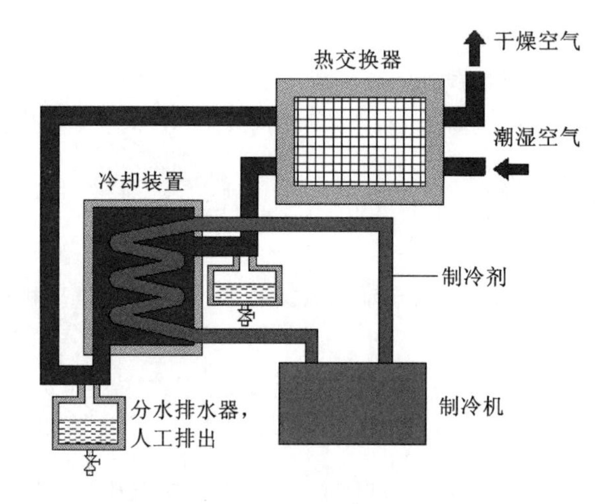

(a) 冷冻式干燥器

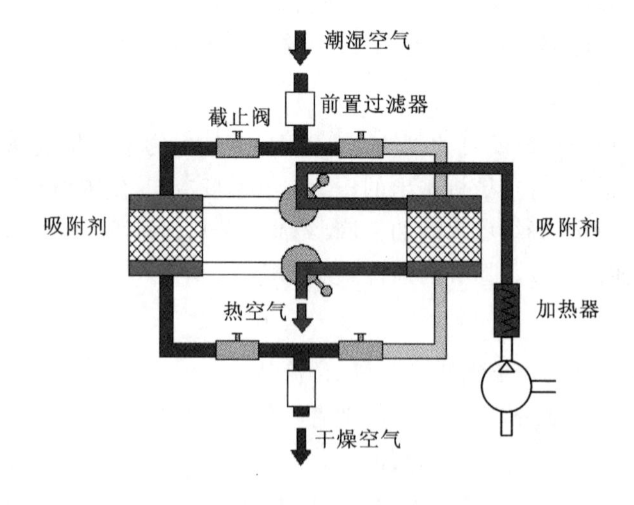

(b) 吸附式干燥器

图 2-3　干燥器工作原理

6. 空压机的噪声控制

空压机噪声主要通过采用消声器，设置消声坑道，建立隔声罩的方法来控制。

1）安装消声器

主要噪声源是进气口、排气口。空压机的排气气压大，气流速度高，应在空压机排气口处使用小孔消声器。

2）设置消声坑道

消声坑道是地下或半地下的坑道，坑道壁用吸声性好的砖砌成。把空压机的进气管和消声坑道连接，使空气通过消声坑道进入空压机。

3）建立隔声罩

在空压机的机组上安装隔声罩，可以屏蔽空压机的机械噪声和电动机噪声。

2.1.1.2　气源处理组件

由于压缩空气中的水分、油污、灰尘等杂质不经处理直接进入管路系统，会对系统造成不良后果，所以气压传动系统中所使用的压缩空气必须经过干燥和净化处理后才能使用。

压缩空气的杂质来源于以下几个方面。

(1) 由系统外部通过空压机等设备吸入的杂质。即使停机，外界的杂质也会从阀的排气口进入系统内部。

(2) 系统运行时内部产生的杂质。如：湿空气被压缩、冷却会出现冷凝水；压缩机油在高温下会变质，生成油泥；管道内部产生的锈；相对运动磨损产生的金属粉末和橡胶细末；密封和过滤材料的细末等。

(3) 系统安装和维修时产生的杂质。

1. 调压阀

空压站输出的压缩空气压力高于气动装置所需的压力，其压力波动较大。调压阀的作用是将较高的输入压力调整到符合设备使用要求的压力，并保持输出压力稳定。由于调压阀输出压力必然小于输入压力，所以调压阀也称为减压阀。调压阀按调压方式分为直动式和先导式两种。

调压阀的调节手轮可锁定，因此调压时应将调节手轮拔起，然后旋转手轮，顺时针方向旋转压力增大，反之减小。设定压力后应将调节手轮按下以锁定；调压阀的进口气压必须大于出口气压。

由于气源空气压力往往比每台设备实际所需的压力高，需要用调压阀将压力减到每台设备所需的压力。调压阀的作用是将输出压力调节在比输入压力低的调定值上，保持稳定不变。

2. 过滤器

空气过滤器是用于除去压缩空气中的固态杂质、水滴、油污等杂质，保证气动设备正常运行的重要元件。空气过滤器如图 2-4 所示。按过滤器的排水方式分为手动排水式和自动排水式。

滤芯应定期清洗，建议至少每两周清洗一次。具体的清洗方法是将滤芯放入有机溶液中(如汽油、酒精等)清洗干净，用压缩空气吹干后即可重新使用。另外分离在滤杯内的冷凝物及水一定要及时排除掉，以免被压缩空气重新带走。

为防止气体旋涡将杯中的污水卷起而破坏过滤作用,在滤芯下部设有挡水板。空气过滤器必须垂直安装,滤芯应定期清洗或更换。

3. 油雾器

油雾器是注油装置,将润滑油喷射成雾状,随压缩空气流入需要的润滑部件,进行润滑。油雾器实物图如图 2-5 所示。

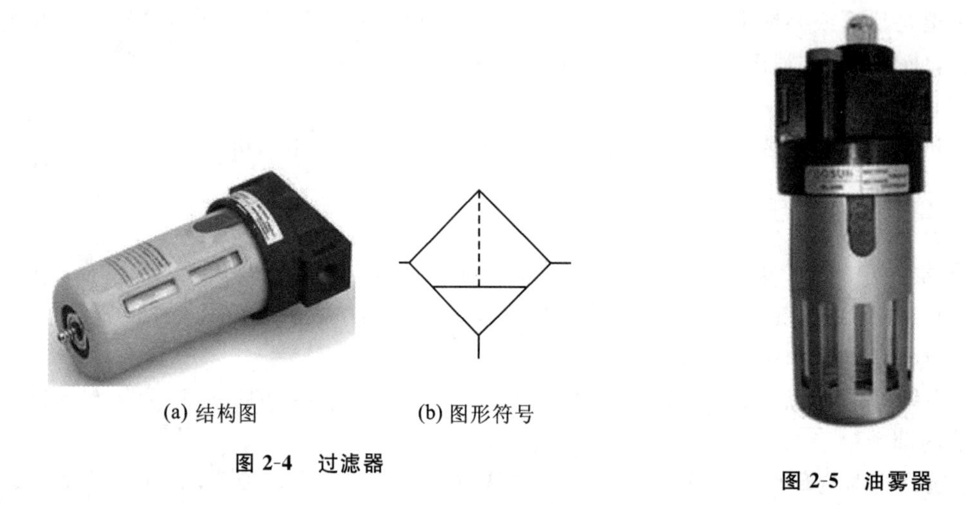

(a) 结构图　(b) 图形符号

图 2-4　过滤器

图 2-5　油雾器

可以通过调节螺钉来调节滴油量,通常设定在 0.2～1 滴/分钟或 0.5～5 滴/1000 升空气。请注意:千万别过度润滑系统! 确定正确的滴油设定,可以进行以下简单的“油雾测试”:手持一页白纸距离最远的气缸控制阀出口(不带消音器)约 10 cm,经一段时间后,白纸呈现淡黄色,上面的油滴可确定是否过度润滑。另一种判别过度润滑的方法是:观察排气口消声器的颜色和状态,鲜明的黄色和有油滴说明油雾设定太大。

4. 气动处理联件

过滤调压阀(亚德客 GFR20008F1)如图 2-6 所示。

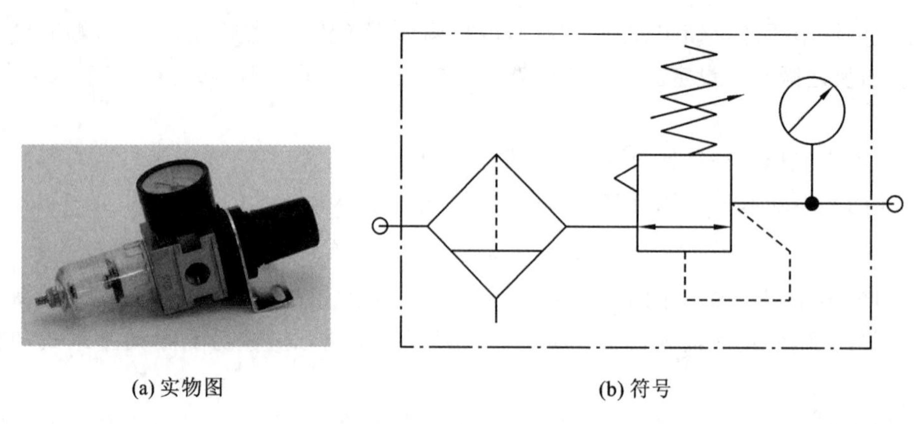

(a) 实物图　(b) 符号

图 2-6　过滤调压阀

2.1.1.3　气缸

气动系统常用的执行元件为气缸和气马达。

气缸是引导活塞在其中进行直线往复运动的气动执行元件，将压缩空气的压力能转换成机械能的装置。

1. 标准气缸

标准气缸适用于各行各业，专用于除尘设备上的气缸一般和提升阀、电磁脉冲阀配套使用，公司根据客户的具体要求和需求定制不同缸径和行程的气缸。

气缸的两个端盖上都设有进排气通口，从无杆侧端盖气口进气时，推动活塞向前运动；反之，从有杆侧端盖气口进气时，推动活塞向后运动。在单伸出活塞杆的动力缸中，因活塞右边面积比较大，当空气压力作用在右边时，提供一快速和作用力大的工作行程；返回行程时，由于活塞左边的面积较小，所以速度较快而作用力较小。

2. 根据气缸有无弹簧分类

1）单作用气缸

单作用气缸的压缩空气仅作用在气缸活塞的一侧，另一侧与大气相通。气缸只在一个方向上做功，气缸活塞在复位弹簧或外力作用下复位。出气口必须洁净，保证气缸活塞运动时无故障。通常将过滤器安装在出气口上。单作用气缸如图 2-7 所示。根据复位弹簧位置将作用气缸分为预缩型气缸和预伸型气缸。当弹簧装在有杆腔内时，由于弹簧的作用力而使气缸活塞杆初始位置处于缩回位置，这种气缸称为预缩型单作用气缸；当弹簧装在无杆腔内时，气缸活塞杆的初始位置为伸出位置，称为预伸型气缸。

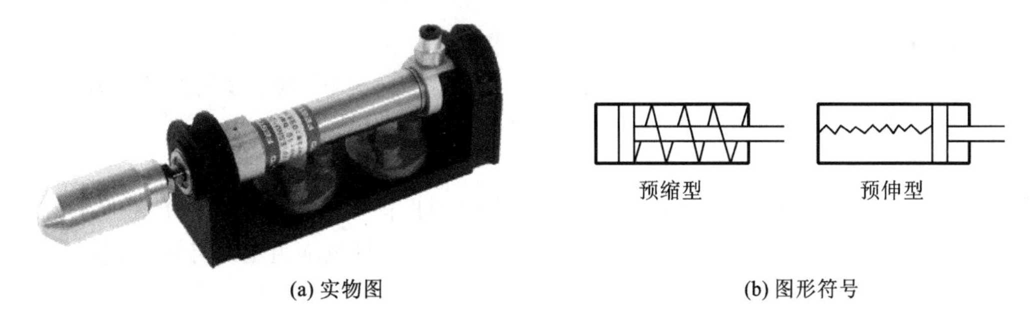

(a) 实物图　　(b) 图形符号

图 2-7　单作用气缸

气体进入气缸，活塞向前运动，弹簧被压缩。

2）双作用气缸

在气缸轴套前端有一个防尘环，以防止灰尘等杂质进入气缸内。前杠盖上安装的密封圈用于活塞杆密封，轴套可为气缸活塞杆导向，由烧结金属或涂塑金属制成。双作用气缸如图 2-8 所示。

双作用气缸在两个运动方向上均可做功。当气缸移动大惯性物体时，通常在气缸终端增加缓冲装置。在缓冲段以外，压缩空气直接从出气口排出。在缓冲段内，由于缓冲装置的作用，从而使气缸活塞运动速度减慢，减小了活塞对缸盖的冲击。

双作用气缸还可以分为单活塞杆型和双活塞杆型。双活塞杆型气缸的活塞两侧的受压面

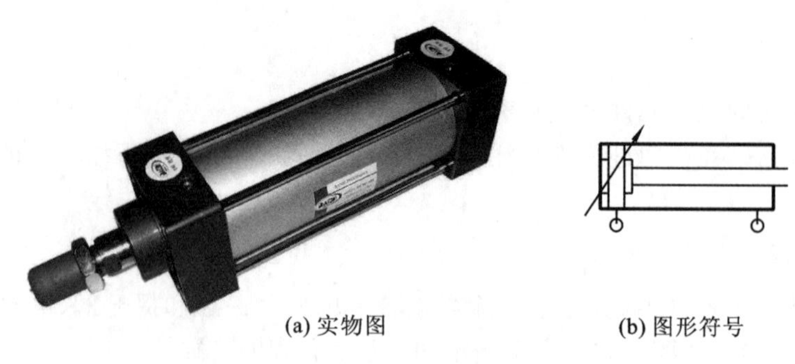

(a) 实物图　　(b) 图形符号

图 2-8　双作用气缸

积相等,两侧运动行程和输出力是相等的,可用于长行程的工作台的装置上。活塞杆两端固定,气缸的缸筒随工作台运动,刚度大,导向性好。

双作用气缸的活塞前进或后退都能输出力(推力或拉力),结构简单,行程可根据需要选择。

双作用气缸的结构(见图 2-9)包括以下内容。

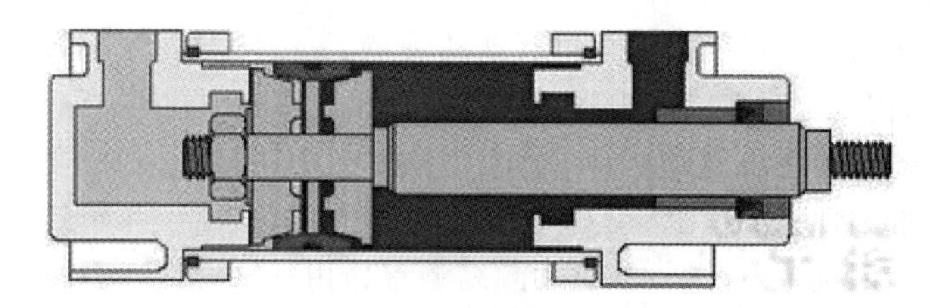

图 2-9　双作用气缸结构

(1) 缸筒。

缸筒的内径大小代表了气缸输出力的大小。活塞要在缸筒内做平稳的往复滑动,缸筒内的表面粗糙度 Ra 应达到 0.8 μm。

(2) 端盖。

端盖上设有进排气通口,有的还在端盖内设有缓冲机构。杆侧端盖上设有密封圈和防尘圈,以防止从活塞杆处向外漏气和防止外部灰尘混入缸内。杆侧端盖上设有导向套,以提高气缸的导向精度,承受活塞杆上少量的横向负载,减小活塞杆伸出时的下弯量,延长气缸的使用寿命。导向套通常使用烧结含油合金、前倾铜铸件。端盖过去常用可锻铸件,为减轻重量并防锈,常使用铝合金压铸件,微型缸有使用黄铜材料的。

(3) 活塞。

活塞是气缸中的受压力零件。为防止活塞左右两腔相互窜气,设有活塞密封圈。活塞上的耐磨环可提高气缸的导向性,减少活塞密封圈的磨损,减少摩擦阻力。耐磨环常使用聚氨酯、聚四氟乙烯、夹布合成树脂等材料。活塞的宽度由密封圈尺寸和必要的滑动部分长度来决定。滑动部分太短,易引起早期磨损和卡死。活塞的材料常用铝合金和铸铁,小型缸的活塞由黄铜制成。

(4) 活塞杆。

活塞杆是气缸中最重要的受力零件。通常使用高碳钢、表面经镀铬处理,或使用不锈钢以防腐蚀,并提高密封圈的耐磨性。

2.1.1.4　电磁阀

气阀的功能是变换阀芯在阀体的相对位置，使阀体各通口连通或断开，从而控制气缸的启停或换向。电磁阀利用电磁线圈通电时，静铁芯对动铁芯产生电磁吸力使阀芯切换，达到改变气流方向的目的。

1. 单控电磁阀和双控电磁阀

单控电磁阀是指一个电磁线圈控制阀芯位置，线圈得电后，阀芯动作，失电后阀芯自动复位。双控电磁阀是指有两个控制线圈：一个线圈得电瞬间，阀芯变换位置，线圈失电后阀芯位置保持不变；只有当另一个线圈得电后，阀芯才改变位置，改变气流方向，如图 2-10 所示。

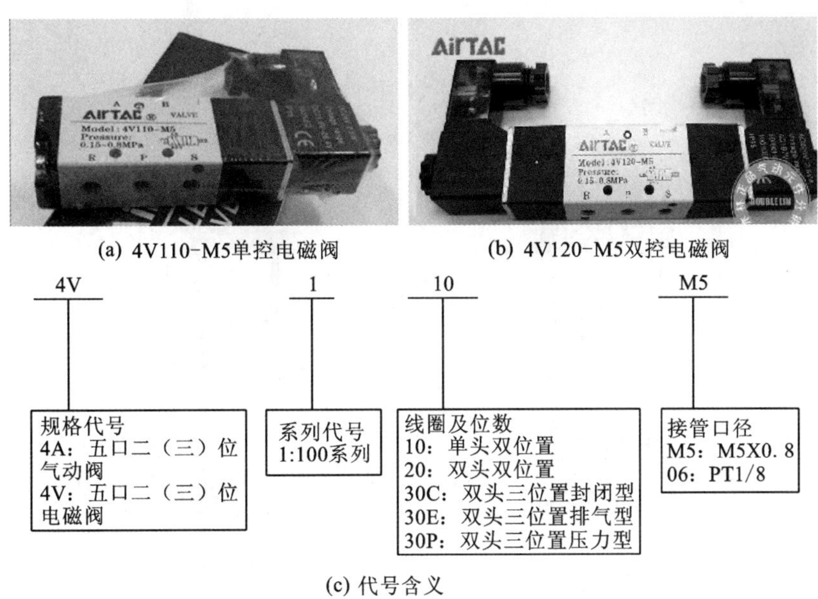

(a) 4V110-M5单控电磁阀　(b) 4V120-M5双控电磁阀

(c) 代号含义

图 2-10　电磁阀

1）控制单作用气缸

当单作用气缸无杆腔有压缩空气时，其活塞杆伸出。当松开按钮时，换向阀换向，气缸活塞杆回缩。单作用气缸工作原理如图 2-11(a)所示。

松开按钮时，作用在活塞上的压力消失，气缸活塞杆回缩，压缩空气通过按钮阀排气口排出。

2）控制双作用气缸

二位四通换向阀适合于控制双作用气缸，实际上，通常采用二位五通换向阀控制双作用气缸。

气缸双向运动通过换向阀换向来控制。只要按住按钮，气缸活塞杆就完全处于伸出状态。双作用气缸工作原理如图 2-11(b)所示。

2. 电磁阀组

1）汇流板

汇流板是一种能将多个流体通道汇集到一起的固定物，也称气源分配区、阀板、阀座、气路

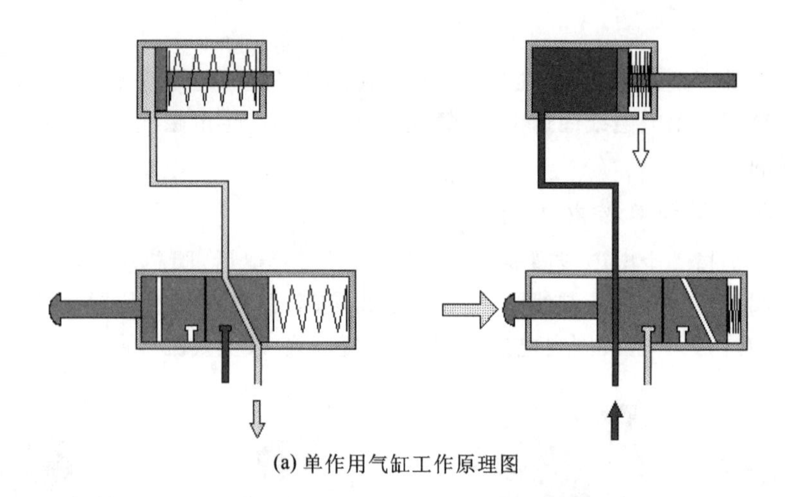

(a) 单作用气缸工作原理图

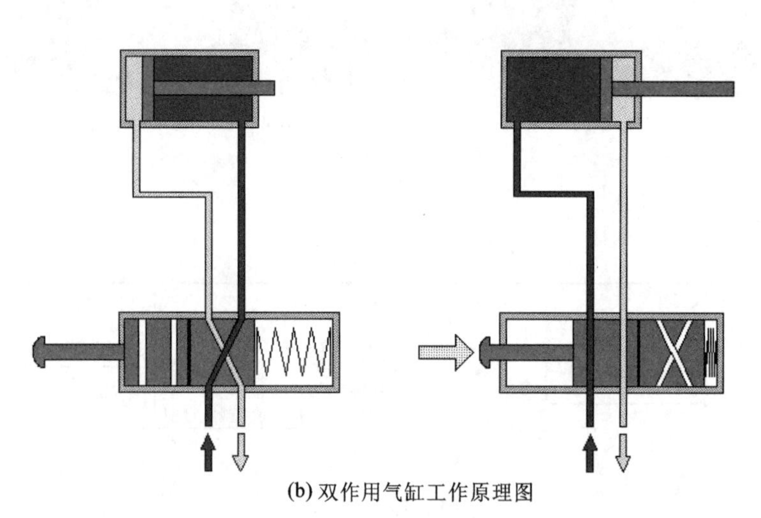

(b) 双作用气缸工作原理图

图 2-11　气缸工作原理图

板,英文名为 manifold,是气动元件中的一个配件,如图 2-12(a)所示。汇流板多应用于气动控制回路,可以实现集中供气和集中排气,节省所占空间。

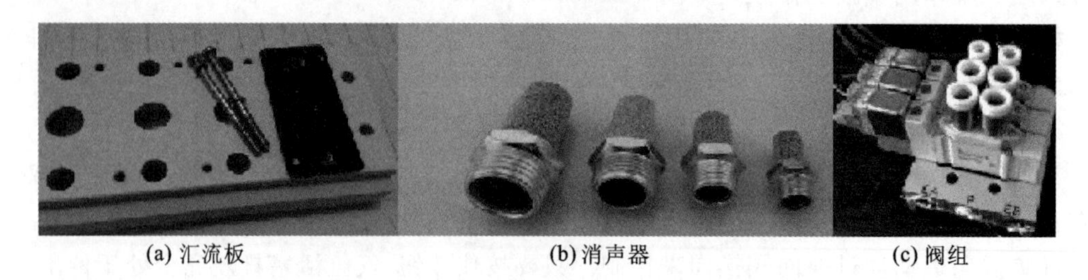

(a) 汇流板　　(b) 消声器　　(c) 阀组

图 2-12　电磁阀组

成套自动化设备在设计和使用中,气源(例如空气压缩机)比较单一,而同时工作的电磁阀比较多,就需要把单一的气源分散到多个电磁阀上去,汇流板可以实现这样的功能。

汇流板内至少有两个分别贯穿的通道,它们是进气口和出气口。进气口的空气是气源所

供应，经过汇流板的分配，从出气口出来的空气通过气动软管、气动接头等配件的衔接，连接到成套设备中需要空气的元器件（例如电磁阀）上。这样就实现了少量气源同时供应多个气动元器件工作的目的。

2）消声器

消声器是安装在汇流板的排气口上，减少压缩空气产生噪声的元件，如图 2-12(b)所示。气动系统一般不设排气回路，用后的压缩空气通过方向阀直接排入大气，当最大排气速度接近声速，气体体积急剧膨胀形成涡流会产生刺耳的噪声。噪声大小与排气速度、排气量、排气通道的形状相关。为减少噪声污染必须采取消声措施，通常采用在启动系统的排气口外装消声器来降低噪声的方式。消声器通过对气流的阻尼或增大排气面积降低排气速度和功率。

3）阀组

电磁阀带有手动换向和加锁钮，加锁钮有锁定（LOCK）和开启（PUSH）2 个位置，如图 2-12(c)所示。用小螺丝刀把加锁钮旋到 LOCK 位置时，手控开关向下凹进去，不能进行手控操作。只有在 PUSH 位置，可用工具向下按，信号为“1”，等同于该侧的电磁信号为“1”；常态时，手控开关的信号为“0”。

在进行设备调试时，可以使用手控开关对阀进行控制，从而实现对相应气路的控制，以改变推料缸等执行机构的控制，达到调试的目的。

两个电磁阀是集中安装在汇流板上的。汇流板中两个排气口的末端均连接了消声器，消声器的作用是减少压缩空气在向大气排放时的噪声。这种将多个阀与消声器、汇流板等集中在一起构成的一组控制阀的集成称为阀组，而每个阀的功能是彼此独立的。

3. 电磁阀的图形符号

电磁阀的图形符号的含义如下。

(1) 位：阀芯相对于阀体的位置数，有几个格子表示有几位。

(2) 通：换向阀与系统相连的通口，方框外部连接的接口数就是通口数。

(3) 方框内的箭头：气路处于接通状态，箭头方向不一定表示气流的实际方向。

(4) 方框内 T 表示该通路堵住。

(5) P 为供气口，R、S 为排气口，A、B 为工作口。

4. 举例

(1) 二位五通单控电磁阀。

3 个直接头为连接气管端，P 位是供气口，A 位是工作口 A，B 位是工作口 B。当 P 有气后，A 口出气（即电磁阀初位）。当电磁阀线圈得电（DC 24 V 小灯处为正极），电磁阀换向，B 口出气。当电磁阀线圈失电，通过弹簧恢复到初始位。二位五通单控电磁阀如图 2-13 所示。

(2) 二位五通双控电磁阀。

当 P 口有气后，前次出气端有气的仍旧出气（即保留上次电磁阀得电的位置），当电磁阀线圈 1Y1 得电（DC 24 V 小灯处为正），电磁阀换向，A 口出气。当电磁阀线圈 1Y2 得电（DC 24 V 小灯处为正），电磁阀换向，B 口出气。电磁线圈失电后保留此次位置。二位五通双控电磁阀如图 2-14 所示。

2.1.1.5　单向节流阀

单向阀控制气流只能从一个方向流动，不能反向流动。

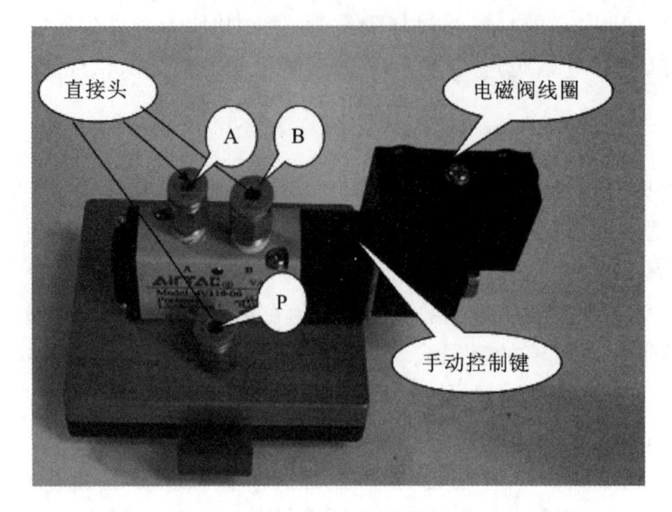

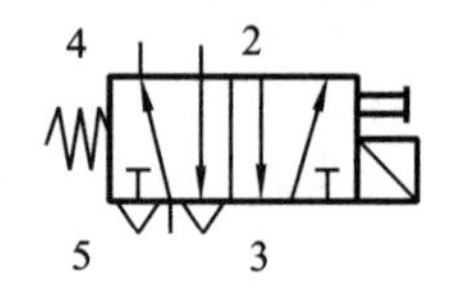

图 2-13　二位五通单控电磁阀

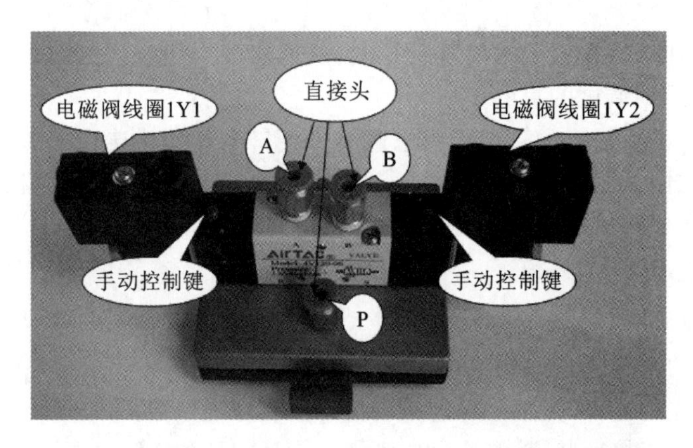

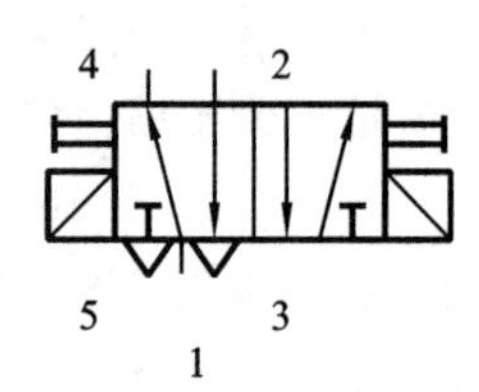

图 2-14　二位五通双控电磁阀

单向阀的功能是靠单向型密封圈来实现的。当空气从气缸排气口排出时,单向密封圈处于封堵状态,单向阀关闭,这时只能通过调节手轮,使节流阀杆上下移动,改变气流开度,从而起到节流作用。反之,在进气时,单向型密封圈被气流冲开,单向阀开启,压缩空气直接进入气缸进气口,节流阀不起作用。因此,这种节流方式称为排气节流方式。节流阀是通过改变节流截面或节流长度以控制流体流量的阀门。

单向节流阀是单向阀和节流阀并联组合的控制阀,通过控制通流截面积实现流量控制,如图 2-15 所示。为了使气缸的动作平稳可靠,应对气缸的运动速度加以控制,常用单向节流阀实现。当气流由供气口向排气口流动时,经过节流阀节流;反方向流动时,单向阀打开,不节流,如图 2-16 所示。单向节流阀用于气缸的活塞杆运动速度调节和延时回路中。

当气流由供气口向排气口流动时,经过节流阀节流,反方向流动,单向阀打开,不节流。

单向节流阀用于气缸的活塞杆运动速度调节和延时回路中。

2.1.2　气动系统回路图

气动系统无论多么复杂,均由一些特定功能的基本回路组成。应先熟悉基本回路的构成

图 2-15 单向节流阀

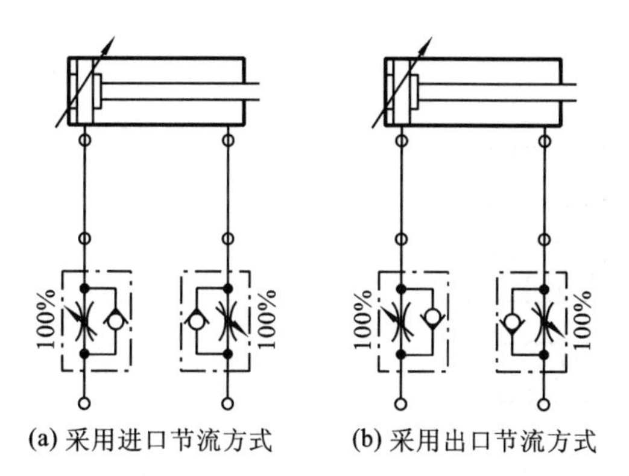

(a) 采用进口节流方式 (b) 采用出口节流方式

图 2-16 节流方式

和性能，了解一些气动基本回路，便于气动控制系统的分析、设计，以组成完善的气动控制系统。

2.1.2.1 气动回路绘制

1. 气动回路的图形表示法

工程上气动系统回路图是以气动元件图形符号组合而成的。以气动图形符号所绘制的回路图分为定位和不定位两种表示法。定位回路图以系统中元件实际的安装位置绘制，工程技术人员容易看出阀的安装位置，便于维修保养，如图 2-17 所示。不定位回路图不按元件的实际位置绘制，气动回路图根据信号流动方向从下向上绘制，各元件按功能分类排列，依次顺序为气源系统、信号输入元件、信号处理元件、控制元件、执行元件，如图 2-18 所示。

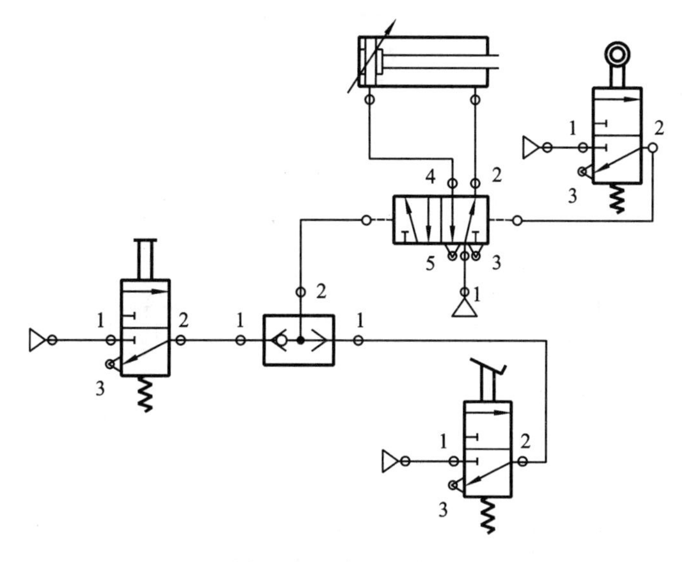

图 2-17 定位回路图

2. 各种元件表示方法

在回路图中，阀和气缸尽可能水平绘制。回路中的所有元件均以起始位置表示，否则另加注释。阀的位置定义如下。

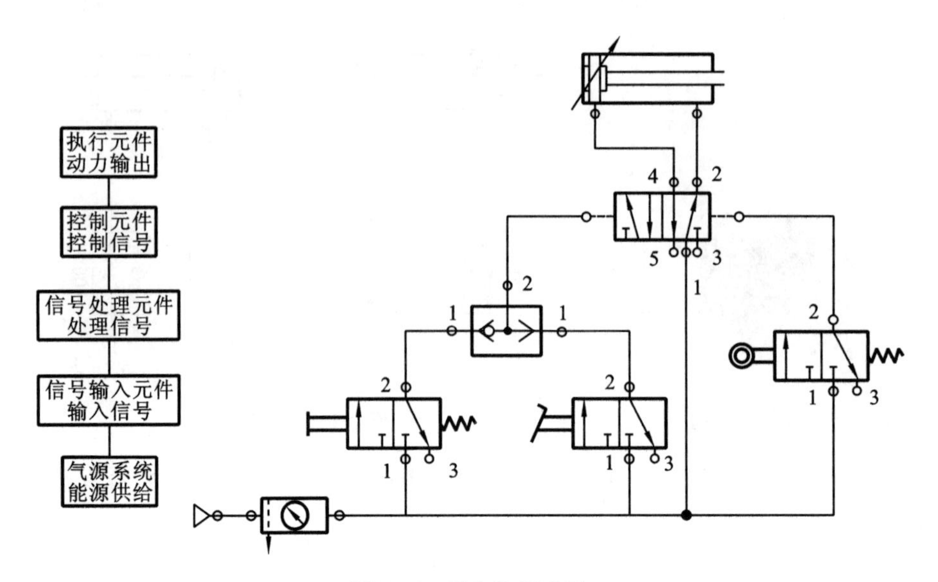

图 2-18　不定位回路图

A 正常位置:阀芯未操纵时阀的位置。

B 起始位置:阀安装在系统中并已通气供压后,阀芯所处的位置。

3. 管路的表示

气动回路中,元件和元件之间的配管符号是有规定的,如图 2-19 所示。工作管路用实线表示,控制管路用虚线表示。管路尽可能画成直线,避免交叉。

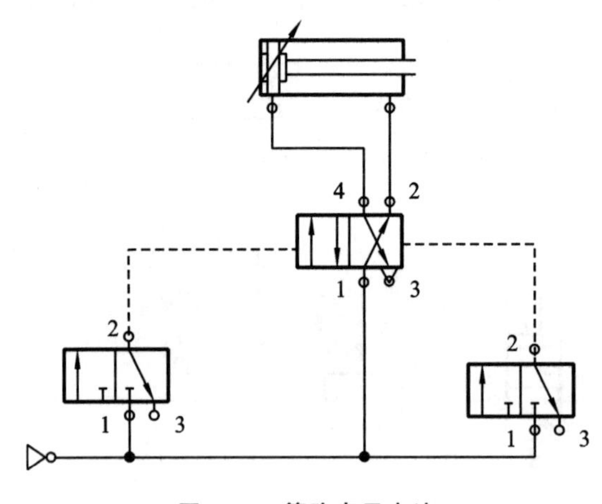

图 2-19　管路表示方法

4. 使用气动仿真软件绘制气动回路图

FluidSIM 仿真软件分为液压传动技术和气压传动技术。图 2-20 是 FESTO 软件的界面,窗口左边显示整个元件库,右边是绘图区。单击新建,建立一个空白的绘图区。将左边元件库中的元件拖入绘图区。

1) 气缸

把气缸选中,用鼠标拖动到绘图区。

2）电磁阀

将 n 位五通换向阀和气源拖至绘图区域。双击电磁阀，配置换向阀结构。左端和右端驱动可以单独定义，如手动、机控、气控/电控。若不希望选择驱动方式，可以选择空白。对于换向阀每一端，都可以设置弹簧复位或气控复位。换向阀最多四个工作位置，对于每个工作位置，都可以单独选择。静止位置是指换向阀不受任何驱动的工作位置。只有当静止位置与弹簧复位设置相一致时，静止位置定义才有效。如图 2-21 所示为配置换向阀结构对话框。

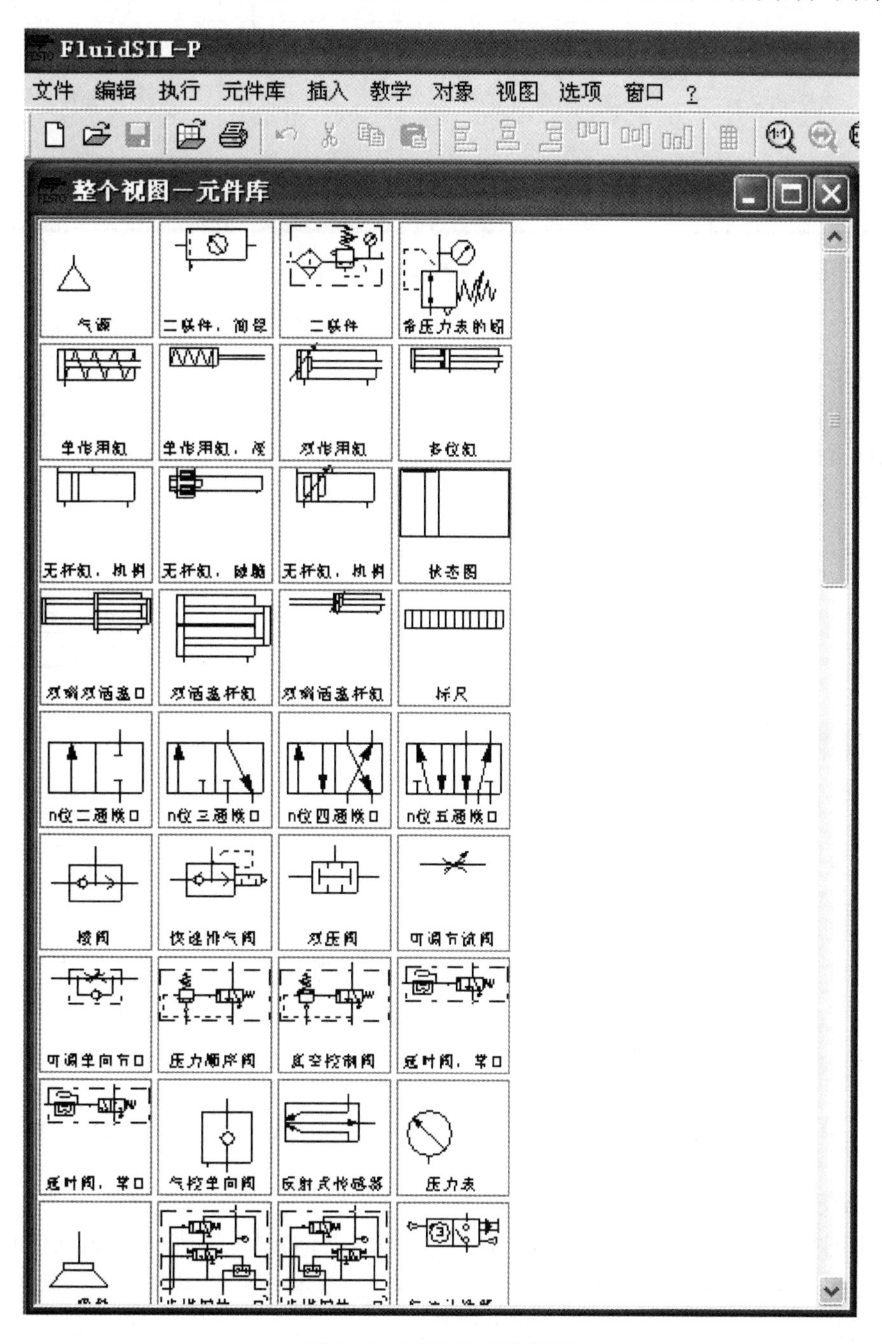

图 2-20　FESTO 软件界面

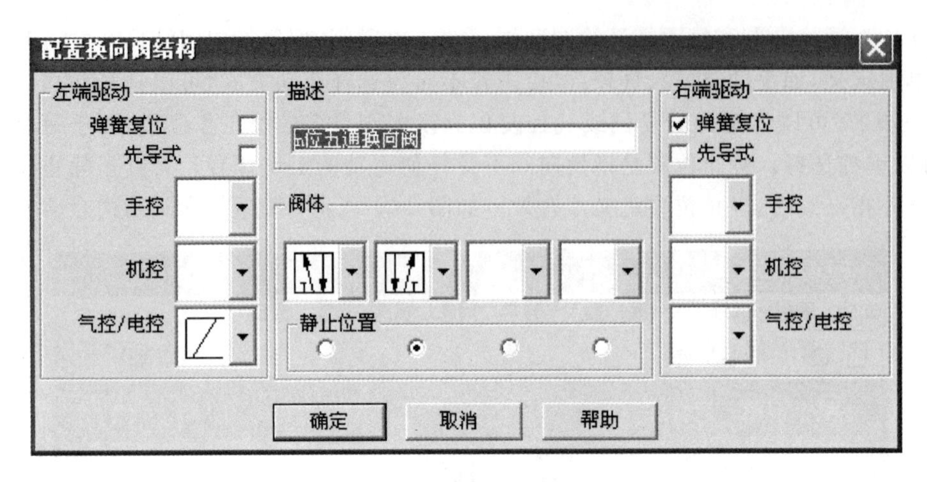

图 2-21　配置换向阀结构

指定气接口 3 为排气口,双击“3”打开方框选择排气口符号,如图 2-22 所示。二位五通单控电磁阀如图 2-23 所示。

3) 连接气路

将鼠标指针移至气缸左接口上。在编辑模式下,将鼠标指针移至气缸接口上时,形状变为“十”字线圆点形式。按住鼠标左键连接两个接口,立即显示管路。图 2-24 所示为气动回路图。

图 2-22　气接口设置

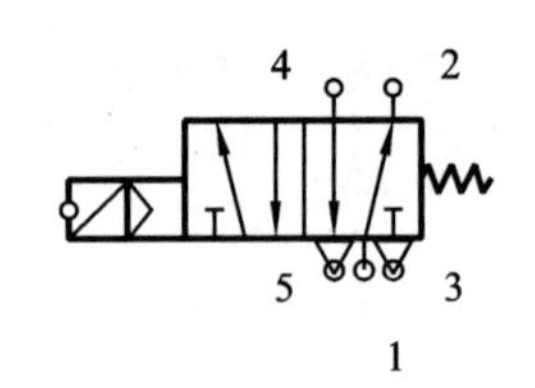

图 2-23　二位五通单控电磁阀

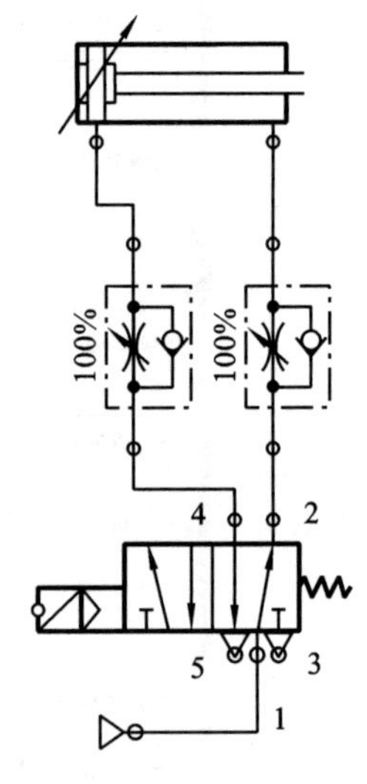

图 2-24　气动回路图

4) 气路仿真

将状态图拖至绘图区。拖动气缸,将其放在状态图上,如图 2-25 所示。启动仿真,观察气缸状态。在相同回路图中,可以使用几个状态图,且不同元件也可以共享同一个状态图。一旦超过 1 次把元件放在状态图中,状态图则不接受。在状态图中,可以记录和显示一些元件的状态量。

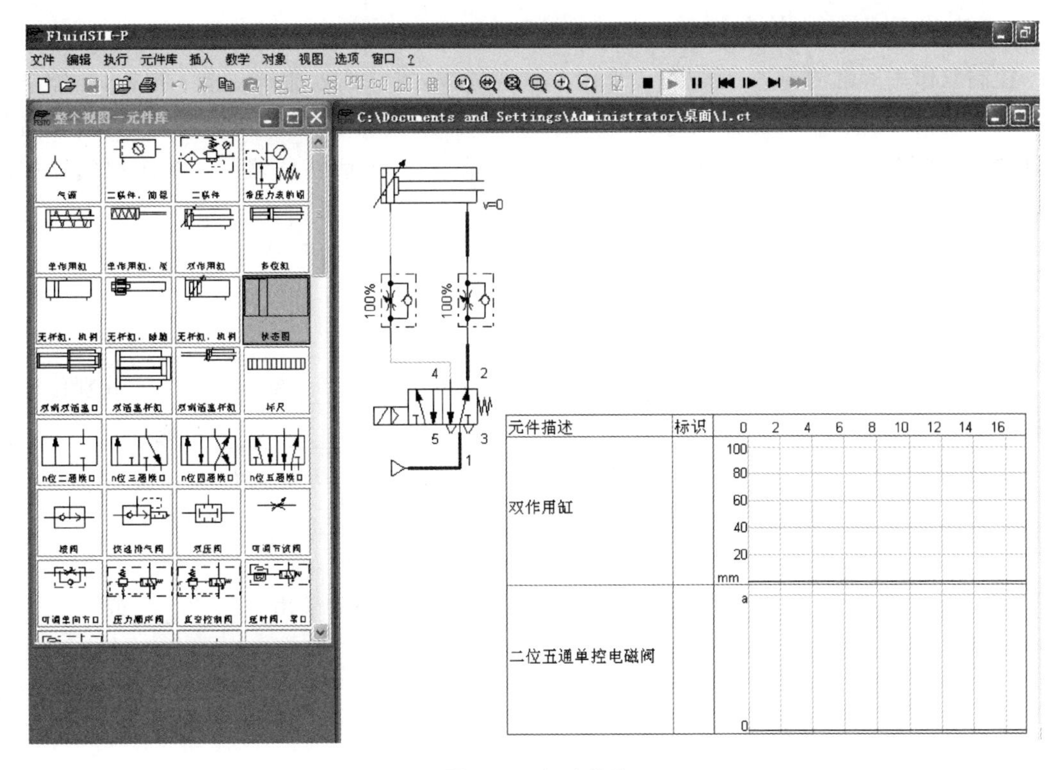

图 2-25　气路仿真

2.1.2.2　气动基本回路

1. 单作用气缸的直接控制回路

控制单作用气缸的前进、后退必须采用二位三通阀。按下按钮，压缩空气从阀的 1 口流向 2 口，3 口关闭，单作用气缸活塞杆伸出；放开按钮，阀内弹簧复位，1 口被关闭，缸内压缩空气由 2 口流向 3 口排放，气缸活塞杆在复位弹簧的作用下缩回。单作用气缸控制回路如图 2-26(a)所示。

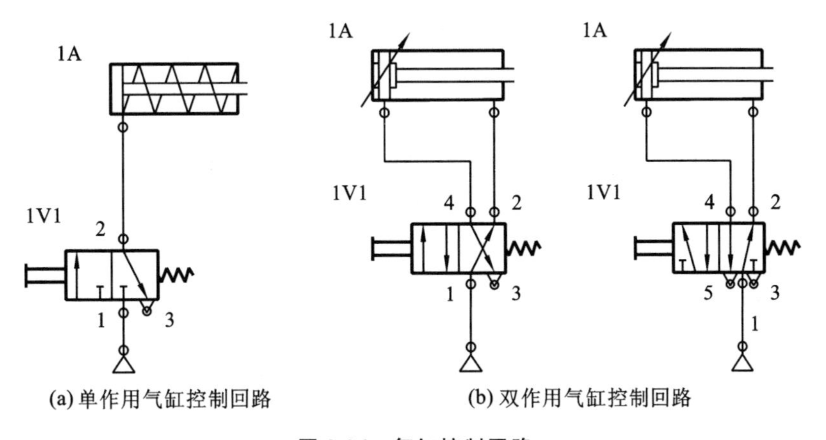

(a) 单作用气缸控制回路　　(b) 双作用气缸控制回路

图 2-26　气缸控制回路

2. 双作用气缸的控制回路

控制双作用气缸的前进、后退可以采用二位四通阀，或二位五通阀。按下按钮，压缩空气从阀的 1 口流向 4 口，同时有杆腔从 2 口通向 3 口排气，活塞杆伸出；放开按钮，阀内弹簧复位，压缩空气由 1 口流向 2 口，同时 4 口通向 5 口排放，气缸活塞杆缩回。双作用气缸如图 2-26(b)所示。

习　题　2

1. 气动系统以__________为工作介质，依靠空气的__________和__________分别传递动力和运动的一种装置，由__________、__________、__________、__________组成。

2. 空压机分为__________、__________。空压机按排气压力高低分为__________、__________、__________。空压机按润滑方式分为__________和__________空压机。

3. 1 bar=__________MPa，1 MPa=__________Pa。

4. 后冷却器分为__________和__________。后冷却器一般采用__________或__________冷却器。

5. 干燥器的作用是进一步除去压缩空气的__________、__________、__________，干燥方法主要有__________、__________、__________。

6. 调压阀按调压方式分为__________和__________两种。

7. 气动三大件的安装顺序依进气方向分别为__________、__________和__________。

8. 气动系统常用的执行元件为__________和__________。

9. 电磁阀带有手动换向和加锁钮，有__________和__________两个位置。

10. （4、2、5、1、3 口电磁阀图形符号），这是__________位__________通电磁阀。

11. 单向节流阀是__________和__________并联组合的控制阀。

12. 工程上气动系统回路图是以气动图形符号所绘制的回路图，分为__________和__________两种表示法。

任务 2.2　传　感　器

【任务提要】

(1) 传感器在自动化生产线中的作用。

(2) 常用传感器的工作原理。

(3) 常用传感器的结构、特点及电气接口特性。

【技能目标】

(1) 通过外观和型号等辨别传感器名称。

(2) 能叙述常用传感器的工作原理。

(3) 能安装、调试和检测自动化生产线中的常用传感器。

传感器可检测满足不同需求的感知信息，充当电子计算机、智能计算机、自动化设备自动控制装置的“感觉器官”。在生产生活中，生产人员往往依靠仪器仪表完成检测任务。这些仪器仪表包括敏感元件，能敏锐反映待测参数的大小。能感受规定的被测量并按照一定的规律转换成可用输出信号的器件或装置称为传感器，传感器能将非电量形式的参量转换成电参量，具有检测和转换功能。传感器信号大部分以电信号形式存在。传感器的组成如图 2-27 所示。

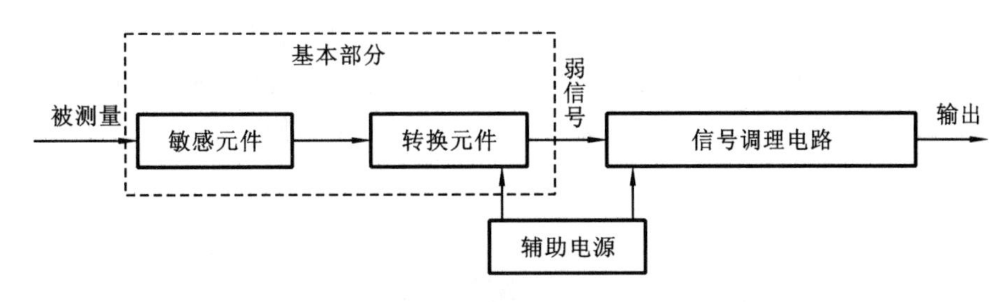

图 2-27　传感器的组成

2.2.1　磁性开关

磁性开关是限位开关的一个变型，实物图如图 2-28(a)所示。磁性开关分为舌簧式和霍尔式两种。磁性传感器安装在带磁环的气缸上，如图 2-28(b)所示。当活塞产生的磁场被开关检测到，电路关闭发出电信号，可用来控制气缸的位置。图 2-28(c)是舌簧式磁性开关的结构图。

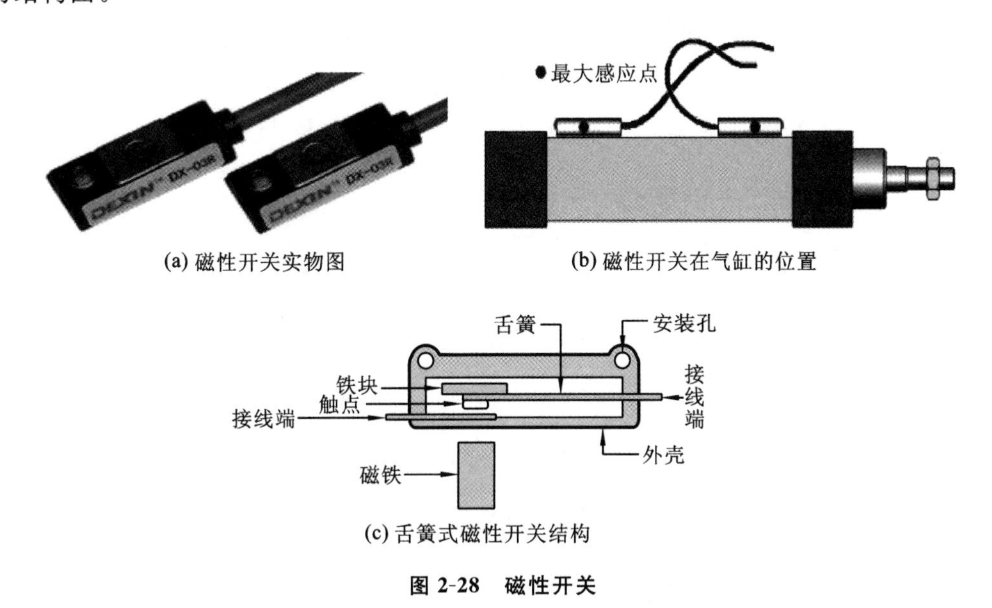

(a) 磁性开关实物图

(b) 磁性开关在气缸的位置

(c) 舌簧式磁性开关结构

图 2-28　磁性开关

2.2.1.1 磁性开关的工作原理

磁性开关按工作原理分为有触点式和无触点式开关。有触点式磁性开关通过机械触点的动作进行开关通断。无触点磁性开关是利用半导体特性加上放大回路构成的开关。根据引线的多少,磁性开关分为二线式、三线式。二线式磁性开关的信号和电源共用一个回路,防止信号衰减,配线工时少,节约成本,但是漏电流比较大,负载能力差。三线式磁性开关的信号线和电源线分开,内部电压降低,漏电流小,负载能力强。

2.2.1.2 检测磁性开关的方法

检测磁性开关的方法如图2-29所示,将检测仪连接好,用一磁铁沿图示方向移动,如果检测仪指示灯变亮并发出声音,则感应开关可用;如果没有出现该现象,将检测仪的拨码开关搬到另外一挡,若仍然没有出现上述现象,说明开关已损坏。切勿使用干电池直接测试,以避免形成短路。

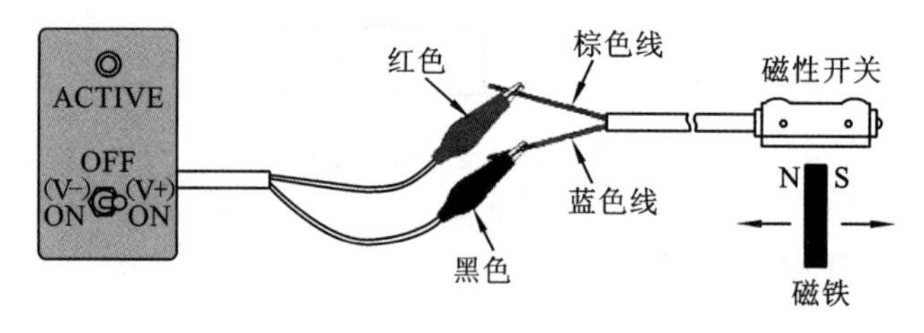

图2-29 检测磁性开关

无接点磁性开关分为NPN型和PNP型。无接点式磁性开关通过内部晶体管的控制发出控制信号。当磁环靠近磁性开关时,晶体管导通,产生电信号;当磁环离开磁性开关后,晶体管关断,电信号消失。如果没有负载连在回路上,千万不能把磁性开关接在主回路上。要使用直流电应该注意电极次序:棕色线接正极,蓝色线接负极。如果接反了磁性开关的负载接口,LED灯就不发光,但不会破坏整个回路。

2.2.1.3 磁性开关的接法

磁性开关的接法如图2-30所示。

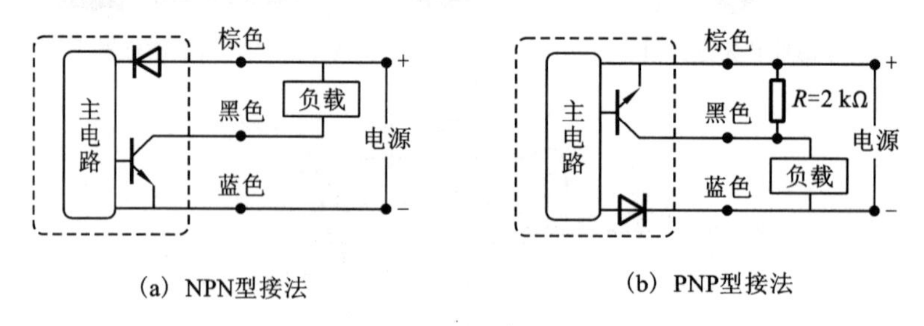

(a) NPN型接法 (b) PNP型接法

图2-30 磁性开关接法

2.2.1.4 磁性开关的安装与调试

在生产线的自动控制中,可以利用磁性开关判断被测物体的运动状态或位置。

1. 电气接线与检查

重点考虑传感器的尺寸、位置、安装方式、布线工艺、电缆长度、周围工作环境对传感器工作的影响。

在磁性开关上设置有LED,用于显示传感器的信号状态,供调试与运行监视时观察。当气缸活塞靠近,磁性开关输出动作,电路接通,LED灯亮;当没有气缸活塞靠近,磁性开关输出不动作,电路断开,LED不亮。

2. 磁性开关的安装与调整

磁性开关与工件配合使用时,如果安装不合理,可能使得工件的动作不正确。当工件移向磁性开关,接近一定距离时,磁性开关会动作,这个距离称为检测距离。

2.2.2　光电传感器

光电传感器将被测量通过光信号转换为电信号。光电传感器由光源、光学通路、光电元件组成。光电开关(光电传感器)是光电接近开关的简称,它是利用被检测物对光束的遮挡或反射,由同步回路选通电路,从而检测物体有无的开关。物体不限于金属,所有能反射光线的物体均可被检测。光电开关将输入电流在发射器上转换为光信号射出,接收器再根据接收到的光线的强弱或有无对目标物体进行探测。

1. 光电开关的分类

按检测方式,光电根据结构可分为漫反射式、对射式、镜面反射式。

1) 对射式光电开关

对射式光电开关是由发射器和接收器组成,如图2-31(a)所示。对射式光电开关的发射器和接收器在结构上是相互分离的,在光束被中断的情况下会产生一个开关信号变化,典型的方式是位于同一轴线的光电开关可以相互分开达50 m。

2) 漫反射式光电开关

漫反射式光电开关是当开关发射光束时,目标产生漫反射,发射器和接收器构成单个的标准部件,当有足够的组合光返回接收器时,开关状态发生变化,作用距离的典型值为3 m。漫反射式光电开关如图2-31(b)所示。

漫反射式光电开关的特征:有效作用距离是由目标的反射能力、表面性质和颜色决定的;装配开支较小,当开关由单个元件组成时,通常可以达到粗定位;采用背景抑制功能调节测量距离。

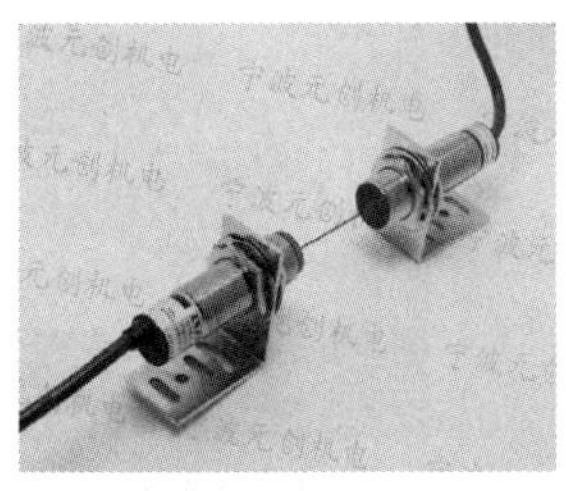

(a) 对射式光电开关

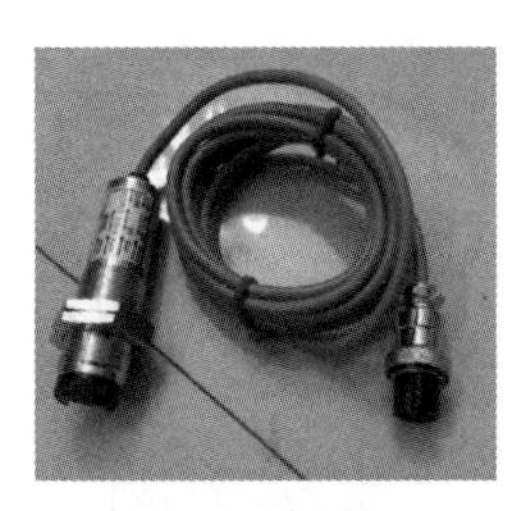

(b) 漫反射式光电开关

(c) 镜面反射式光电开关

图2-31　光电开关

3) 镜面反射式光电开关

镜面反射式光电开关由发射器和接收器构成,如图 2-31(c)所示。从发射器发出的光束在对面的反射镜被反射,当光束被中断时会产生一个开关信号的变化。光通过时间是两倍的信号持续时间,有效距离从 0.1 m 到 20 m。镜面反射式光电开关的特征:辨别不透明物体;借助反射镜,形成高有效距离;不易受干扰,可以可靠应用在野外或有灰尘的环境中。

各种光电开关的优缺点对比如表 2-1 所示。

表 2-1 光电开关对比

类 型	检测体	优 点	缺 点
对射	不透明体	检测精度高,能检测小物体,可进行长距离的检测	光轴调校困难,配线困难
镜面反射	透明体,不透明体	配线容易,检测距离为几米,光轴调校容易	注意检测物体的反射率需要反射板
漫反射	透明体,不透明体	可检测透明体,检测距离为几十厘米	注意检测体以外的反射光

2. 光电传感器接法

传感器接法:棕色插圈接直流 24 V,蓝色插圈接直流 0 V,黑色插圈为信号端。当传感器感测到信号后,该点输出信号。在使用时注意接线正确性,以防损坏元件,特别是输出端短路现象最为严重。光电传感器能对反射足够光源使其感测到的物体进行检测。检测范围一般为 6 cm 左右。

2.2.3 光纤传感器

光纤是光学纤维的简称。光纤传感器如图 2-32 所示。

1. 光纤传感器的结构

光纤传感器是由折射率较大的纤芯和折射率较小的包层组成的双层同心圆结构,如图 2-33(a)所示。这样的结构可以保证入射到光纤内的光波集中在纤芯内传播。光纤传感器的最外层为保护层,目的是增加机械强度。

2. 光纤传感器的接线

光纤传感器的实物如图 2-33(b)所示,传感器的接线有褐色、黑色、蓝色三种。褐色和蓝

图 2-32 光纤传感器

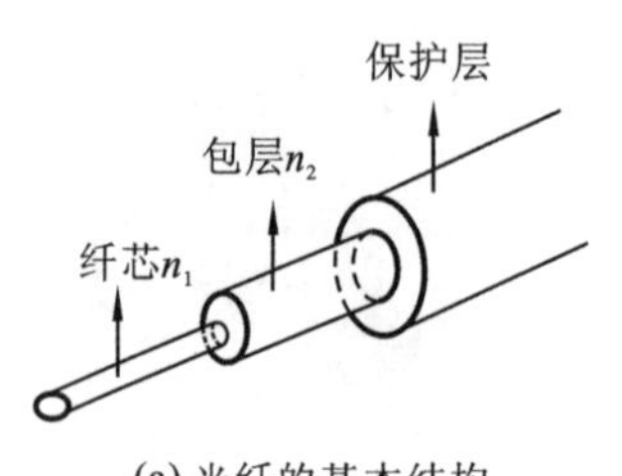

(a) 光纤的基本结构

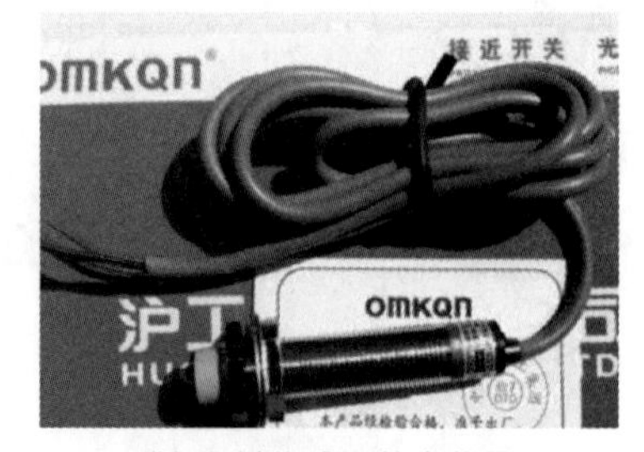

(b) 光纤传感器的实物图

图 2-33 光纤传感器

色接外部电源的 24 V 和 0 V，黑色线接 PLC 的输出端子。

2.2.4　电感传感器

电感传感器利用线圈自感或互感系数的变化实现非电量检测的装置。电感传感器实物如图 2-34 所示。

电感式传感器的核心部分是可变的自感或互感，将被测量转换成线圈自感或互感的变化时，一般要利用磁场作为媒介或利用铁磁体的某些现象来实现。

图 2-34　电感传感器实物图

1. 电感传感器的工作原理

电感传感器是利用电磁感应原理将被测非电量如位移、压力、流量、重量、振动等转换成线圈自感量 L 或互感量 M 的变化，再由测量电路将其转换为电压或电流的变化量输出的装置。当导电物体在接近能产生电磁场的接近开关时，物体内部产生涡流。这个涡流反作用到接近开关，使开关内部电路参数发生变化，并转换为开关信号输出，识别出有无导电物体靠近，这种接近开关所能检测的物体必须是导电体。

2. 电感传感器的接线及实验电路设计

接近开关按供电方式分为直流和交流，按输出形式分为直流二线制、直流三线制、直流四线制、交流两线制、交流三线制。

传感器接线方法：棕色插圈接 DC 24 V，蓝色插圈接 DC 0 V，黑色插圈为信号端。在使用时注意接线正确性，以防损坏元件，特别是输出端短路现象最为严重。

电感传感器用来检测金属物质，检测范围一般在 1 cm 左右。相对于其他传感器比较稳定，不会被其他的物品所干扰而产生误信号，因为它检测距离短且只对金属物品有效。

习　题　3

一、填空题

1. 传感器由__________和__________组成。

2. 磁性开关分为__________和__________两种。无接点磁性开关分为__________型和__________型。要使用直流电应该注意电极次序：棕色线接__________极，蓝色线接__________极。如果接反了磁性开关的负载接口，LED 灯就不发光，但不会破坏整个回路。

3. 光电传感器将被测量通过__________信号转换为__________信号，光电开关由__________和__________构成。传感器接法：红色插圈接__________，黑色插圈接__________，蓝色插圈为__________。

二、简述题

光电传感器有哪些类型？至少说出三种。

任务 2.3 电气控制与 PLC

【任务提要】

电气控制线路是由各种有触点的接触器、继电器、按钮、行程开关等器件组成的控制线路,其作用是实现对电力拖动系统的启动、反向、制动和调速等运行性能的控制。为了表示电气控制系统的组成、工作原理及安装、调试、维修等技术要求,需要用电气控制图来表示。常用的电气控制系统图有电气原理图、电气布置图与电气安装接线图。

【技能目标】

(1) 学习电气控制图的图形符号、文字符号;

(2) 读懂电气原理图和电气接线图。

2.3.1 电气原理图与接线图

1. 电气原理图

电气原理图是用电气的图形符号和文字符号来表示电路中各电气元件中导电部件的连接关系和工作原理的图形。

电气原理图有以下的绘制原则。

(1) 电气原理图中电气元件图形符号、文字符号及标号必须采用最新国家标准。

(2) 电器元件展开图画法:同一电器元件的各导电部件(如线圈和触点)按电路连接关系画出,用同一文字符号标明。

(3) 电器元件触头画法:均按“初始”状态绘出。

对于接触器、继电器的触点按吸引线圈不通电状态画出,控制器手柄按趋于零位时的状态画出,按钮、行程开关触点按不受外力作用时的状态画出等。

(4) 电气原理图上应标出各个电源电路的相关参数、元件操作方式和功能等。

(5) 电气原理图一般可分为主电路部分和辅助电路部分。

主电路:从电源到电动机的电路,用粗实线绘在图面左侧或上方;

辅助电路:包括控制电路、照明电路、信号电路、保护电路等,用细实线绘在图面右侧或下方。

(6) 在原理图中,无论是主电路还是辅助电路,各电气元件一般应按动作顺序和信号流从上到下、从左到右依次排列,可水平布置或者垂直布置,并尽可能减少线条和避免线条交叉,如图 2-35 所示。

(7) 为了便于检索电气电路,方便阅读和分析,在原理图的上方或右方将图分成若干图区,并标明该区电路的用途与作用。

(8) 电气原理图要布局合理、层次分明、排列均匀、图面清晰、便于读图。

2. 电气接线图

用规定的图形符号,按各电气元件实际位置绘制的接线图称为电气安装接线图。安装接线图是实际接线安装的依据与准则,它清楚地表示了各电气元件的相对位置和它们之间的电

气连接，所以安装接线图不仅要把同一个元件的各个部件画在一起，而且各个部件的布置要尽量符合该元件的实际情况，如图 2-36 所示。

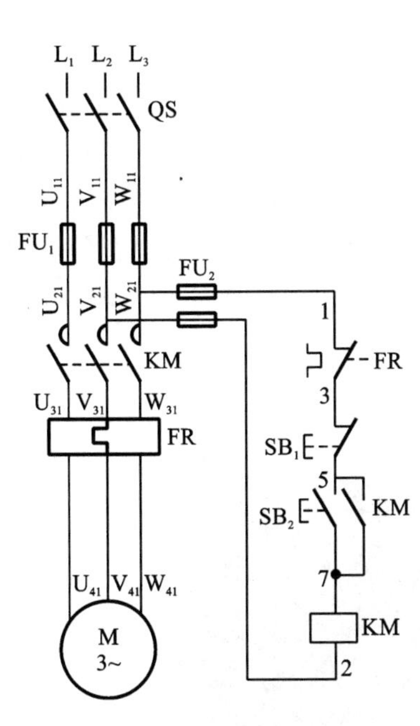

图 2-35　三相异步电动机启停控制主电路和控制电路

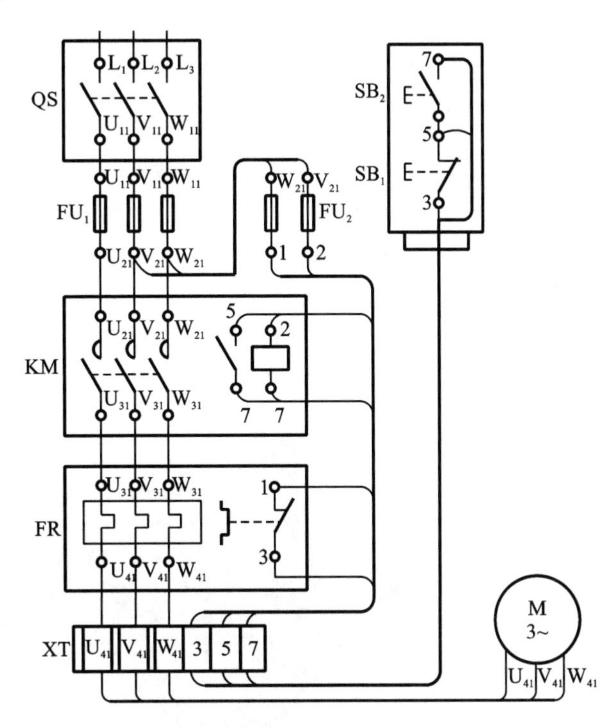

图 2-36　三相异步电动机启停控制安装接线图

（1）同一电气的各部件画在一起，其尺寸和比例没有严格要求，元件所占图面按实际尺寸以统一比例绘制。

（2）各电气元件的图形符号、文字符号和回路标记，均应以原理图为准，并且要保持一致。

（3）不在同一控制箱内或不是同一块配电屏上的各电气元件之间的连接，必须通过接线端子板进行连接。

（4）应详细地标明配线用的各种导线的型号、规格、截面面积及连接导线的根数。

（5）绘制安装接线图时，走向相同的相邻导线可以绘成一股线。

2.3.2　西门子 PLC 在亚龙生产线的应用

【任务提要】

（1）学习西门子 PLC 的硬件结构；

（2）了解西门子 PLC 的内部结构；

（3）掌握西门子 PLC 编程语言。

【技能目标】

（1）掌握西门子 PLC 外部接线方法；

（2）掌握下载 PLC 程序的方法。

2.3.2.1 西门子PLC的结构

西门子PLC的结构分为内部结构和外部结构,其中外部结构由指示灯、接口构成,内部结构由CPU电路板、I/O接口电路板、电源电路板等构成。

1. 西门子PLC的外部结构

西门子PLC的电源输入接口包括L、N、地接口,该接口用于为PLC供电;PLC的输入接口通常使用I0.0、I0.1等进行标识,用于连接外部的输入设备,如按钮、转换开关、行程开关、继电器触点、传感器等,将输入信号通过输入接口输送到PLC内部的输入电路中;PLC的输出接口通常使用Q0.0、Q0.1等进行标识,用于连接外部的输出设备,如负载、继电器等,使其PLC输出信号送到负载或继电器上,负载或继电器与电源连成一个回路,通过PLC输出的信号进行控制。如图2-37所示为西门子PLC实物图。

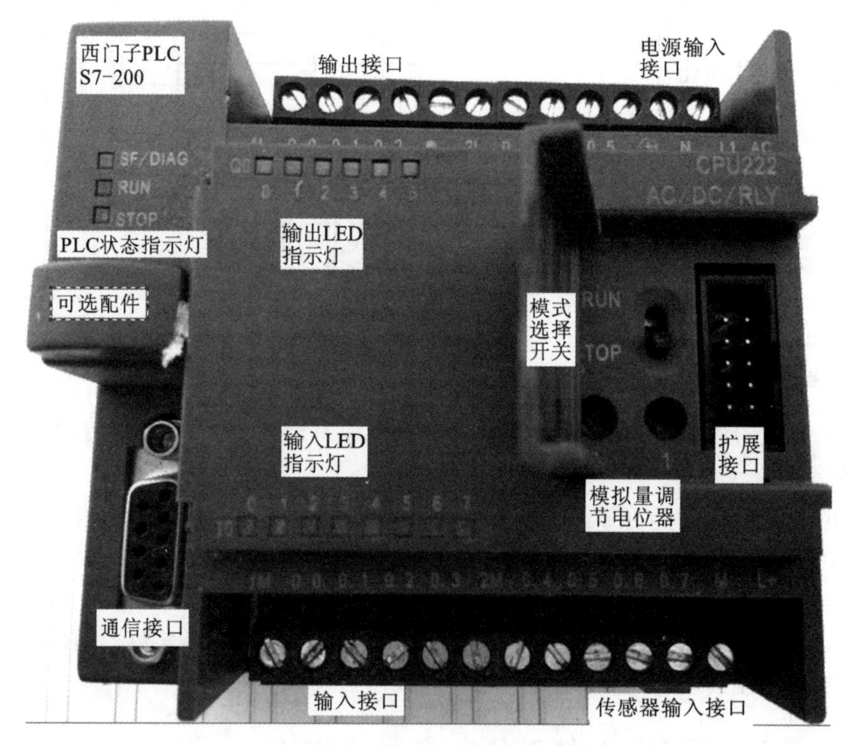

图2-37 西门子PLC实物图

1) PLC状态指示灯

PLC状态指示灯用于指示PLC的工作状态,包括系统SF/DIAG故障/诊断指示灯、RUN运行指示灯、STOP停机指示灯。其中系统故障/诊断指示灯点亮,代表PLC系统出现故障;RUN指示灯电亮,表示PLC系统处于运行状态;STOP指示灯点亮,代表PLC系统处于停机状态。

2) 通信接口

西门子PLC具有的一个RS-485通信接口,如图2-38所示,分别是PORT0和PORT1,支持PPI通信和自由通信协议。PPI通信协议是一种主从协议,点对点接口通信。当PLC需要

与计算机连接时，需采用 PC/PPI 电缆或 USB/PPI 电缆；当 PLC 需要与其他的 PLC 进行连接时，需使用专用的 RS-485 通信电缆进行连接，如图 2-39 所示为 PLC 与计算相连，图 2-40 所示为 PLC 与 PLC 相连。

图 2-38　通信接口

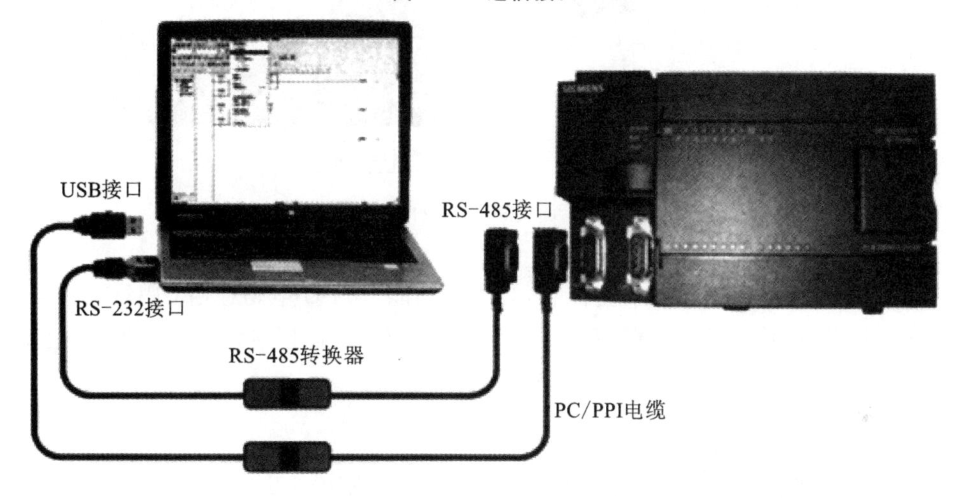

图 2-39　PLC 与计算机连接

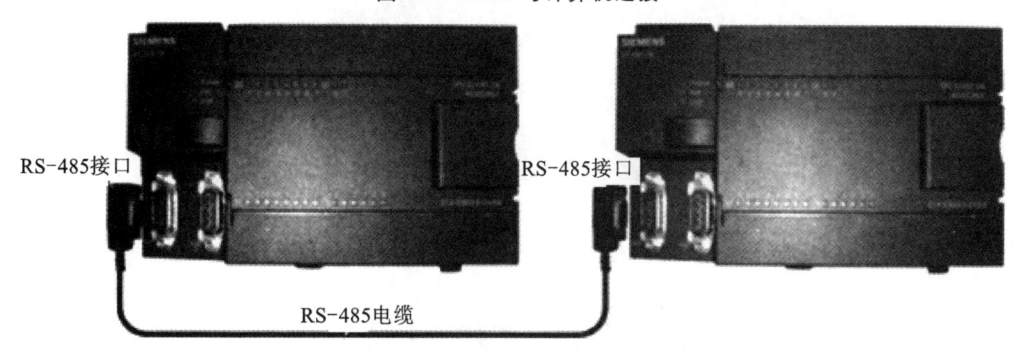

图 2-40　PLC 与 PLC 连接

3）检修口

西门子 S7-200 系列 PLC 的检修口包括模式选择开关、模拟量调节电位器、扩展接口。

模式选择开关：具有两种选择模式，分别为 RUN 模式和 STOP 模式。

模拟量调节电位器：CPU 内置有 SMB28-0 和 SMB28-1 两个模拟量调节电位器，用于更新或输入值、更改预设值、设置极限值等。

2. 西门子 PLC 的内部结构

如图 2-41 所示为西门子 PLC 的内部结构。

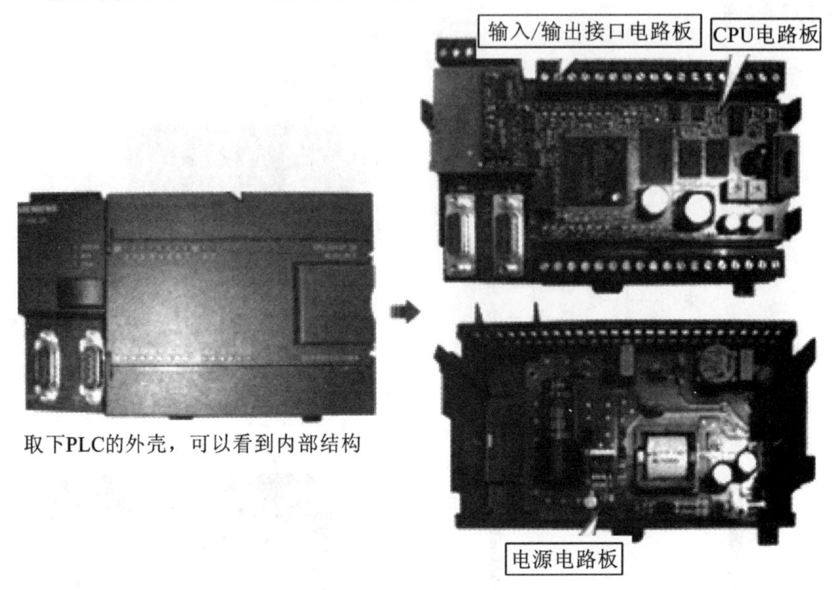

图 2-41 西门子 PLC 的内部结构

1) CPU 电路板

CPU 电路板主要完成 PLC 的运算、存储、控制功能。CPU 电路板由 CPU 芯片、存储器芯片、PLC 状态指示灯、输入输出 LED 指示灯、模式选择开关、模拟量调节电位器、电感器、电容器等构成，如图 2-42 所示为 CPU 电路板的结构。

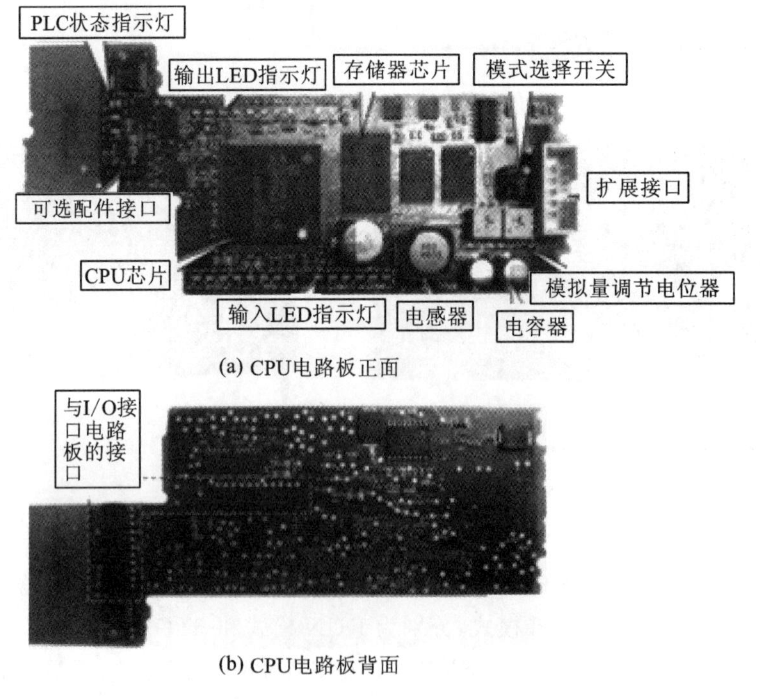

(a) CPU电路板正面

(b) CPU电路板背面

图 2-42 CPU 电路板的结构

2）I/O 接口电路板

I/O 接口电路板用于对 PLC 的 I/O 信号进行处理，如图 2-43 所示为 I/O 接口电路板。

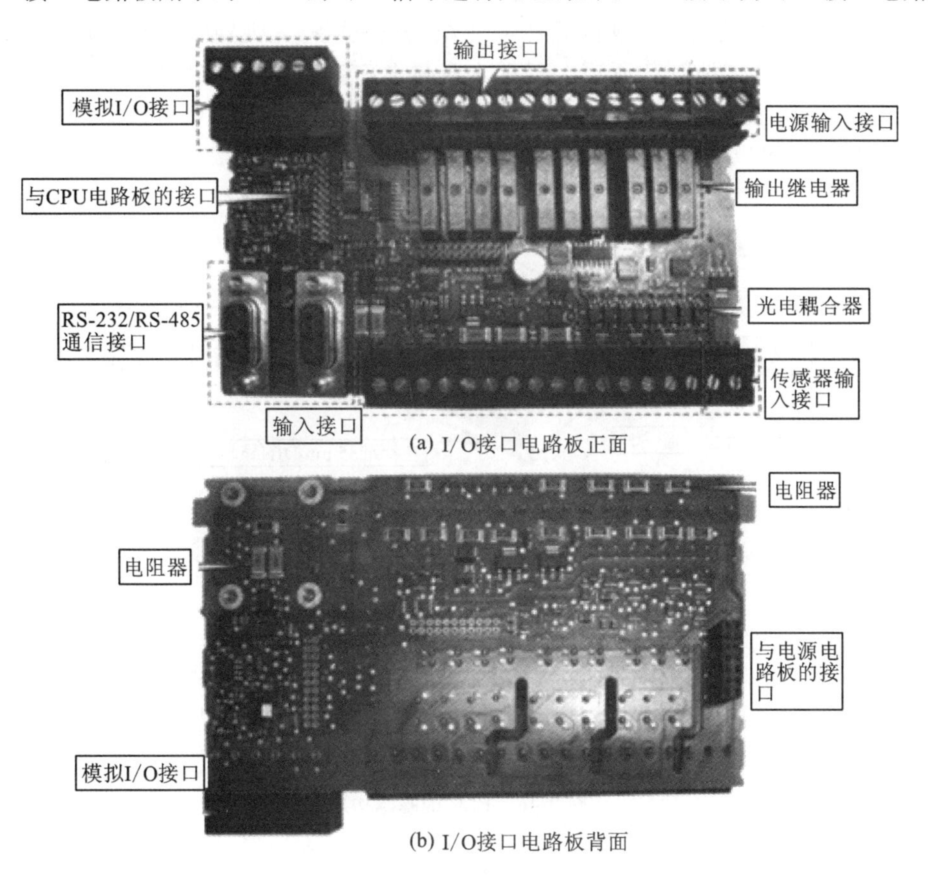

(a) I/O接口电路板正面

(b) I/O接口电路板背面

图 2-43　I/O 接口电路板的结构

3）电源电路板

电源电路板用于给 PLC 内部各电路提供所需的工作电压，如图 2-44 所示为电源电路板。

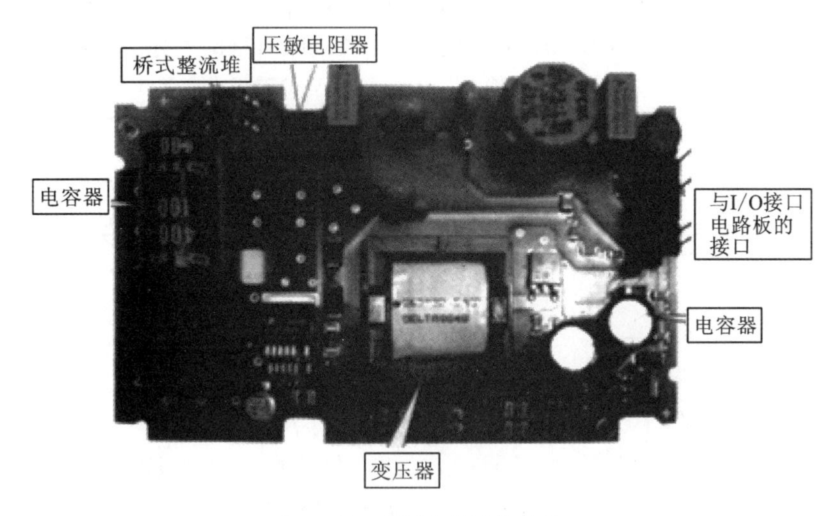

图 2-44　电源电路板的结构

2.3.2.2 西门子 PLC 硬件连接

S7-200 系列 PLC 的基本构成包括 PLC 主机、编程设备、人机界面和根据实际需要增加的扩展模块。PLC 主机如图 2-45 所示。PLC 本身包含一定数量的 I/O 端口,同时还可以扩展各种功能模块,PLC 的基本构成如图 2-46 所示。故 S7-200 系列 PLC 可以单机运行,也可以输入/输出扩展,还可以连接功能扩展模块。

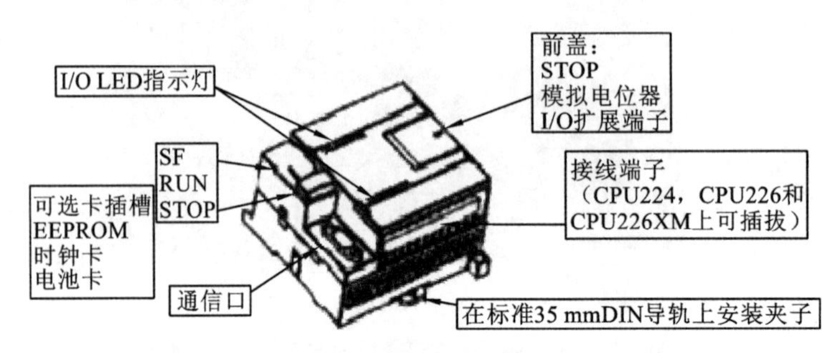

图 2-45 PLC 主机

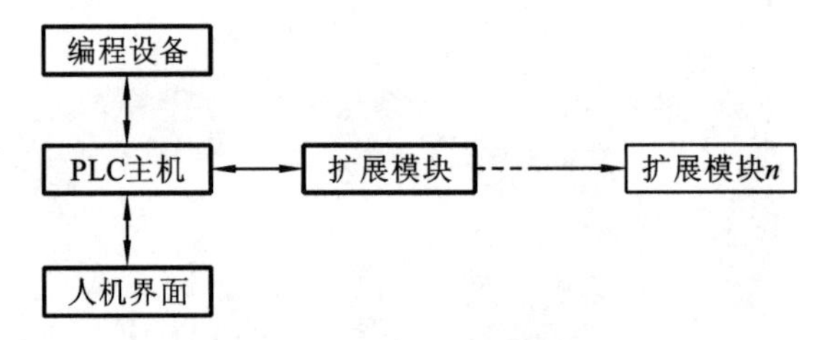

图 2-46 PLC 的基本构成

1. 输入接线图

24 V 直流输入接线有两种方式:一种是汇点输入,它是一种由 PLC 内部提供输入信号源,全部输入信号的一端汇总到输入的公共连接端的输入形式,如图 2-47(a)所示;另一种是源输入,它是一种由外部提供输入信号电源或使用 PLC 内部提供给输入回路的电源,全部输入信号为有源信号,并独立输入 PLC 的输入连接形式,如图 2-47(b)所示。1M 为输入端子组的

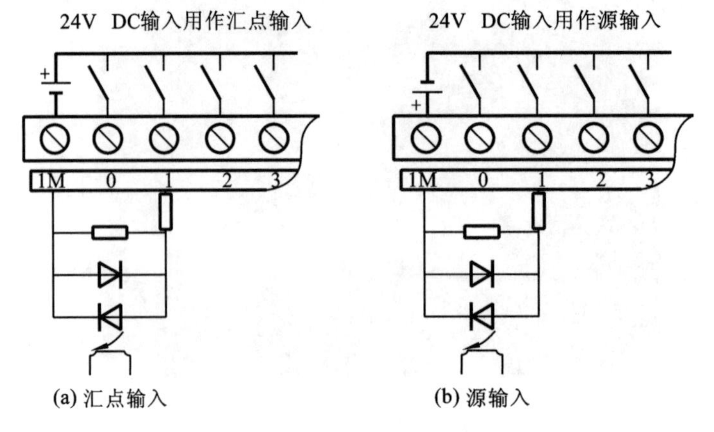

图 2-47 24 V 直流输入接线图

电源端，有 n 组输入端子组，则每组的电源端为 nM。在实际应用中，每组输入端子使用的电源电压相同。

2. 输出接线图

S7-200 系列 PLC 输出接线有两种方式：一种是 24 V 直流输出接线，一种是继电器输出接线，如图 2-48 所示。

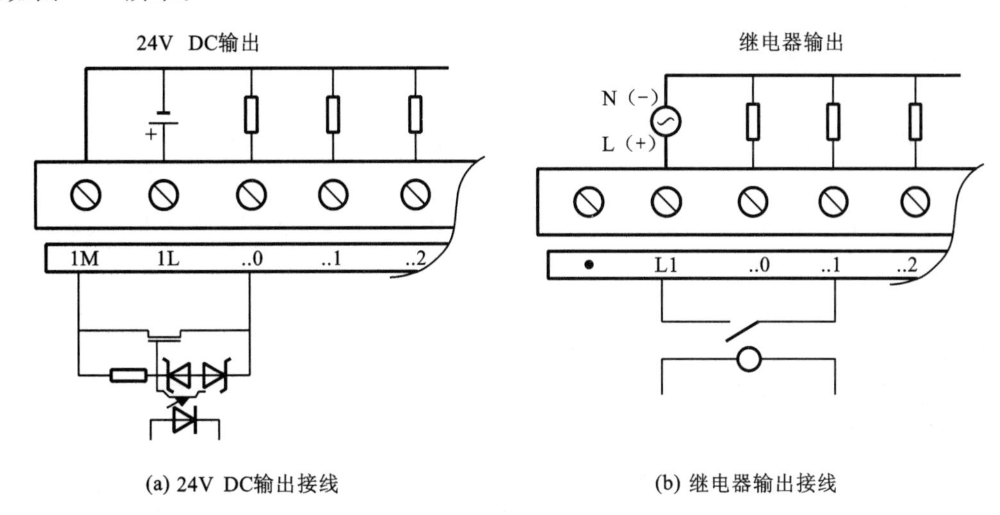

图 2-48　24V DC **输出接线图**

1）24V DC 输出接线

24 V DC 输出的电源端是（nM，nL），其中 n 依据输出隔离组决定。若有三组输出，则电源端分别是（1M，1L＋）、（2M，2L＋）和（3M，3L＋）。因为输出电压常常相同，所以通常会将这些公共端连接起来。

2）继电器输出接线

继电器输出采用的是交流电源，电源端子为（Ln），其中 n 依据输出隔离组决定。

3. PLC 模块的安装与拆卸

S7-200PLC 可以安装在板上，可以安装在标准 DIN 导轨上。若有扩展模块，则利用总线连接电缆，可以把 CPU 和扩展模块连接起来。端子排可选用现场接线端子排，现场接线固定在端子排上，可以采用可拆卸的端子连接器，固定在模块的接线端子上。更换模块时，可以将端子排整体取下来，减少更换模块的时间，保证在拆卸和重装模块时现场固定接线不变。要取下端子连接器时，先抬起模块的端子盖，将螺丝刀插入端子块中央的槽口中，用力向下压并撬出端子连接器。将端子连接器装入模块时，将它压入模块，直到卡口被扣住。

2.3.2.3　西门子 PLC 程序的下载

1. 计算机与 PLC 的连接

1）个人计算机与 PLC

通常可以通过四种设备实现 PLC 的人机交互功能。这四种设备是：编程终端、显示终端、工作站和个人计算机。编程终端主要用于编程和调试程序，其监控功能较弱。显示终端主要用于现场显示。工作站的功能比较全，但是价格也高，主要用于配置组态软件。个人计算机性价比较高,它可以发挥以下作用。

(1) 通过开发相应功能的个人计算机软件,与 PLC 进行通信。实现多个 PLC 信息的集中显示、报警等监控功能。

(2) 以个人计算机作为上位机,多台 PLC 作为下位机,构成小型控制系统。由个人计算机完成 PLC 之间控制任务的协同工作。

(3) 把个人计算机开发为协议转换器实现 PLC 网络与其他网络的互联。例如,可把下层的控制网络接入上层的管理网络。

2) 连接的基础

(1) 计算机和 PLC 均应具有异步通信接口,都是 RS-232、RS-422 或 RS-485,否则,要通过转换器转接以后才可以互联。

(2) 异步通信接口相连的双方要进行相应的初始化工作,设置相同的波特率、数据位数、停止位数、奇偶校验等参数。

(3) 用户参考 PLC 的通信协议编写计算机的通信部分程序,大多数情况下不需要为 PLC 编写通信程序。

如果计算机无法使用异步通信接口与 PLC 通信,则应使用与 PLC 相配置的专用通信部件及专用的通信软件实现互联。

3) 连接方式

个人计算机与 PLC 的联网一般有两种形式:一种是点对点方式。即一台计算机的 COM 接口与 PLC 的异步通信端口之间直接用电缆相连,如图 2-49 所示。连接电缆有两种,一种是 PC/PPI 电缆(见图 2-50),一种是 USB/PPI 电缆(见图 2-51)。

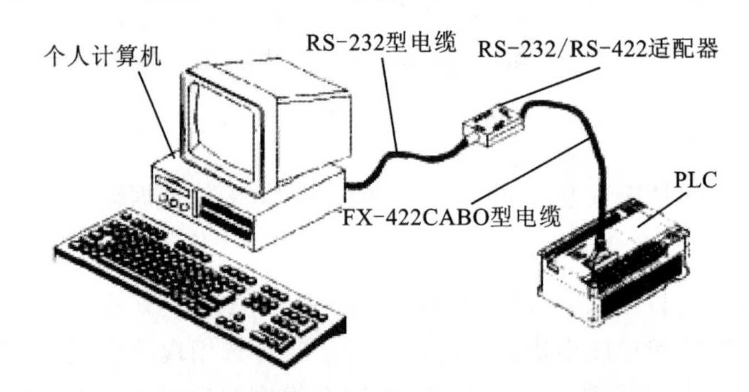

图 2-49 计算机与 PLC 连接

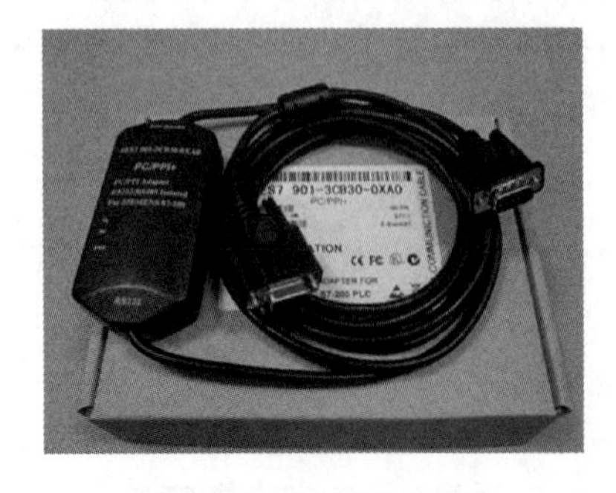

图 2-50 PC/PPI 电缆

图 2-51 USB/PPI 电缆

另一种是多点结构。即一台计算机与多台 PLC 通过一条通信总线相连接。以计算机为主站，PLC 为从站，进行主从式通信。通信网络可以有多种，如 RS-422、RS-485 以及各个公司的专门网络或者是工业以太网等。

2. STEP7 编程软件的安装

STEP7 是西门子工业软件的一部分，用于对整个控制系统（包括 PLC、远程 I/O、HMI、驱动装置和通信网络等）进行组态、编程和监控。

为了编写程序，首先必须在计算机中安装 STEP7 软件，将安装光盘插入光驱中，安装程序能自动执行，按照提示操作，一步步完成软件的安装。安装完软件后，重启计算机。

安装过程中，有些选项需要用户选择。安装语言选择英语。安装方式有三种：典型安装、最小安装、自定义安装。对于初学者建议采用典型安装。在安装过程中，程序将检查硬盘上是否有授权。安装时，会提示用户设置 PG/PC 接口，这个设置可以随时更改，可以单击取消忽略此步骤。安装结束后，系统提示用户为存储卡配置参数。如果用户没有存储卡读卡器，选择 none，根据需要选择内置的或外置的存储卡。

3. 程序的下载与调试

(1) 打开编程软件双击桌面上的图标。

(2) 修改软件菜单显示语言，单击菜单 tools/options，如图 2-52 所示。

(3) 重新打开编程软件，如图 2-53 所示，编程软件就汉化了。再新建一个工程文件并保存。

(4) 编制 I/O 地址表。单击“符号表”，依据实际情况添加符号和地址信息，如图 2-54 所示。

(5) 依据控制要求，输入梯形图程序。单击“程序块”，输入梯形图程序，如图 2-55 所示。

(6) 编译并调试程序，选择 PLC 中的“全部编译”，如图 2-56 所示。在左下角可以显示编译结果，无错误即表示编译通过。

(7) 设置通信参数。

单击“通信”，弹出通信设置框，双击刷新，如图 2-57 所示。

(8) 依据实际情况选择 PLC 的型号，如图 2-58 所示。

(9) 点击工具栏中的下载图标，把程序下载到 PLC 中，如图 2-59 所示。

(10) 对程序进行监控，如图 2-60 所示操作。单击工具栏中的图标，蓝色表示触点或线圈接通/得电。接下来建立状态表，单击读取所有强制信息，在新值栏中输入 I0.0 为 1 后，单击，表示强制按钮。单击，表示解除强制按钮。

(11) 运行程序，如图 2-61 所示。

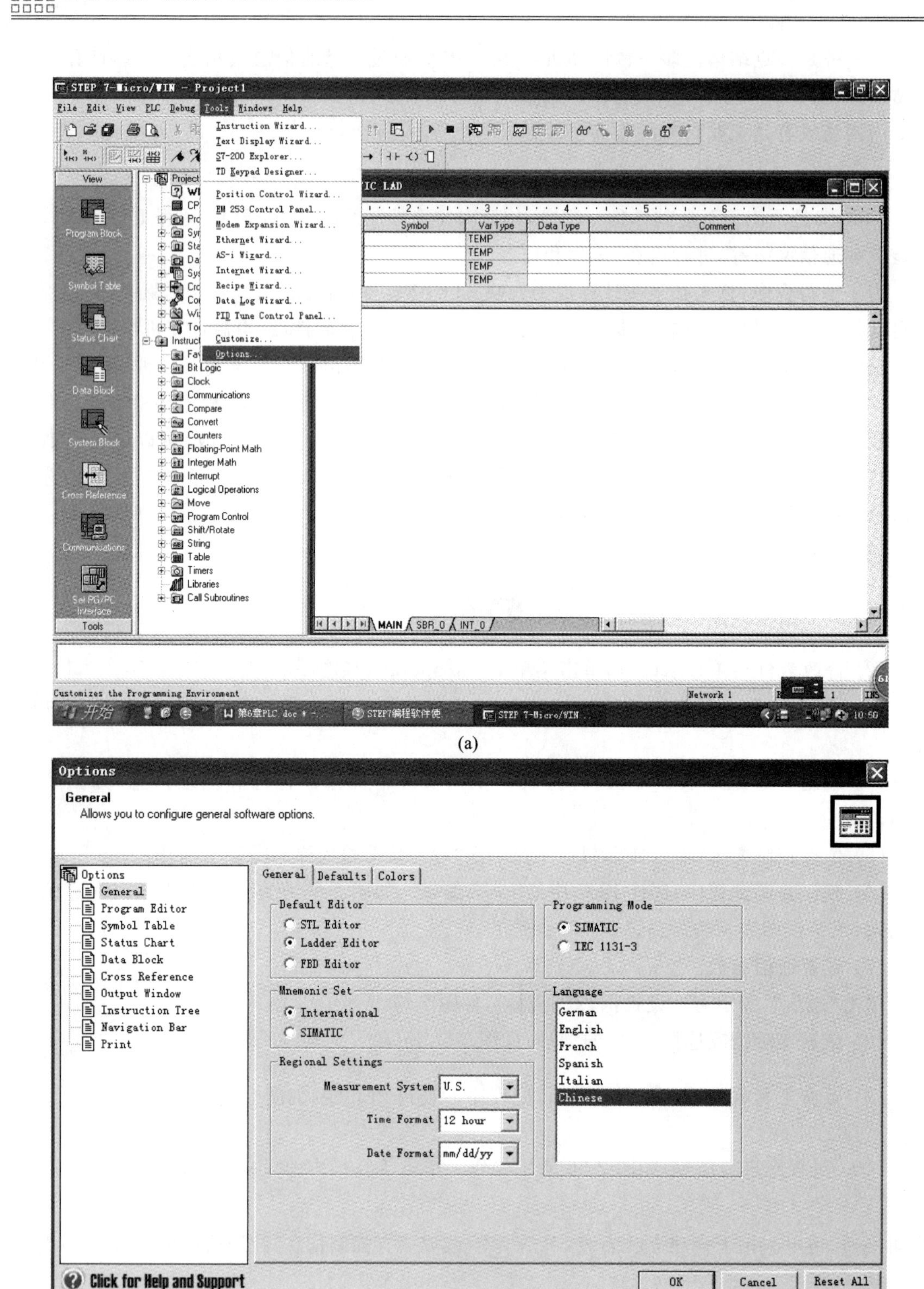
STEP 7-Micro/WIN - Project1
File Edit View PLC Debug Tools Windows Help
Instruction Wizard...
Text Display Wizard...
S7-200 Explorer...
TD Keypad Designer...
Position Control Wizard...
EM 253 Control Panel...
Modem Expansion Wizard...
Ethernet Wizard...
AS-i Wizard...
Internet Wizard...
Recipe Wizard...
Data Log Wizard...
PID Tune Control Panel...
Customize...
Options...
Bit Logic
Clock
Communications
Compare
Convert
Counters
Floating-Point Math
Integer Math
Interrupt
Logical Operations
Move
Program Control
Shift/Rotate
String
Table
Timers
Libraries
Call Subroutines
Symbol
Var Type
Data Type
Comment
TEMP
MAIN
SBR_0
INT_0
Customizes the Programming Environment
Network 1
(a)
Options
General
Allows you to configure general software options.
Options
General
Program Editor
Symbol Table
Status Chart
Data Block
Cross Reference
Output Window
Instruction Tree
Navigation Bar
Print
General
Defaults
Colors
Default Editor
STL Editor
Ladder Editor
FBD Editor
Programming Mode
SIMATIC
IEC 1131-3
Mnemonic Set
International
SIMATIC
Language
German
English
French
Spanish
Italian
Chinese
Regional Settings
Measurement System
U.S.
Time Format
12 hour
Date Format
mm/dd/yy
Click for Help and Support
OK
Cancel
Reset All

(b)

图 2-52 设置语言

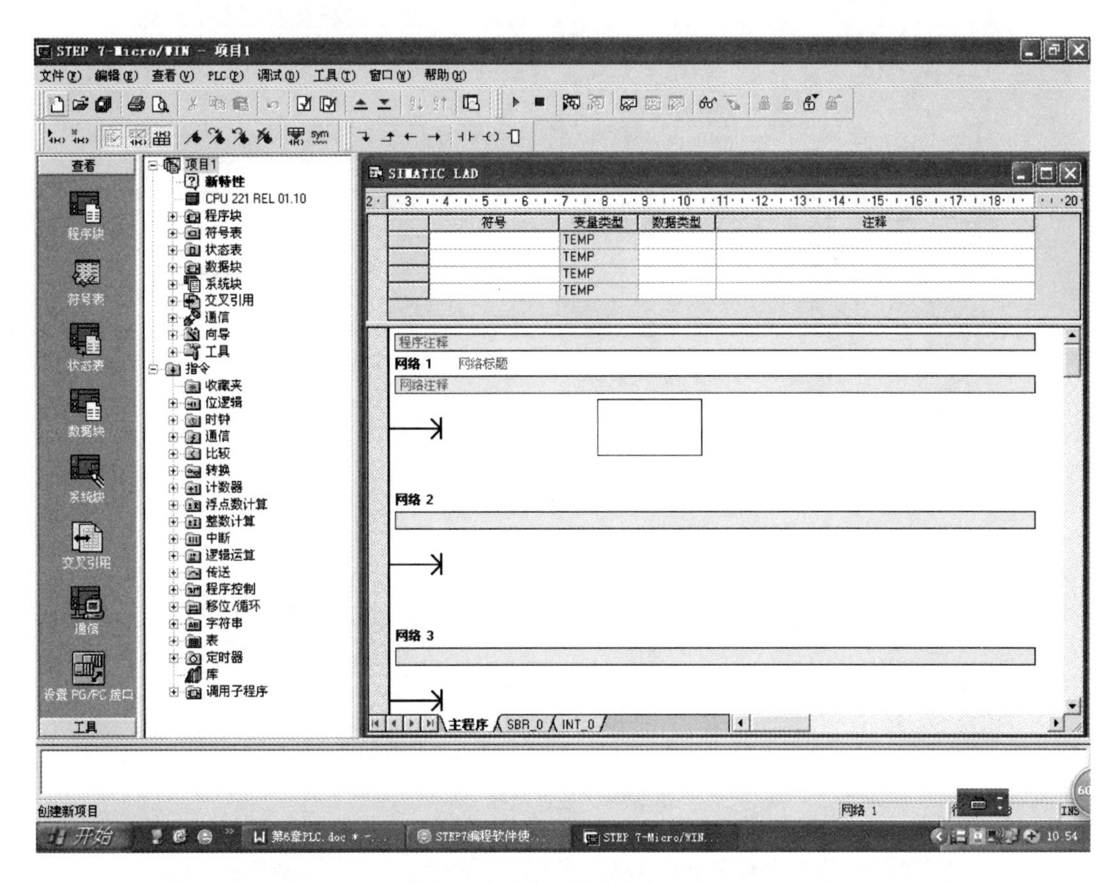

图 2-53　汉化后的编程软件

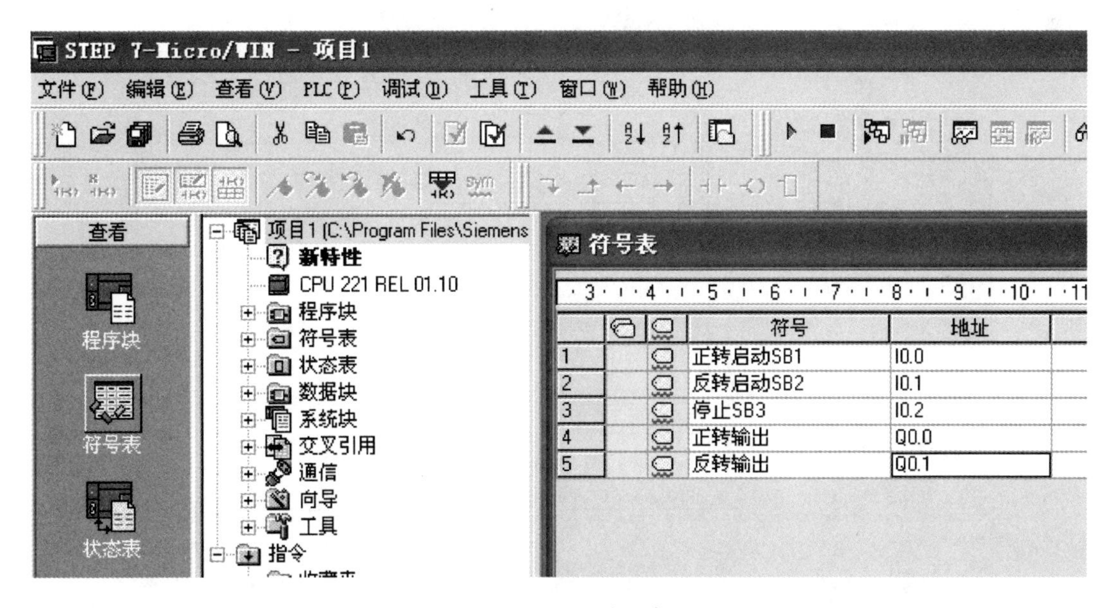

图 2-54　建立符号表

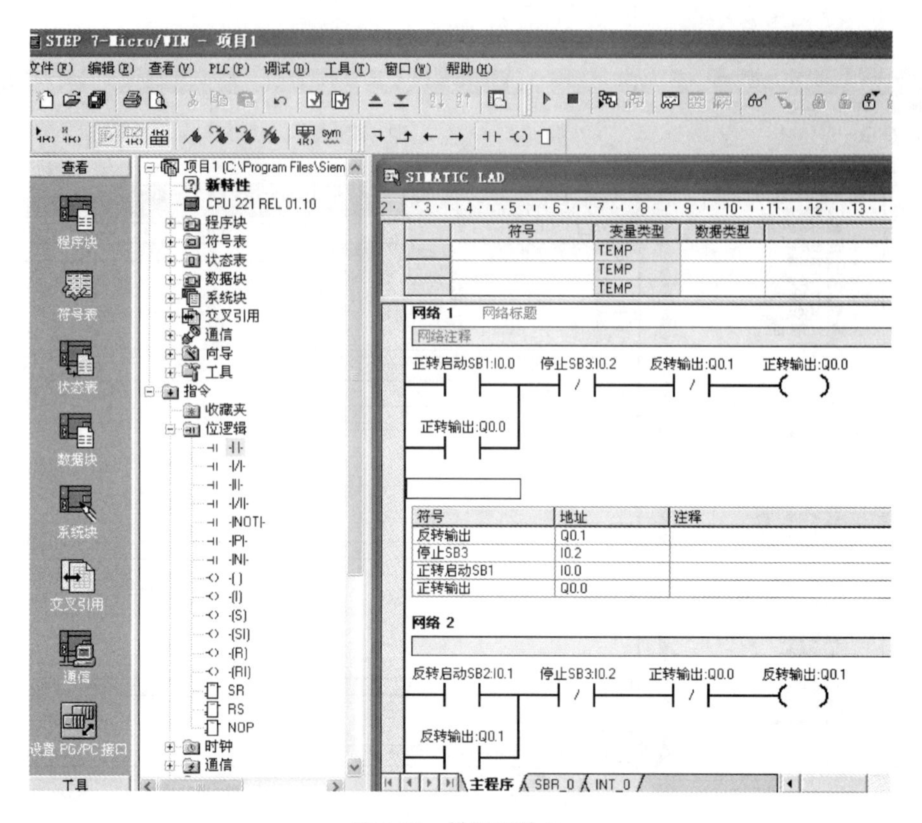

图 2-55　梯形图输入

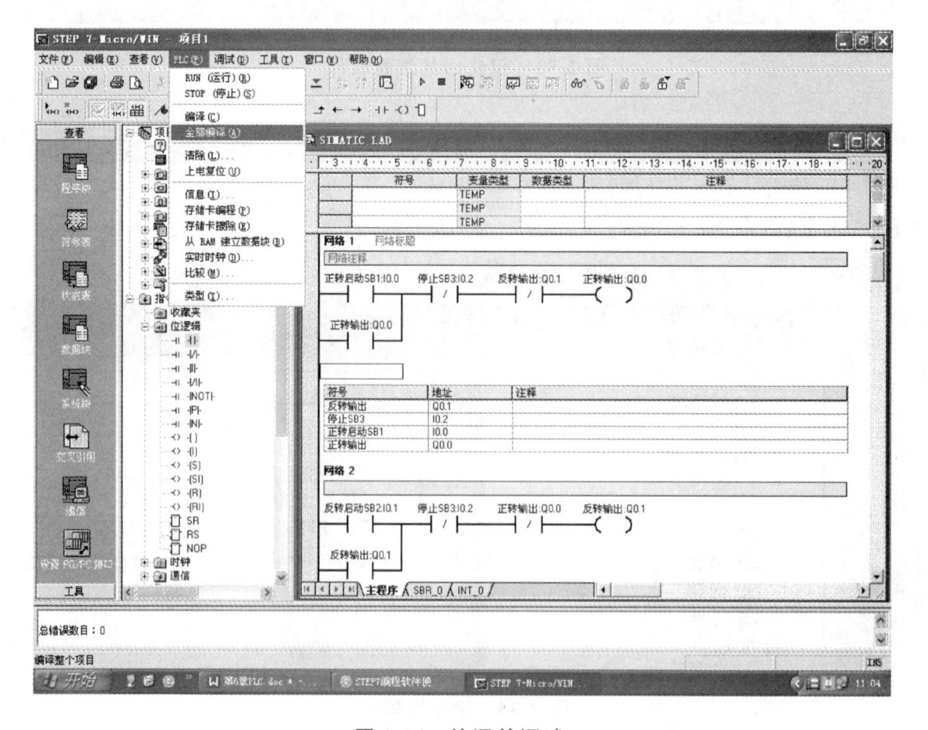

图 2-56　编译并调试

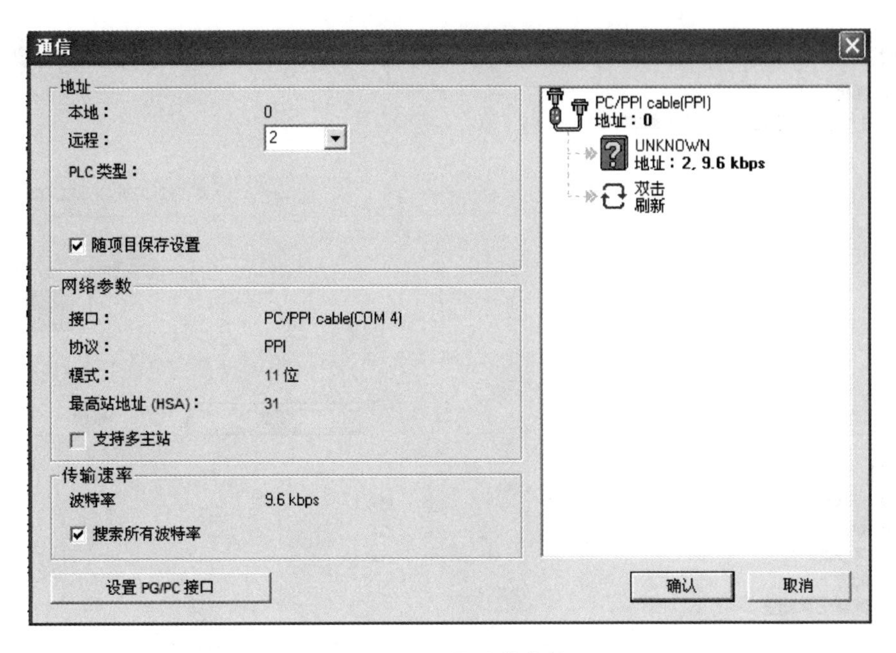

图 2-57　设置通信参数

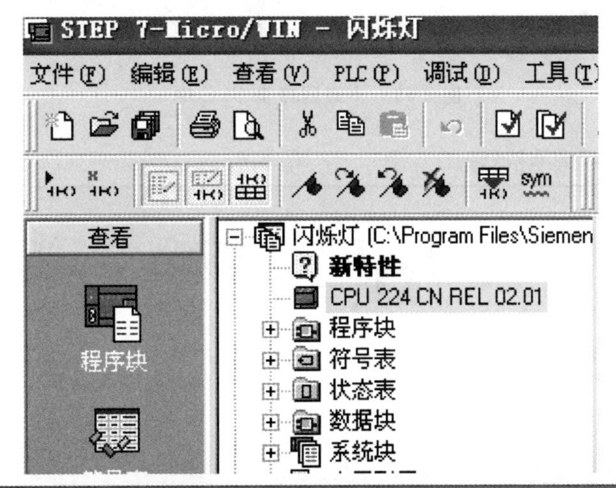

图 2-58　选择 PLC 的型号

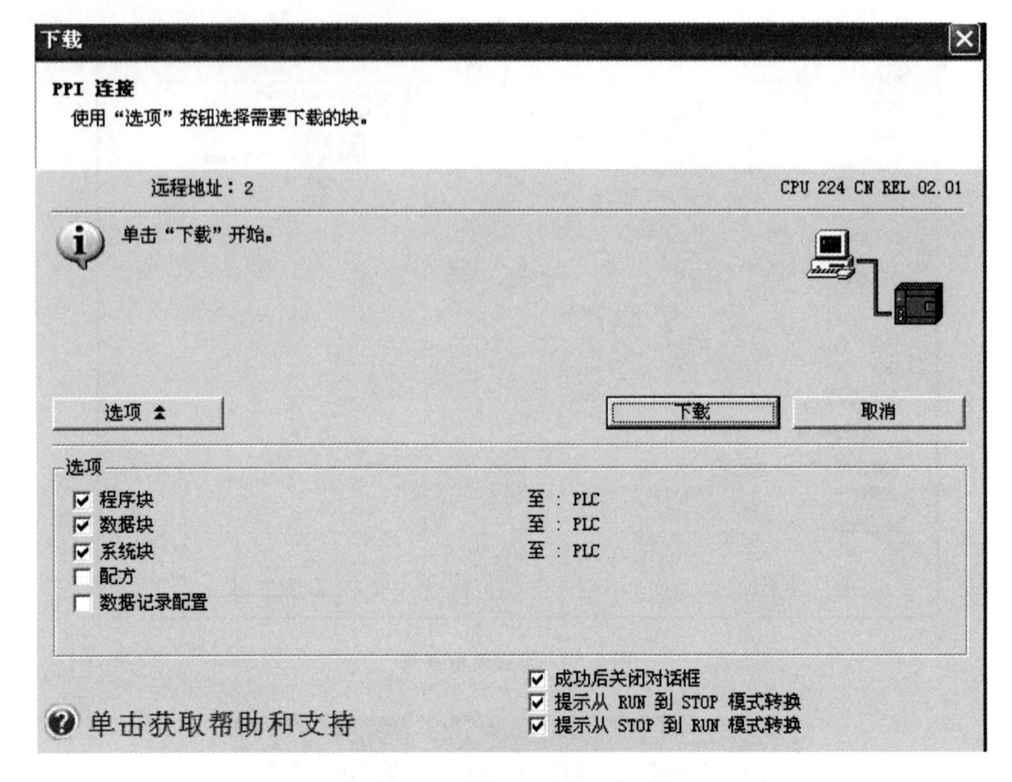

图 2-59 下载程序至 PLC 中

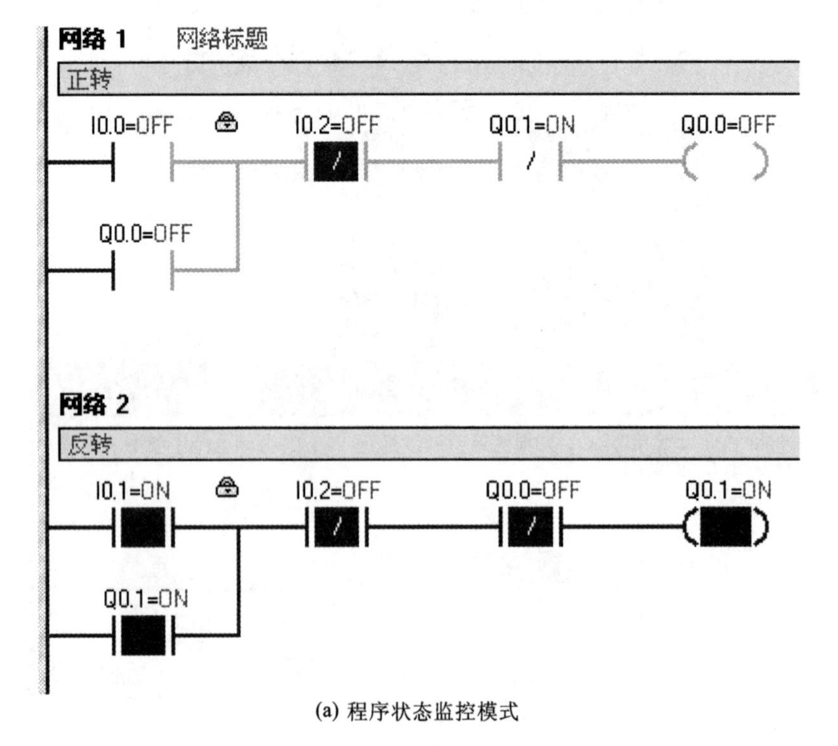

(a) 程序状态监控模式

图 2-60 对程序进行监控

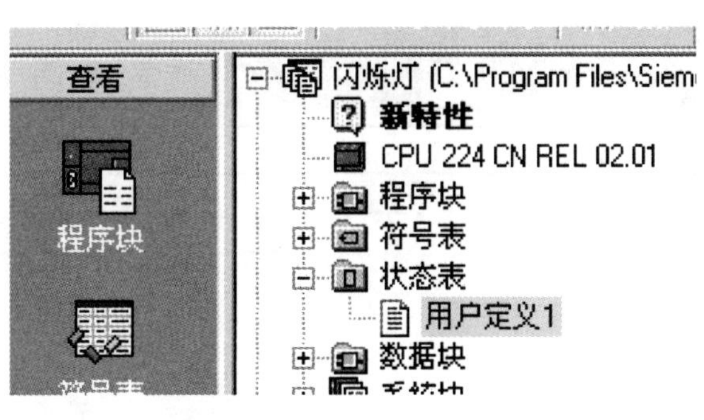

(b) 建立状态表

状态表

·3· ı ·4· ı ·5· ı ·6· ı ·7· ı ·8· ı ·9· ı ·10· ı ·11· ı ·12· ı ·13·

	地址	格式	当前值
1	I0.0	位	2#0
2	I0.1	位	2#0
3	I0.2	位	2#0
4	Q0.0	位	2#0
5	Q0.1	位	2#0

(c) 状态表输入

状态表

·3· ı ·4· ı ·5· ı ·6· ı ·7· ı ·8· ı ·9· ı ·10· ı ·11· ı ·12· ı ·13· ı ·14· ı ·15· ı ·16· ı ·17

	地址	格式	当前值	新值
1	I0.0	位	2#0	2#1
2	I0.1	位	2#0	
3	I0.2	位	2#0	
4	Q0.0	位	2#1	
5	Q0.1	位	2#0	

(d) 强制一个值

状态表

·3· ı ·4· ı ·5· ı ·6· ı ·7· ı ·8· ı ·9· ı ·10· ı ·11· ı ·12· ı ·13· ı ·14· ı ·15· ı ·16· ı ·17· ı ·18· ı ·

	地址	格式	当前值	新值
1	I0.0	位	2#1	
2	I0.1	位	2#0	
3	I0.2	位	2#0	
4	Q0.0	位	2#1	
5	Q0.1	位	2#0	

(e) 强制后的效果

续图 2-60

状态表

	地址	格式	当前值
1	I0.0	位	2#0
2	I0.1	位	2#0
3	I0.2	位	2#0
4	Q0.0	位	2#1
5	Q0.1	位	2#0

(f) 解除强制

续图 2-60

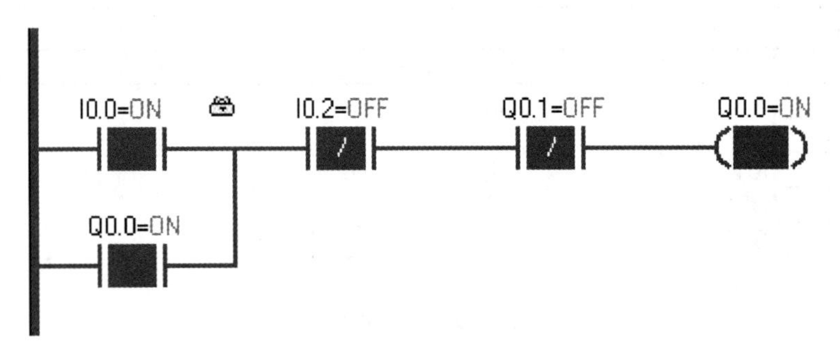

图 2-61　运行程序

2.3.2.4　西门子 PLC 的编程语言

PLC 是一种由软件驱动的控制设备。PLC 软件由系统程序和用户程序组成。系统程序是由 PLC 制造厂商设计编制的,并写入 PLC 内部的 ROM 中,用户无法修改。用户程序是由用户根据控制需要编制的程序,再写入 PLC 存储器中。写一篇相同内容的文章,既可以采用中文,也可以采用英文,还可以使用法文。同样地,编制 PLC 用户程序也可以使用多种语言。PLC 常用的编程语言主要有梯形图(LAD)、功能块图(FBD)和指令语句表(STL)等。其中,梯形图语言最为常用。

1. PLC 常用的编程语言

1) 梯形图

梯形图(LAD)采用类似传统继电器控制电路的符号来编程。用梯形图编制的程序具有形象、直观、实用的特点,因此这种编程语言成为了电气工程人员应用最广泛的 PLC 编程语言。下面对相同功能的继电器控制电路与梯形图程序进行比较,具体如图 2-62 所示。图(a)为继电器控制电路,当 SBl 闭合时,继电器 KA0 线圈得电,KA0 自锁触点闭合,锁定 KA0 线圈得电,当 SB2 断开时,KA0 线圈失电,KA0 自锁触点断开,解除锁定,当 SB3 闭合时,继电器 KAl 线圈得电。

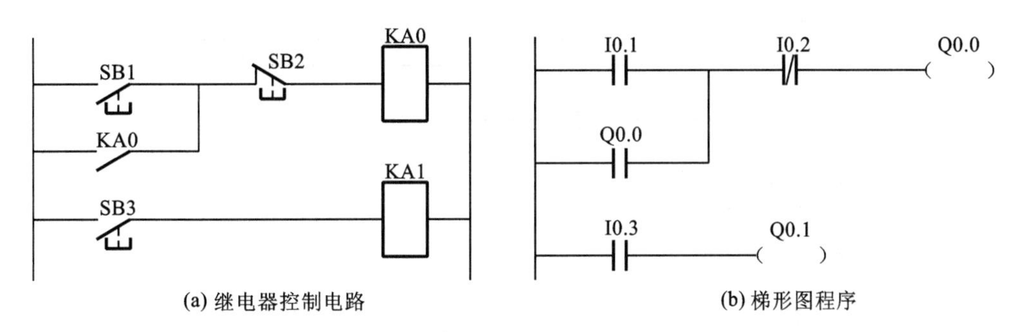

(a) 继电器控制电路　　(b) 梯形图程序

图 2-62　比较继电器控制电路与梯形图程序的区别

图(b)为梯形图程序，当常开触点 I0.1 闭合时，左母线产生的能流(可理解为电流)经 I0.1 和常闭触点 I0.2，流经输出继电器 Q0.0 线圈到达右母线(西门子 PLC 梯形图程序省去右母线)，Q0.0 自锁触点闭合，锁定 Q0.0 线圈得电；当常闭触点 I0.2 断开时，Q0.0 线圈失电，Q0.0自锁触点断开，解除锁定；当常开触点 I0.3 闭合时，继电器 Q0.1 线圈得电。两种图的表达方式很相似，不过梯形图使用的继电器是由软件来实现的，使用和修改灵活方便，而继电器控制电路采用硬接线，修改比较麻烦。

2）指令语句表

PLC 的指令语句是一种与汇编语言类似的助记符。语句表达式与梯形图有对应关系，由指令语句组成的程序称为语句表。

3）功能块图

功能块图(FBD)是一种沿用数字电子线路的图形编程语言。采用功能块图编程时，PLC 程序中的与、或、非逻辑运算可利用数字电子线路的与门、或门、非门等逻辑电路表示。功能块图与梯形图编程一样，直观、形象。从图 2-63 可以看出三种编程方法的不同。

4）顺序功能图

顺序功能图将一个完整的控制过程分为若干阶段，如图 2-64 所示，阶段间有一定的转换条件，转换条件满足阶段转移，上一阶段动作结束，下一阶段动作开始。

2. PLC 的基本指令

基本逻辑指令以位逻辑操作为主，操作数的有效区域为 I、Q、M、SM、T、C、V、S、L，且数据类型为布尔型。基本逻辑指令包括标准触点指令、输出指令、置位和复位指令。

1）标准触点指令

梯形图中常开和常闭触点指令用触点符号表示，常闭触点符号带“/”，当存储器某位地址的位值为 1，则常开触点位值为 1，表示常开触点闭合，与之对应的常闭触点值为 0，表示常闭触点断开。当存储器某位地址的位值为 0，则常开触点为 0，表示常开触点断开；对应的常闭触点为 1，表示常闭触点闭合。

LD：取动合触点指令。用于网络块逻辑运算开始的动合触点与母线的连接。

LDN：取动断触点指令。用于网络块逻辑运算开始的动断触点与母线的连接。

2）输出指令

=：表示继电器输出线圈。梯形图中用()表示线圈，当执行指令时，能流使线圈被激励，输出映象寄存器或其他存储器的相应位为 1，反之为 0。

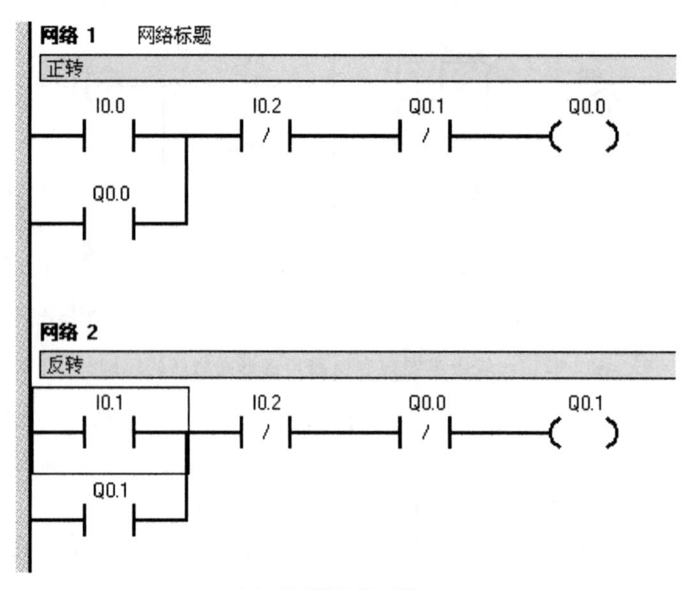

(a) 正反转的梯形图

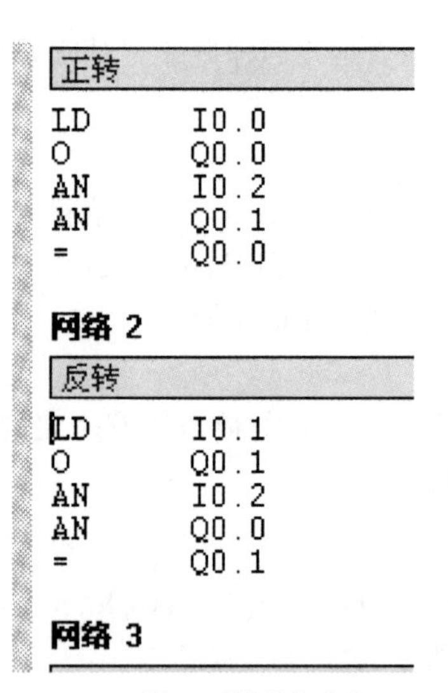

(b) 正反转的指令表

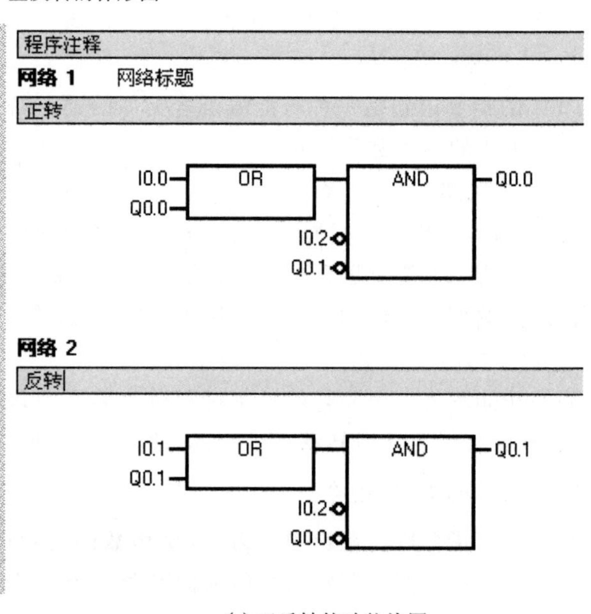

(c) 正反转的功能块图

图 2-63 正反转的梯形图、指令表、功能块图比较

3）触点串联指令

A：与指令，用于单个动合触点的串联连接。

AN：与非指令，用于单个动断触点的串联连接，如图 2-65 所示。

4）触点并联指令

触点并联指令由 O、ON 指令，如图 2-66 所示。

O：或指令，用于单个动合触点的并联连接。

ON：或非指令，用于单个动断触点的并联连接。

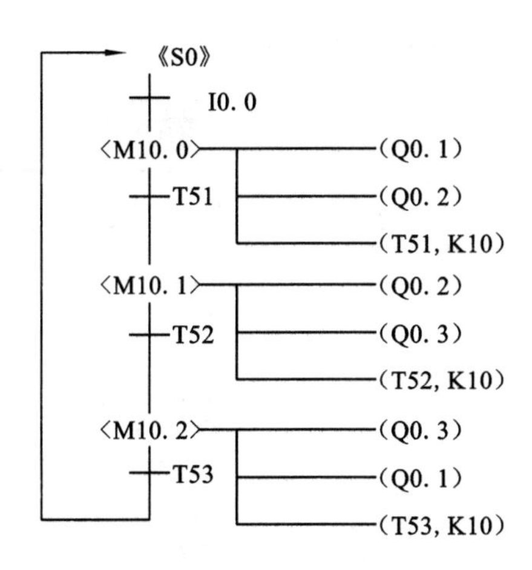

图 2-64　顺序功能图

网络1
I0. 0　T40　Q0. 0
网络2
Q0. 0　I0.2　M0. 0
T101　Q0. 1
M0. 1　Q0. 2

```
LD    I0.0
A     T40
=     Q0.0

LD    Q0.0
AN    I0.2
=     M0.0
A     T101
=     Q0.1
AN    M0.1
=     Q0.2
```

图 2-65　触点串联指令

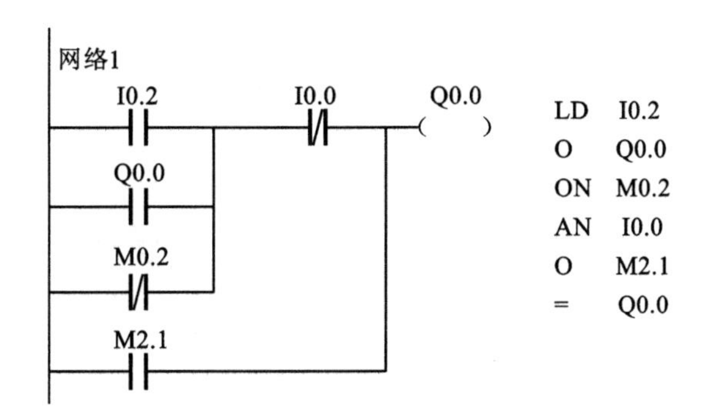

图 2-66　触点并联指令

5）置位与复位指令

把从指令操作数指定的位开始的 N 个点被置位或复位，置位或复位的点数 N 可以是1～255。

只要能流到，就能执行置位和复位指令，执行置位指令时，把从指令操作数指定的地址开始的 N 个点数被置位且保持，置位后，即使能流断，仍保持置位；执行复位指令，指从指令操作数指定的地址开始的 N 个点都被复位且保持，复位后即使能流断，仍保持复位。由于 CPU 的扫描工作方式，程序中写在后面的指令有优先权。当用复位指令对定时器的位值或计数器的位值复位时，定时器或计数器被复位，同时定时器或计数器的当前值被清零。

置位指令和复位指令的梯形图和指令如图 2-67 所示。

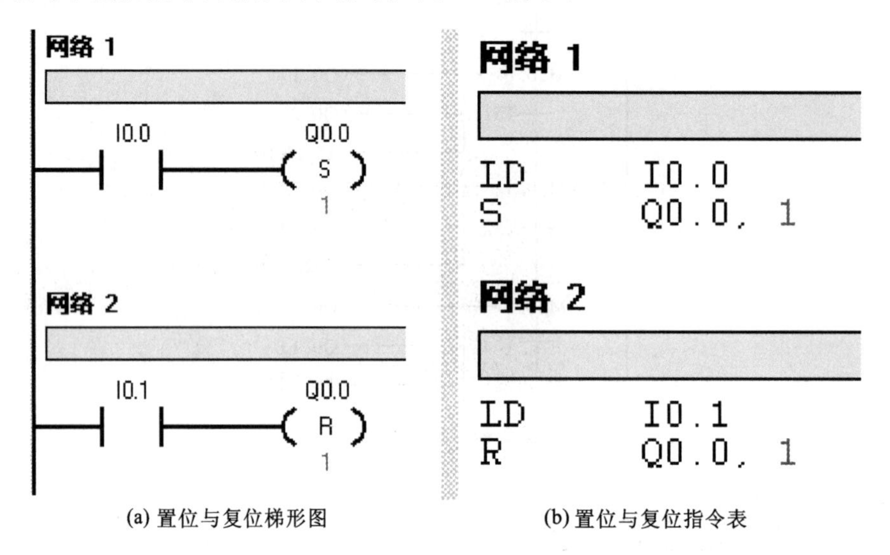

(a) 置位与复位梯形图　　(b) 置位与复位指令表

图 2-67　置位和复位指令

6）移位寄存器指令

移位寄存器指令 SHRB 将 DATA 端输入的数值移入移位寄存器中。S_BIT 指定移位寄存器最低位的地址，字节型变量 *N* 指定移位寄存器的长度和移位方向，正向移位时 *N* 为正，反向移位时 *N* 为负。SHRB 指令移出的位放在溢出位 SM1.1。

N 为正时，在数字量输入 EN 的上升沿时，寄存器的各位由低位向高位移一位，DATA 的输入的二进制数从最低有效位移入，从最高有效位移出；*N* 为负时，在数字量输入 EN 的上升沿时，寄存器中的各位由高位向低位移一位，DATA 输入的二进制数从最高有效位移入，从最低有效位移出，移出的数据送入溢出存储器为 SM1.1。*N* 为字节型变量，最大为 64。DATA 和 S-BIT 为布尔型变量。移位寄存器指令如图 2-68 所示。

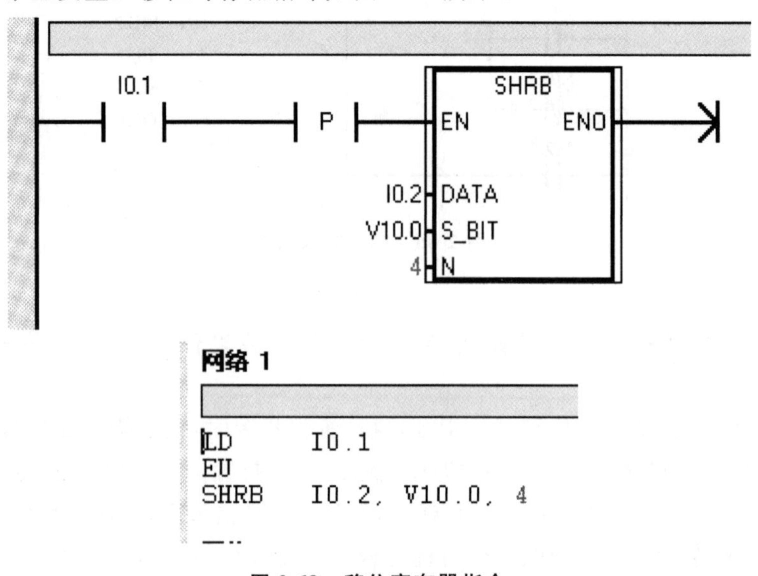

图 2-68　移位寄存器指令

2.3.2.5　西门子 PLC 在各站分配

在各工作单元通过网络互连构成分布式控制系统，标准配置是采用 PPI 协议的通用方式。设备出厂的控制方案如图 2-69 所示。

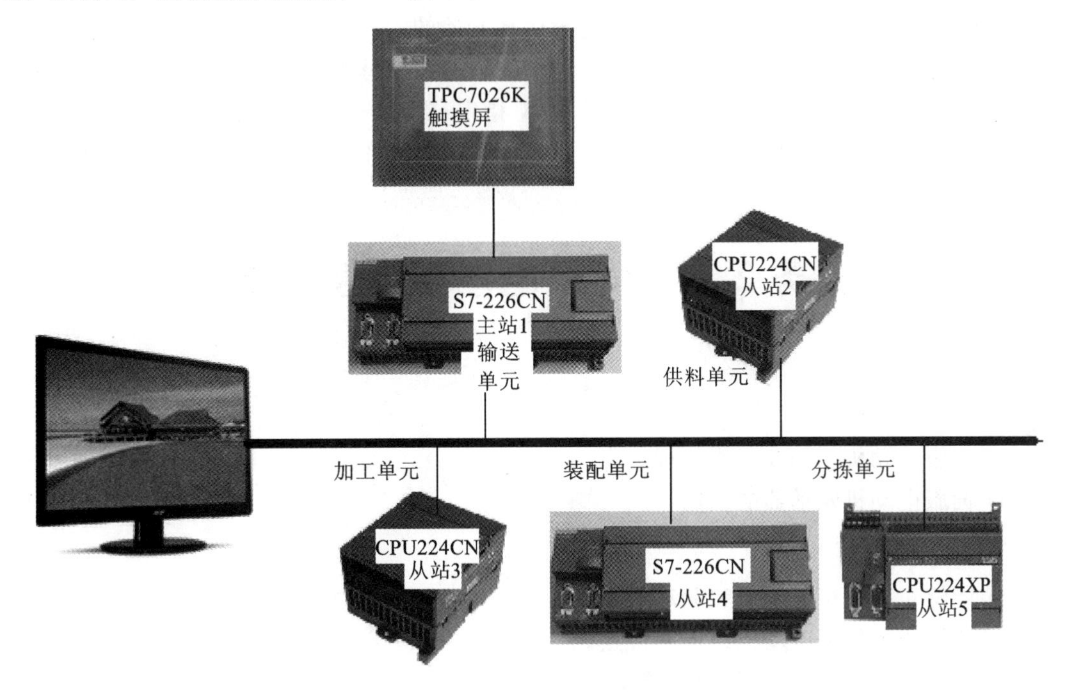

图 2-69　YL-335B 的 PPI 网络

各工作站 PLC 配置如下。

(1) 输送单元：S7-226 DC/DC/DC 主单元，共 24 点输入和 16 点晶体管输出。

(2) 供料单元：S7-224 AC/DC/RLY 主单元，共 14 点输入和 10 点继电器输出。

(3) 加工单元：S7-224 AC/DC/RLY 主单元，共 14 点输入和 10 点继电器输出。

(4) 装配单元：S7-2246 AC/DC/RLY 主单元，共 24 点输入和 16 点继电器输出。

(5) 分拣单元：S7-224 XP AC/DC/RLY 主单元，共 14 点输入和 10 点继电器输出。

习　题　4

1. PLC 状态指示灯用于指示 PLC 的工作状态，包括系统__________、__________、__________。

2. 模式选择开关：具有两种选择模式，分别为__________和__________。

3. 直流 24 V 输入接线有两种方式：一种是__________，另一种是__________。

4. S7-200 系列 PLC 输出接线有两种方式：一种是__________输出接线，另一种是__________输出接线。

5. 个人计算机与 PLC 的联网一般有两种形式：一种是__________，另一种是__________。

6. 个人计算机与 PLC 的联网连接电缆有两种,一种是__________,另一种是__________。

7. PLC 常用的编程语言主要有__________、__________和__________等。

8. LD:__________指令。用于网络块逻辑运算开始的__________触点与母线的连接。

LDN:__________指令。用于网络块逻辑运算开始的__________触点与母线的连接。

9. 移位寄存器指令 SHRB 将__________端输入的数值移入移位寄存器中。S_BIT 指定移位寄存器__________位的地址,字节型变量 N 指定移位寄存器的长度和移位方向,正向移位时 N 为__________,反向移位时 N 为__________。SHRB 指令移出的位放在溢出位__________。

任务 2.4　伺服电动机和变频器

【任务提要】

(1) 变频器的使用。

(2) 伺服电动机结构及工作原理。

(3) 伺服电动机驱动器的使用。

【技能目标】

(1) 能够正确连接电动机和驱动器。

(2) 能够描述伺服电动机结构和特点。

电动机是典型的执行元件,其种类非常多,应用的场合也各不相同,除了我们日常接触比较多的三相异步电动机以外,在数控系统、自动线、机械手等对位置、速度要求比较高的环境下,广泛使用了伺服电动机。

2.4.1　伺服电动机和驱动器

伺服电动机是将输入的电压信号(控制电压)转换成轴上的角位移或角速度输出,在自动控制系统中常作为执行元件。伺服电动机转动方向和转速是由控制电压的方向和大小决定的,其最大特点是:有控制电压时转子立即旋转,无控制电压时转子立即停转,并且在控制电压为零时不会出现自转现象。

伺服电动机主要靠脉冲来定位,伺服电动机接收到 1 个脉冲,就会旋转 1 个脉冲对应的角度,从而实现位移。伺服电动机本身安装有编码器,能够根据旋转角度发出脉冲,所以伺服电动机每旋转一个角度,都会发出对应数量的脉冲,和伺服电动机接收的脉冲形成了呼应,形成闭环,系统知道发了多少脉冲给伺服电动机,同时又反馈了多少脉冲回来,以实现精确的定位控制,精度甚至可以达到 0.001 mm。

图 2-70　伺服电动机 MSMD022G1

在 YL-335B 中,利用伺服电动机(型号 MSMD022G1)作为动力源组成的伺服系统,精确控制机械手的位置,实现工件的搬运,图 2-70 是伺服电动机 MSMD022G1 的实物图。

伺服电动机分为交流和直流两大类。

2.4.1.1　伺服驱动器

伺服驱动器(servo drives)又称为“伺服控制器”、“伺服放大器”，是用来控制伺服电动机的一种控制器，属于伺服系统的一部分。

对应不同的伺服电动机，伺服驱动器也有不同的类型，包括直流伺服驱动器和交流伺服驱动器。YL-335B 自动线使用的交流伺服驱动器采用的是位置控制方法。

YL-335B 自动线伺服电动机采用的是 MHMD022G1，其配套使用的伺服驱动器型号为 MADHT1507E，其实物图如图 2-71 所示。

伺服驱动器 MADHT1507E 功能强大，可以采用多种不同的方式控制电动机，因而配有完善的功能接口，接口如图 2-72 所示。

图 2-71　伺服驱动器 MADHT1507E

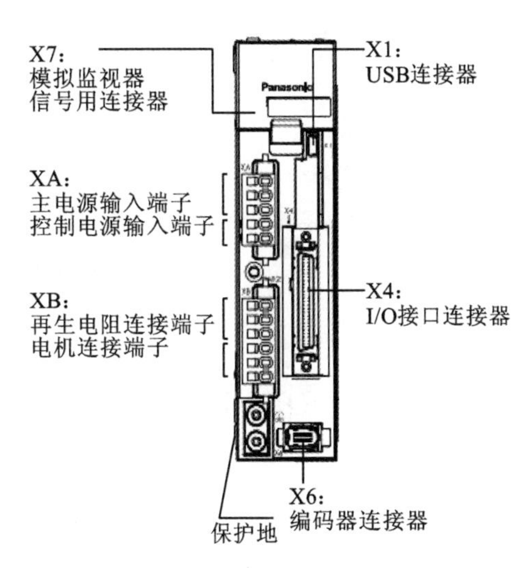

图 2-72　伺服驱动器 MADHT1507E 接口图

伺服驱动器 MADHT1507E 共有 7 种控制模式，即位置控制、速度控制、转矩控制、位置/速度控制、位置/转矩、速度/转矩、全闭环控制。YL-335B 主要是利用其位置控制模式，用于精确控制搬运站机械手移动的位置。同时，为了和伺服电动机进行配合，必须修改相应参数。

参数设置：要设置伺服驱动器 MADHT1507E 参数，可以通过前面板或专业的设置软件“PANATERM”设置，此处只介绍如何利用前面板设置相关参数，前面板结构及按钮功能说明如图 2-73 所示。

当驱动器的电源接通以后，前面板的显示部分如图 2-74 所示。

当驱动器有故障时，前面板会反复显示报警信息，其报警信息显示如图 2-75 所示。

伺服驱动器 MADHT1507E 显示操作共有四种模式，分别是监视模式、参数设置模式、EEPROM 写入模式和辅助功能模式。要进入相关模式，其操作方法是：按下 SET 按钮，首先进入监视模式，此时按 Mode 按钮，依次会进入参数设置模式、EEPROM 写入模式和辅助功能模式，其状态图如图 2-76 所示，当显示的是需要的状态时，按 SET 进入相关状态。

如果要进入参数设置状态，按钮操作顺序是按 SET 按钮，进入监视模式，再按 MODE 按钮，显示当前状态是参数设置状态 PAr000，显示可以设置的第一个参数，此时再按一次

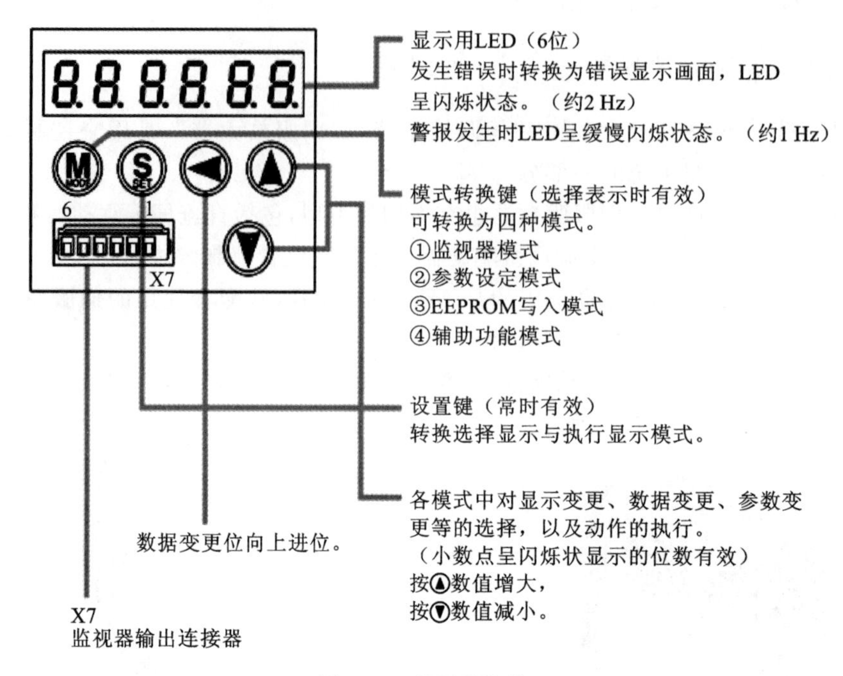

图 2-73　前面板结构

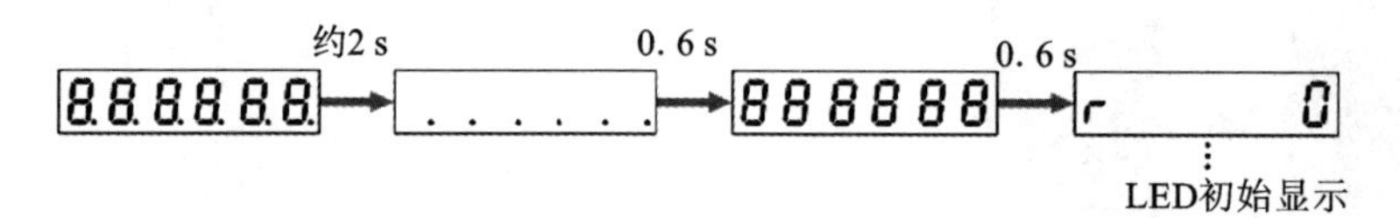

图 2-74　上电显示

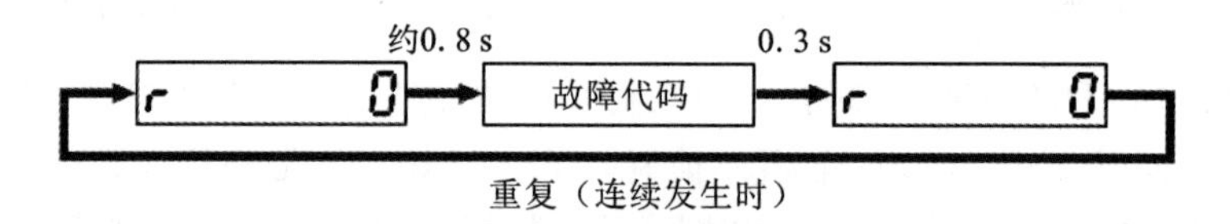

图 2-75　报警信号显示

SET 按钮即可进入设置 PA000 参数状态。

在设置模式，通过▲▼找到相应参数，此时按 SET 按钮，进入设置状态，改变当前显示参数的值。

在参数值改变的状态，当前可以改变的某位数字右下角的小数点会进入闪烁状态以进行提示，再通过▲▼改变其值，如果要改变其他位的值，通过◀移位，闪烁的小数点会向前移动，而当移到最高位时自动跳转到最低位。

如果要使修改的数据有效，必须按 SET 按钮确认，如果不需要保存数据，按 MODE 按钮返回显示状态即可。

在设置参数时，如 PAr000，其参数是 PA000，但是在显示的时候多出一个“r”提示，说明此参数存放在 EEPROM 中，并且断电后重启参数才能够发挥作用。

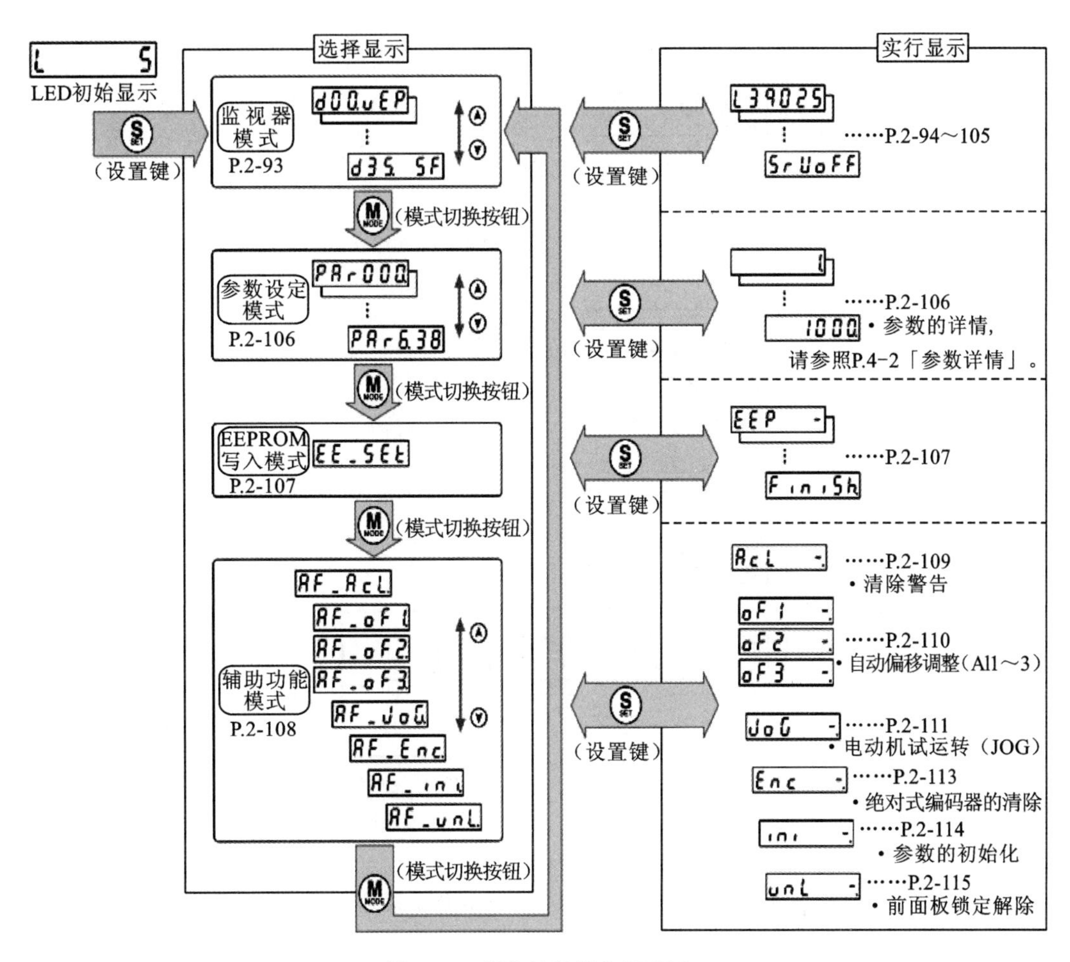

图 2-76　操作按钮操作示意图

如果有参数要存放在 EEPROM 中，除了在设置完成时按 SET 按钮确认保存以外，还必须进入 EEPROM 写入模式进行写入数据。

和参数设置模式一样，在显示模式下，按 SET 按钮，然后按两次 MODE 按钮，进入 EEPROM 写入模式，此时 LED 显示器显示 EE_SEt，说明已经进入 EEPROM 模式，再次按 SET 按钮，将进入 EEPROM 写入状态，然后按图 2-77 所示过程进行操作。

EEPROM 写入完成后，会有相应的提示，共有三种。

(1) FinISh：参数保存成功，无须关闭电源重启，参数是立即生效。

(2) rESEt.：参数保存成功，但需关闭电源重启，参数在重启后生效。

(3) Error.：参数保存错误，应检查是否存在报警等错误，电源电压是否正常，然后再重新设置参数。

错误及警告显示：当伺服驱动器出现异常时，除可能立刻停止驱动以外。同时，还会通过前面板显示相应的错误或警告，其显示格式如图 2-78 所示。

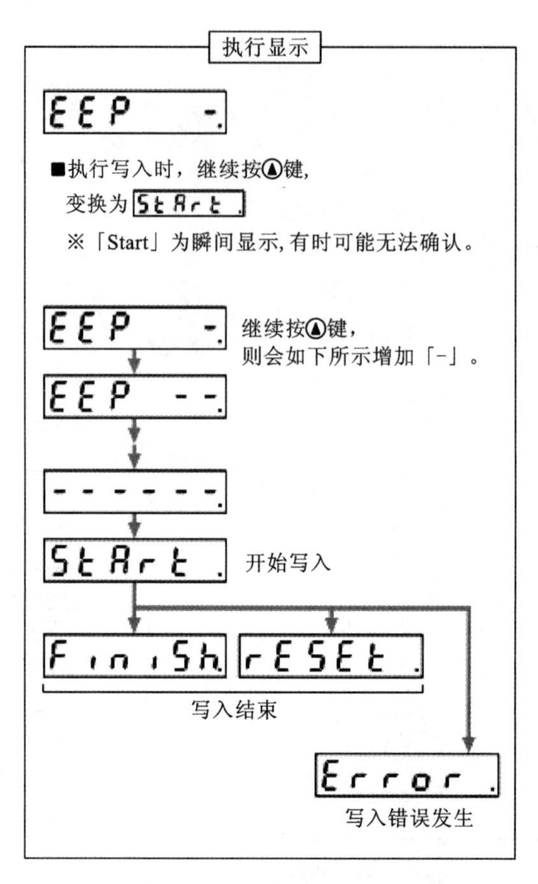

图 2-77　EEPROM 写入操作示意图

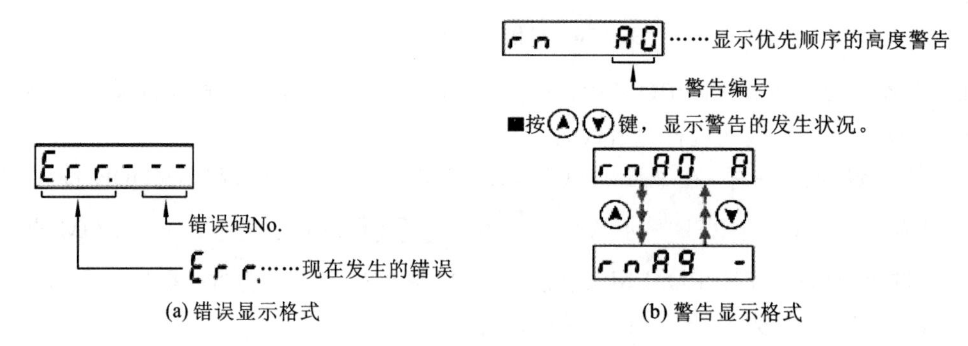

(a) 错误显示格式　(b) 警告显示格式

图 2-78　错误及警告显示格式

2.4.1.2　伺服电动机和驱动器连接

伺服驱动器 MADHT1507E 提供有不同功能的端口,各端子作用说明如下。

X1:电源输入接口,AC220V 电源连接到 L1、L3 主电源端子,同时连接到控制电源端子 L1C、L2C 上。

X2:电动机接口和外置再生放电电阻器接口。

U、V、W 端子用于连接电动机。必须注意,电源电压务必按照驱动器铭牌上的指示,电动

机接线端子(U、V、W)不可以接地或短路,交流伺服电动机的旋转方向不像感应电动机可以通过交换三相相序来改变,必须保证驱动器上的 U、V、W、E 接线端子与电动机主回路接线端子按规定的次序一一对应,否则可能造成驱动器的损坏。电动机的接线端子和驱动器的接地端子以及滤波器的接地端子必须保证可靠地连接到同一个接地点上,而机身也必须接地。

RB1、RB2、RB3 端子是外接放电电阻,规格为 100 Ω/10 W,YL-335B 没有使用外接的放电电阻,而是使用内部的放电电阻。

X6:连接到电动机编码器信号接口。

X5:I/O 控制信号端口,控制信号的作用和控制模式相关,并且每个控制信号对应的接口可以通过内部参数进行设置。

YL-335B 中伺服驱动器、PLC、伺服电动机接线如图 2-79 所示。

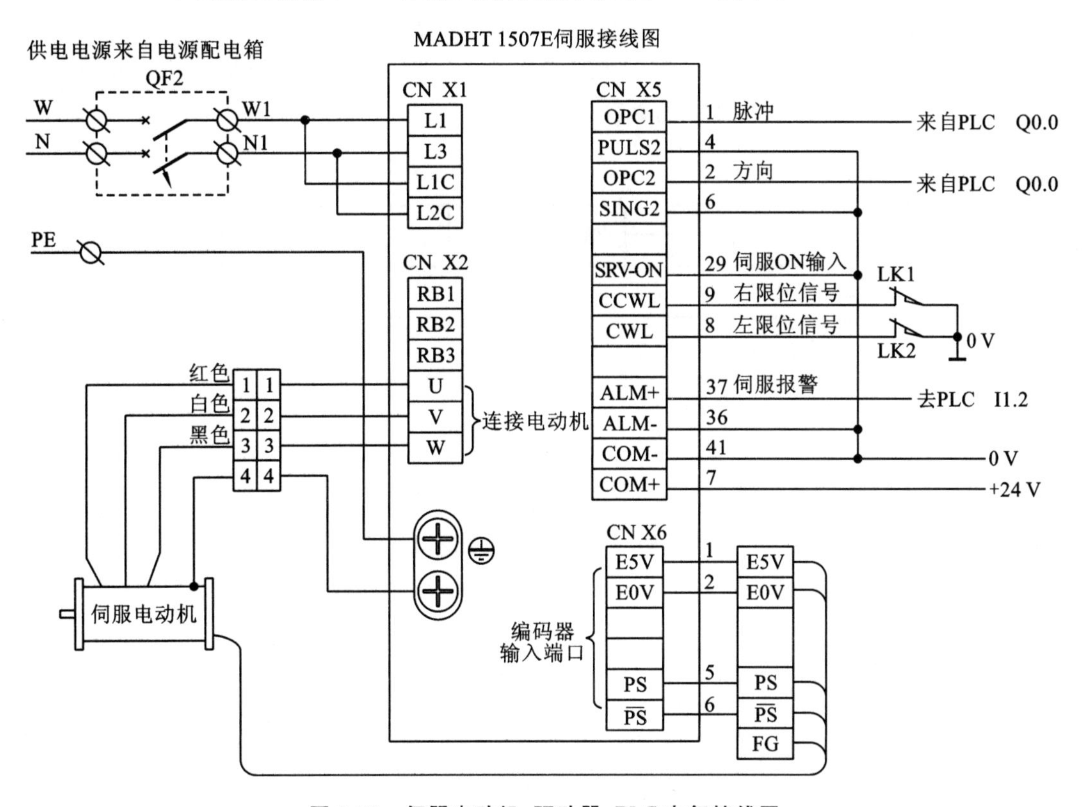

图 2-79　伺服电动机、驱动器、PLC 电气接线图

根据电气接线,伺服驱动器关于接口 X5 的参数必须进行设置,图中所有接线是按照伺服驱动器的出厂设置进行接线设计的。

2.4.2　变频器

要改变电动机速度,可以通过调整磁极对数、电源频率和转差率方法实现。但是对于一个成型的三相异步电动机,要调整转速,在简单的方法调整其工作电源频率,相应的控制设备称为变频器,如图 2-80 所示。

变频器是应用变频技术与电子技术结合的产物,通过改变电动机工作电源频率的方式来

图 2-80　MM420 变频器

控制交流电动机转速的控制设备。

变频器的应用非常广泛,除了在工业中以外,在家电如空调等中也得到广泛的应用。通过变频器,以调整速度为手段,可以实现节能效果。

在结构上,变频器主要采用交—直—交方式,先把工频交流电源通过整流器转换成直流电源,然后再将直流电源转换成频率、电压均可控制的交流电源以供给电动机。主要由整流(交流变直流)、储能(滤波)、逆变(直流变交流)、制动单元、驱动单元、检测单元、微处理单元等组成,其框图如图 2-81 所示。

在实际中使用的变频器,为保证良好的调节性能,常用的算法是 V/F 算法,即在调整电源频率时,同时也调整输出电压,保证 V/F 不变。如果要追求更好的调节性能,可以采用矢量算法,但其结构也更复杂。

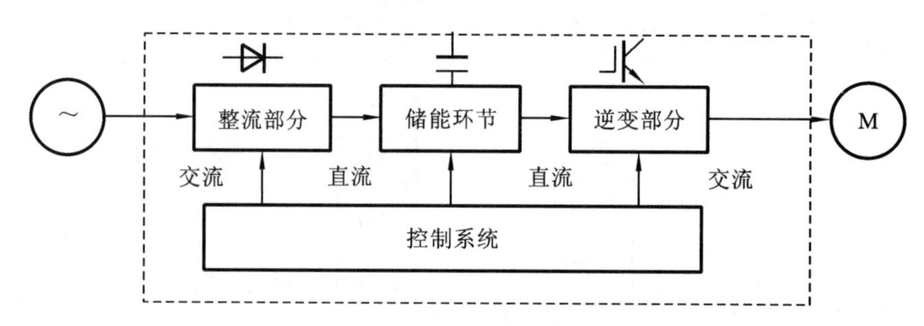

图 2-81　变频器框图

YL-335B 自动线使用的是西门子 MM420 变频器。MM420 系列变频器是西门子公司近期的通用变频器产品,该系列有多种型号,从单相电源电压、额定功率 120 W 到三相电源电压、额定功率 11 kW 都可供用户选用。YL-335B 实训设备中所用的变频器为三相 380 V 电源电压,额定功率 750 W 的 MM420 机型。

MM420 变频器显示的参数,由参数号和参数两部分组成:参数号是指该参数的编号,用 0000 到 9999 的 4 位数字表示。在参数号的前面冠以一个小写字母“r”时,表示该参数是“只读”的参数。其他所有参数号的前面都冠以一个大写字母“P”。这些参数的设定值可以在“最小值”和“最大值”范围内进行修改。MM420 参数通过其前面板 BOP 进行设置。BOP 面板显示/按钮操作功能说明如表 2-2 所示。

表 2-2　BOP 面板按键/显示操作

按键/显示	功　　能	功 能 说 明
r0000	状态显示	LCD 显示变频器当前所用的设定值
(启动键图)	启动变频器	按此键启动变频器。缺省值运行时此键是被封锁的。为了使此键的操作有效,应修改 P0700 设定值 1

续表

按键/显示	功　　能	功 能 说 明
0	停止变频器	OFF1：按此键，变频器将按选定的斜坡下降速率减速停车。缺省值运行时此键被封锁；为了使此键的操作有效，应修改 P0700 设定值 1。 OFF2：按此键两次（或一次，但时间较长），电动机将在惯性作用下自由停车。此功能总是“使能”的（与 P0700 或 P0719 的设置无关）
	改变电动机的方向	按此键可以改变电动机的转动方向。电动机的反向用负号（—）表示或用闪烁的小数点表示。缺省值运行时此键是被封锁的。为了使此键的操作有效，应修改 P0700 设定值 1
jog	电动机点动	在变频器“运行准备就绪”的状态下，按下此键，将使电动机启动，并按预设定的点动频率运行。释放此键时，变频器停车。如果变频器/电动机正在运行，按此键将不起作用
Fn	功能	此键用于浏览辅助信息。变频器运行过程中，在显示任何一个参数时按下此键并保持不动 2 s，将显示以下参数数值： (1) 直流回路电压（用 d 表示，单位：V）。 (2) 输出电流（A）。 (3) 输出频率（Hz）。 (4) 输出电压（用 o 表示，单位：V）。 (5) 由 P0005 选定的数值（如果 P0005 选择显示上述参数中的任何一个（1～4），这里将不再显示）。 连续多次按下此键，将轮流显示以上参数。 跳转功能 在显示任何一个参数（rXXXX 或 PXXXX）时，短时间按下此键，将立即跳转到 r0000，如果需要的话，您可以接着修改其他的参数。跳转到 r0000 后，按此键将返回原来的显示点。 确认 在出现故障或报警情况下，按此键可以对故障或报警进行确认，并且将操作面板上显示的报警或故障信号复位
P	参数访问	按此键即可访问参数
	增加数值	按此键即可增加面板上显示的参数数值
	减少数值	按此键即可减少面板上显示的参数数值

同时,MM420 变频器有数千个参数,为了能快速访问指定的参数,MM420 采用把参数分类,屏蔽不需要访问的参数的方法实现。

下面几个参数用于实现参数过滤功能。

① P0004 就是实现参数过滤功能的重要参数。当完成了 P0004 的设定以后再进行参数查找时,在 LCD 上只能看到 P0004 设定值所指定类别的参数。

② P0003 用于定义用户访问参数组的权限等级,设置范围为 1～4,其中:

"1"标准级:可以访问最经常使用的参数。

"2"扩展级:允许扩展访问参数的范围,例如变频器的 I/O 功能。

"3"专家级:只供专家使用。

"4"维修级:只供授权的维修人员使用,具有密码保护。

该参数缺省设置为等级 1(标准级),对于大多数简单的应用对象,采用标准级就可以满足要求了。用户可以修改设置值,但建议不要设置为等级 4(维修级),用 BOP 操作板也看不到第 4 访问级的参数。

③ 参数 P0010 是调试参数过滤器,只对与调试相关的参数进行过滤,筛选出那些与特定功能组有关的参数。P0010 的可能设定值为:0(准备),1(快速调试),2(变频器),29(下载),30(工厂的缺省设定值)。缺省设定值为 0。

要更改参数,步骤可大致归纳为:

① 找所选定的参数号;

② 进入参数值访问级,修改参数值;

③ 确认并存储修改好的参数值。

表 2-3、表 2-4 分别为参数 P0004 设置值及其修改步骤。

表 2-3　参数 P0004 设置值

设定值	所指定参数组意义	设定值	所指定参数组意义
0	全部参数	12	驱动装置的特征
2	变频器参数	13	电动机的控制
3	电动机参数	20	通信
7	命令,二进制 I/O	21	报警/警告/监控
8	模-数转换和数-模转换	22	工艺参量控制器(例如 PID)
10	设定值通道/RFG(斜坡函数发生器)		

表 2-4　修改 P0004 数值步骤

序　号	操 作 内 容	显示的结果
1	按 P 访问参数	r0000
2	按 ▲ 直到显示出 P0004	P0004

续表

序　　号	操 作 内 容	显示的结果
3	按P进入参数数值访问级	0
4	按▲或▼达到所需要的数值	3
5	按P确认并存储参数的数值	P0004
6	使用者只能看到命令参数	

在使用过程之前，变频器 MM420 的一些参数必须进行设置，包括电动机基本参数、控制方式、电动机在启动（制动）以及运行时的加（减）速度的快慢等。相关参数如表 2-5 所示。

表 2-5　MM420 变频器设置参数

序号	参数号	功　　能	设定值/说明
1	P0003	设用户访问级为标准级	按实际设置
2	P0010	快速调试	按实际设置
3	P0100	设置使用地区	0，功率单位 kW，频率 50 Hz
4	P0304	电动机额定电压(V)	380 V
5	P0305	电动机额定电流(A)	1.05 A
6	P0307	电动机额定功率(kW)	0.37 kW
7	P0308	电动机功率因数	设置为 0，变频器自动计算
8	P0310	电动机额定频率(Hz)	50 Hz
9	P0311	电动机额定转速(r/min)	1400 r/min
10	P1120	斜坡上升时间	10 s，即静止加速到最高频率所用的时间
11	P1121	斜坡下降时间	10 s，从最高频率减速到静止停车所用的时间
12	P1300	控制方式	0，线性 V/f 控制
13	P1080	电动机最低频率	按实际设置
14	P1082	电动机最高频率	按实际设置
15	P0700	指定命令源	0，工厂的缺省设置 1，BOP(键盘)设置 2，由端子排输入

续表

序号	参数号	功　　能	设定值/说明
16	P0701	数字输入 DIN1 的功能	可以选择的功能有:正转、反转、正转点动、反转点动、电动机固定频率选择等
17	P0702	数字输入 DIN2 的功能	
18	P0703	数字输入 DIN3 的功能	
19	P1000	频率设定值的信号源	2:模拟设定值:输出频率由 3～4 端子两端的模拟电压(0～10 V)设定。 3:固定频率:输出频率由数字输入端子 DIN1～DIN3 的状态指定
20	P1001	固定频率 1	可以通过 DIN1 直接选择的电动机频率(P0701=15,16)
21	P1002	固定频率 2	可以通过 DIN2 直接选择的电动机频率(P0701=15,16)
22	P1003	固定频率 3	可以通过 DIN3 直接选择的电动机频率(P0701=15,16)

如果用户在参数调试过程中遇到问题,并且希望重新开始调试,可以把变频器的全部参数复位为工厂的缺省设定值,再重新调试的方法。为此,应按照下面的数值设定参数:

① 设定 P0010=30;

② 设定 P0970=1。按下 P 键,便开始参数的复位。变频器将自动地把它的所有参数都复位为它们各自的缺省设置值。复位为工厂缺省设置值的时间大约要 60 s。

2.4.3　三相交流异步电动机和变频器连接

打开 MM420 面板后,可以看到 MM420 接线端子,如图 2-82 所示。

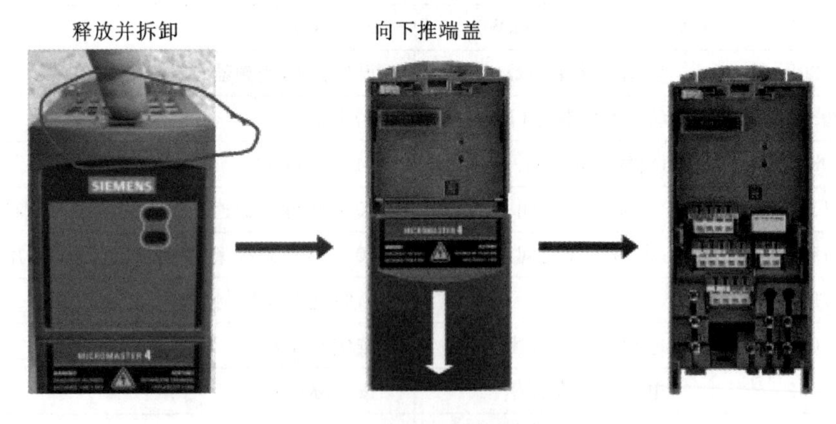

图 2-82　MM420 面板拆除图

MM420 接线提供了丰富功能接线端子,包括电源端子、电动机端子、控制信号输入端子、模拟调速接线端子、通信端子、功率接线端子等(见表 2-6、表 2-7)。

表 2-6　控制信号、模拟输入信号接线端子

端子号	标　识	功　能
1	—	输出+10 V
2	—	输出 0 V
3	ADC+	模拟输入(+)
4	ADC−	模拟输入(−)
5	DIN1	数字输入 1
6	DIN2	数字输入 2
7	DIN3	数字输入 3
8	—	带电位隔离的输出+24 V/最大。100 mA
9	—	带电位隔离的输出 0 V/最大。100 mA
10	RL1-B	数字输出/常开触头
11	RL1-C	数字输出/切换触头
12	DAC+	模拟输出(+)
13	DAC−	模拟输出(−)
14	P+	RS-485 串行接口
15	N−	RS-485 串行接口

表 2-7　功率接线端子

标　识	功　能
L2/N	电源 N,220V
L1/L	电源 L,220V
U	接电动机 U
V	接电动机 V
W	接电动机 W
L3	不用

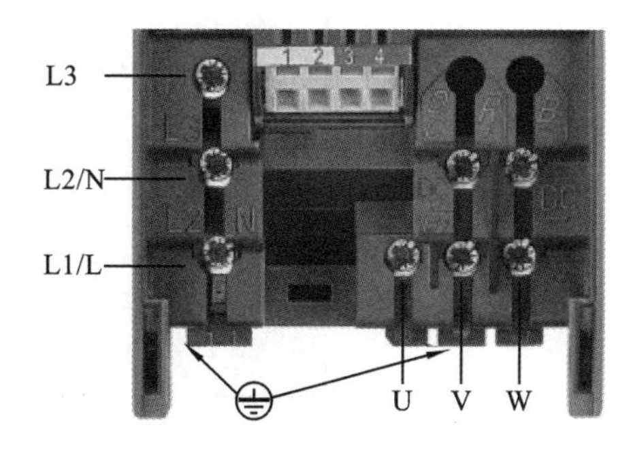

根据其端子的功能,MM420 电气接线图如图 2-83 所示。

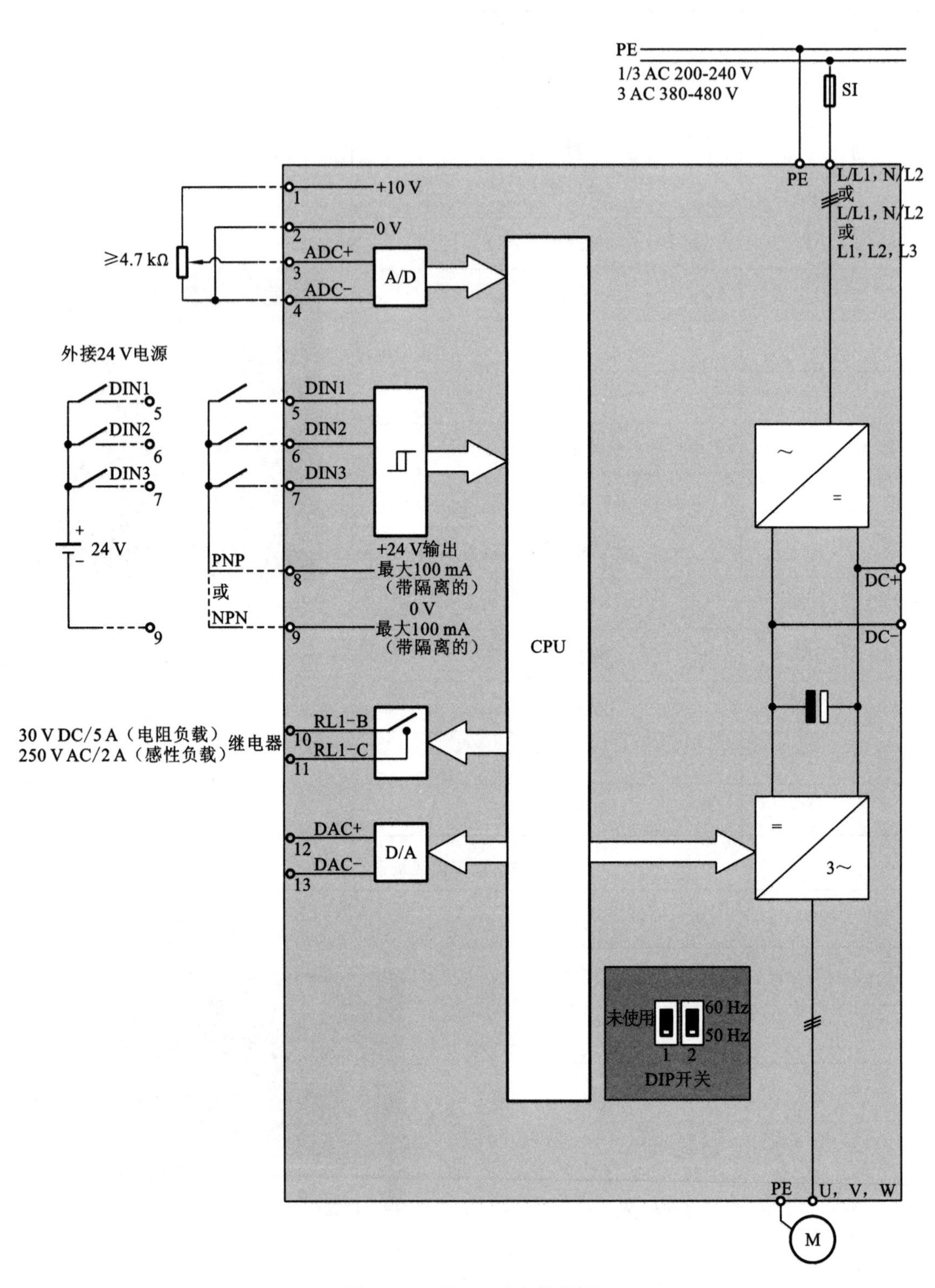

图 2-83 MM420 电气接线图

习　题　5

1. 变频器作用是：____。

2. 伺服装置控制方式有：____
____等方式。

模块三　自动化生产线单元的安装与调试

任务 3.1　供料单元的安装与调试

【任务提要】

按照供料单元控制要求，在规定时间内完成机械部分、气路、电气回路的安装与调试，并进行 PLC 程序设计。

【技能目标】

(1) 熟悉供料单元的功能和机械结构。

(2) 能根据控制要求设计气动系统回路原理图。

(3) 安装传感器进行调试。

(4) 定义 PLC 端口地址，学会编程和调试。

3.1.1　供料单元的机械结构

3.1.1.1　供料单元元件

供料单元是自动生产线系统的起始单元，用来供给原料。供料单元的机械结构如图 3-1 所示。供料单元包括工件库、光电传感器、物料台、底座、PLC 主机、底板、电磁阀、气缸、端子排等。

1. 工件库

工件库用来存放黑白工件。最底层是通孔的，工件可以穿过到达物料台上。次底层是半通孔，用来被顶住在管壁上。

2. 推料机构

气缸是由电磁阀控制，当电磁阀得电，气缸伸出，同时将物料送至物料台上。当电磁阀失电，气缸缩回。供料单元有两个直线气缸，行程长的气缸在下方，用来推工件，行程短的气缸在上方，用来顶住次下层工件。

供料单元的推料机构有两个标准直线双作用气缸，如图 3-2 所示。

3. 支撑架、物料台及料仓底座

铝合金型材支撑架如图 3-3 所示，用来支撑供料单元的架子。安装支撑架的方法：预先在特定位置的铝型材 T 型槽中放置预留与之相配的螺母。调整好各条边的平行及垂直度。物料台是推料到达的位置，料仓底座是最底层工件的位置，如图 3-4 所示。

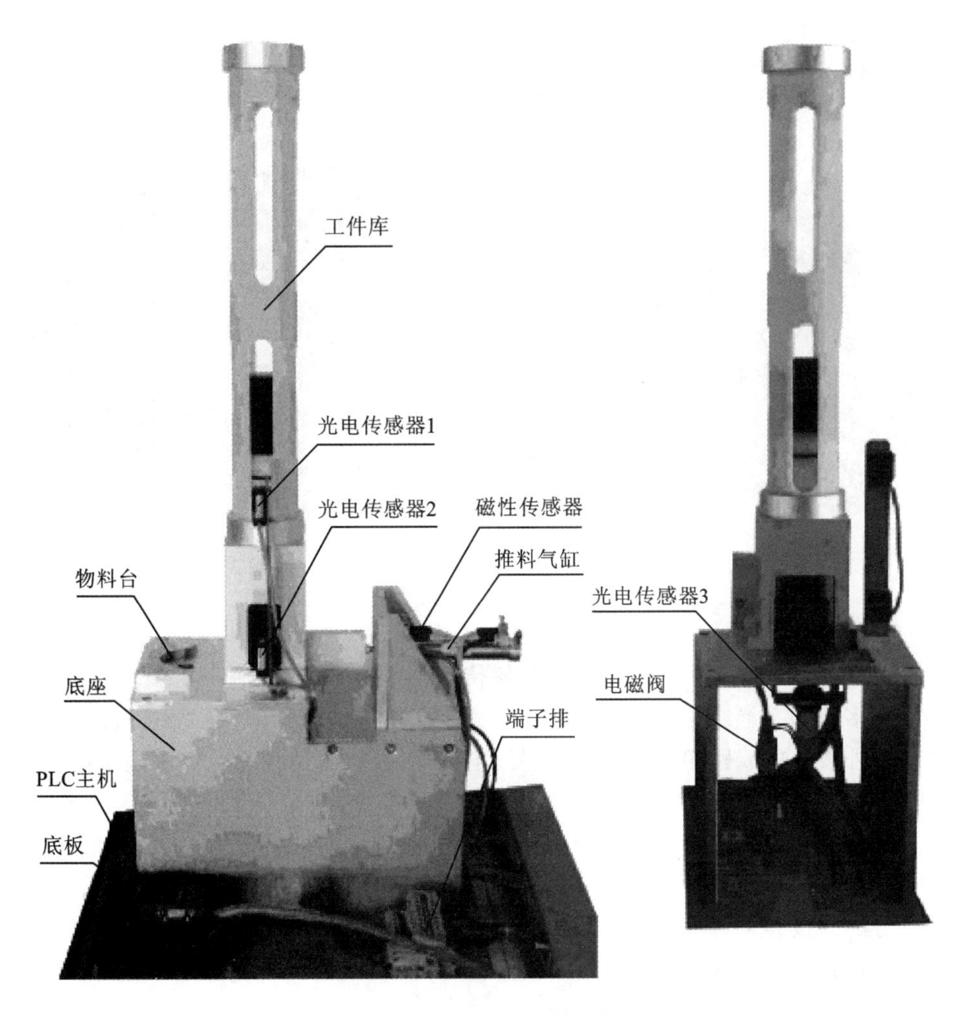

图 3-1　供料单元机械结构

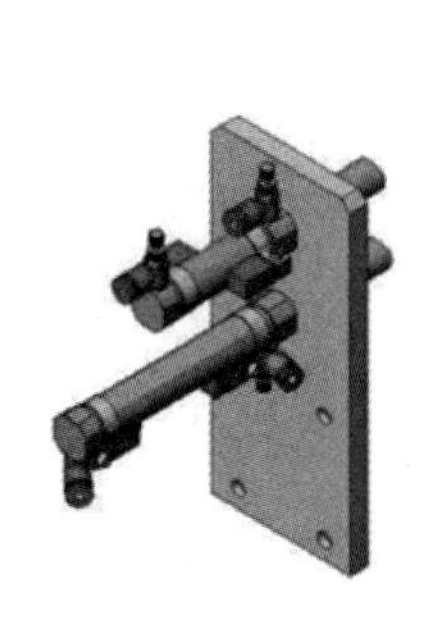

图 3-2　推料机构

图 3-3　铝合金支撑架

图 3-4　物料台及料仓底座

4. 电磁阀组

供料单元使用单控电磁阀控制气缸的伸缩。1 个电磁阀控制一个气缸伸缩，供料单元有 2 个电磁阀，2 个气缸。把 2 个电磁阀并排放在汇流板上，组成电磁阀组，如图 3-5 所示。

5. PLC 主机

西门子 PLC 是控制电磁阀是否得电的控制器,如图 3-6 所示。

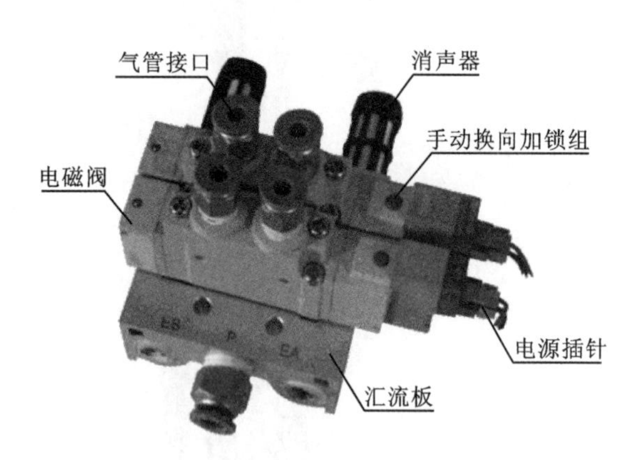

图 3-5 电磁阀组结构

图 3-6 西门子 PLC

6. 端子排

端子排用于连接 PLC 输入/输出端口与各传感器和电磁阀,如图 3-7 所示。端子排是用来承载多个或多组相互绝缘的端子组件并用于固定支持件的绝缘部件。端子排的作用就是将屏内设备和屏外设备的线路相连接,起到信号(电流电压)传输的作用。有了端子排,使得接线美观,维护方便,在远距离线之间的连接的主要作用是牢靠,施工和维护方便。端子排的一个接线位就是 1“位”。通常,这些序号在不同的运用场合有不同的定义。“节”和“位”是一样的意思,叫法不同而已。“组”是由“节”组成的。通常的端子有 2 位、3 位、4 位、6 位、12 位等等,这是按数量分的。按容量分有 10 A、20 A、40 A 等。标注 U、V、W 的一般是三相电动机的接线端子。螺钉连接是采用螺钉式接线端子的连接方式,要注意允许连接导线的最大和最小截面积和不同规格螺钉允许的最大拧紧力矩。

图 3-7 端子排

3.1.1.2 供料单元的组装

管形料仓(工件库)用于储存工件,工件推出装置将最下层工件推出到出料台上,如图 3-8 所示为供料单元的元件位置关系。

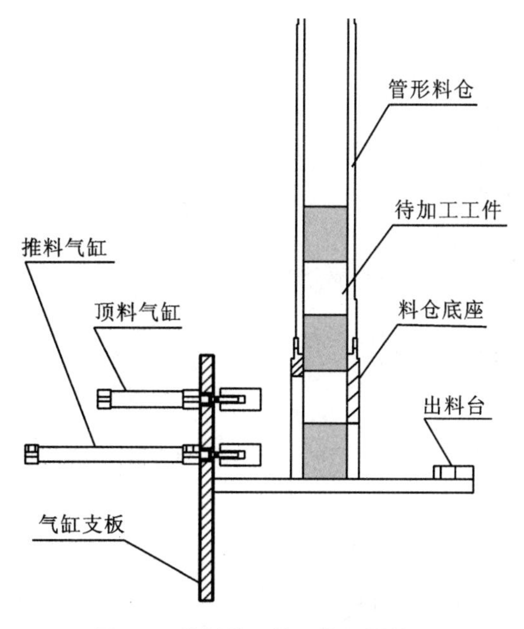

图 3-8　供料单元的元件位置关系

1）安装思路

① 在装配前先熟悉供料单元的功能和动作过程。

② 将各个零件安装成组件，然后进行组装。组件包括铝合金型材支撑架组件、出料台、料仓底座组件、推料机构等。

③ 各组件装配好后，用螺栓把它们连接为总体，用橡胶锤把装料管敲入料仓底座。

④ 用螺钉在气缸上安装磁性开关，螺钉先不要拧太紧，以便调节位置。

⑤ 将电磁阀组、PLC 和接线端子固定在底板上。

（2）铝合金支架组装

① 安装铝合金支架应注意安装的顺序，以免先安装部分对后续安装造成机械干涉，从而返工耽误装配时间。

② 计算好铝合金型材支架所用螺母数目，在 T 型槽内预先放置个数足够的螺母。

③ 注意调整各条边的平行度和垂直度，再锁紧螺母。

④ 锁紧螺栓要成组螺栓对角线装配，以免局部应力集中，导致铝合金型材变形。

如图 3-9 所示为铝合金支架组装图。

3）推料机构组装

推料机构安装时注意出料口的方向向前，与挡板方向一致；推料位置要手动调整螺栓，以免位置不对将工件推偏。如图 3-10 所示为推料机构组装图。

4）总体组装

将组件按照图 3-11 所示位置关系组装在一起。

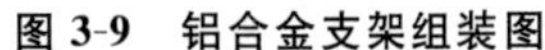
图 3-9 铝合金支架组装图

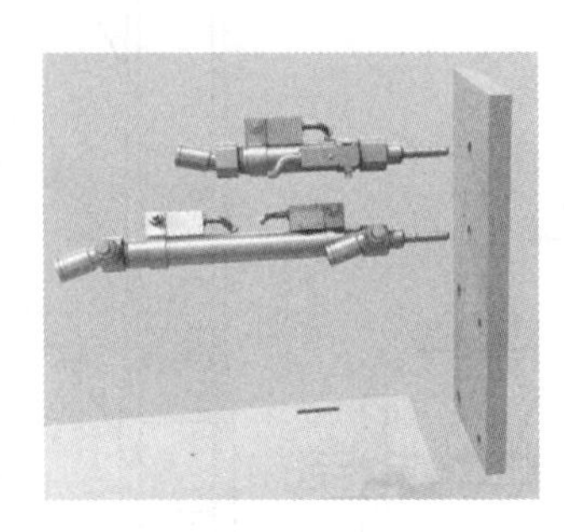
图 3-10 推料机构组装图

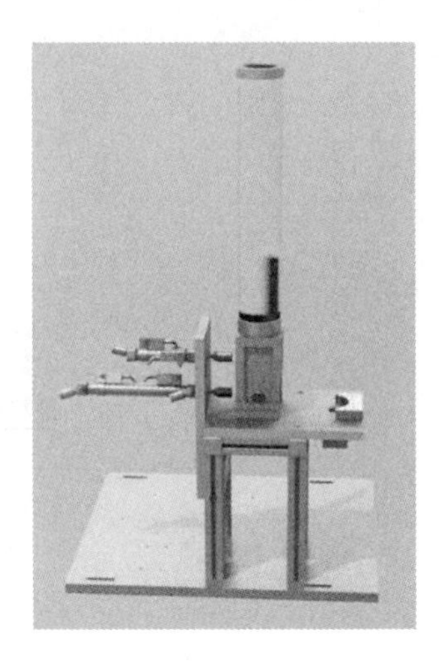
图 3-11 总装图

3.1.2 供料单元气动原理

1A 和 2A 分别为推料气缸和顶料气缸。

1B1 和 1B2,2B1 和 2B2 为气缸位置检测磁性开关。

1Y 和 2Y 为电磁换向阀线圈。如图 3-12 是供料单元气动原理图。气源是空压机供气,通过处理后送入汇流板,分流到两个电磁阀的供气口。两个电磁阀都是二位五通单控电磁阀。从工作口 B 口流经右侧的单向节流阀,进入气缸的右侧腔。两个气缸的初始状态是未受力的状态,都是缩回的。排气从气缸的左侧孔排出,经过左侧的单向节流阀,到达排气口。单向节流阀的作用主要是用来调节气缸运行的快慢。

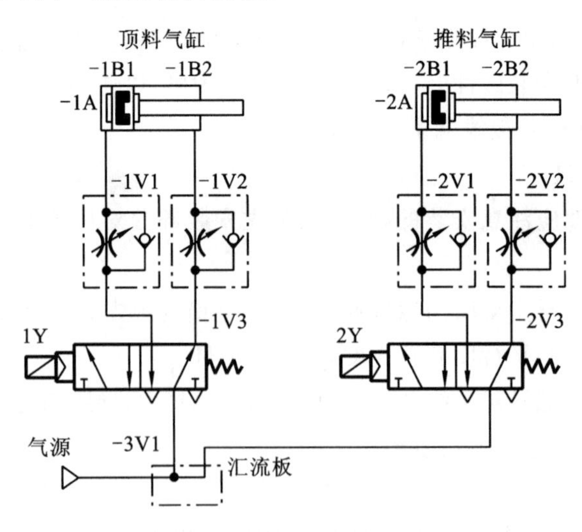

图 3-12 供料单元气动原理图

3.1.2.1 供料单元的气动元件

顶料或推料气缸依靠活塞两端的气压差实现运动。气体流动方向的改变通过电磁阀控

制。电磁阀利用电磁线圈通电时静铁芯对动铁芯产生电磁吸力使阀芯切换，达到改变气流方向的目的。

1）气缸与节流阀的连接

如图 3-13 所示为气缸和节流阀的实物图。图 3-14 是气缸和节流阀连接图。

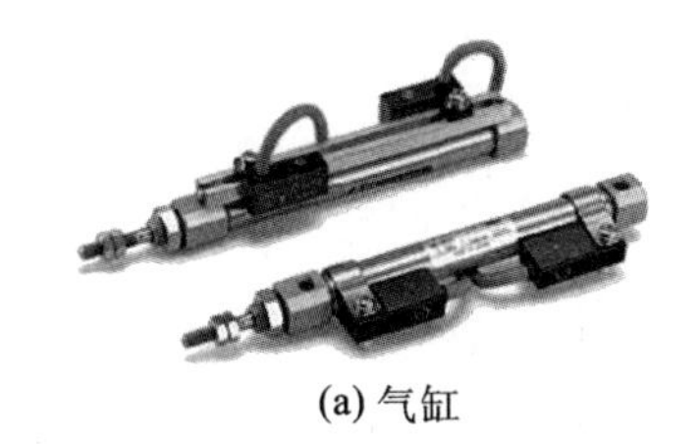

(a) 气缸

排气节流阀

进气节流阀

直通型节流阀

(b) 节流阀

图 3-13　气缸和节流阀

2）管道连接件

管道连接件包括管子和各种管接头。有了管子和各种管接头，才能把气动控制元件、气动执行元件、气动辅助元件等连接成一个完整的气动控制系统。

管子分为硬管和软管。总气管和支气管等固定不动、不需要经常装拆的地方使用硬管。连接运动部件、临时使用、希望装拆方便的管路使用软管。硬管有铁管、铜管、硬塑料管等；软管有塑料管、尼龙管、橡胶管、金属编织塑料管等。

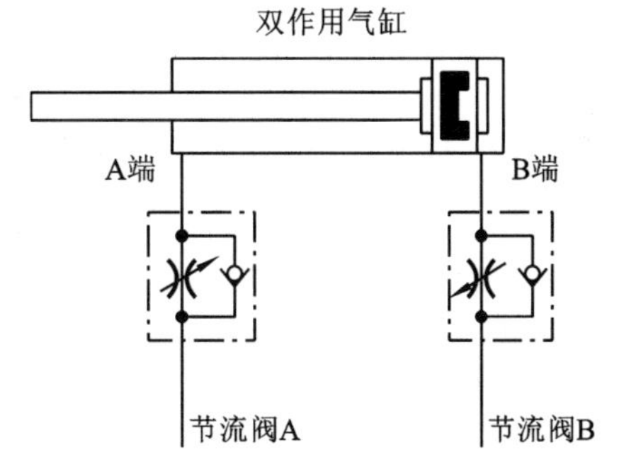

图 3-14　气缸与节流阀连接图

管接头根据结构不同分为卡套式、扩口螺纹式、卡箍式、插入快速式(见图 3-15)。

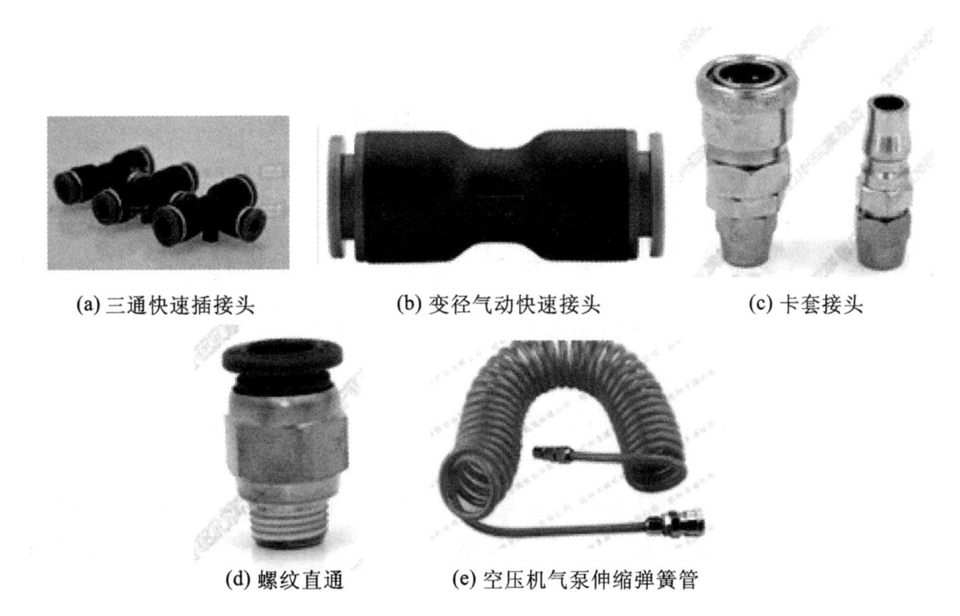

(a) 三通快速插接头　(b) 变径气动快速接头　(c) 卡套接头

(d) 螺纹直通　(e) 空压机气泵伸缩弹簧管

图 3-15　气动接头和气管

3）气缸上的磁性开关

生产线上使用的气缸是带磁性开关的气缸。气缸的缸筒采用导磁性弱、隔磁性强的材料，如硬铝、不锈钢等。在非磁性体的活塞上安装一个永久磁铁的磁环，提供一个反映气缸活塞位置的磁场。安装在气缸外侧的磁性开关用来检测气缸活塞位置，即检测活塞的运动行程。如图 3-16 所示为磁性开关结构。

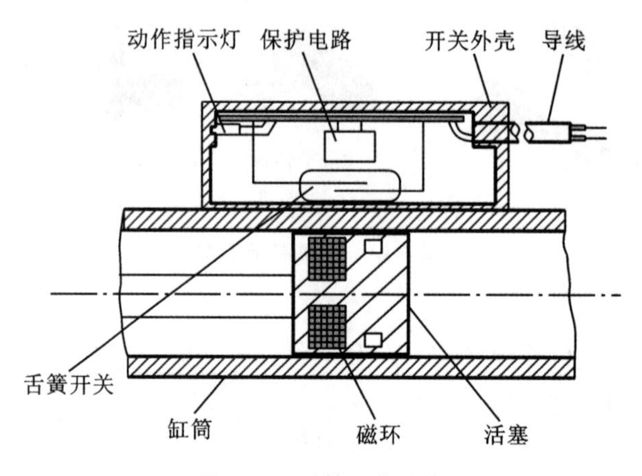

图 3-16　磁性开关结构

在磁性开关上设置的 LED 显示信号状态，输出为 1 时灯亮，磁性开关动作；输出为 0 时灯灭，磁性开关不动作。

1）安装位置可调

松开它的紧定螺栓，让磁性开关顺着气缸滑动，到达指定位置后，再旋紧紧定螺栓。

2）动作信号

磁性开关动作时，输出信号为 1。

3）接线

蓝色引出线连接 PLC 输入公共端。

棕色引出线连接 PLC 输入端，如图 3-17 所示为磁性开关接线图。

3.1.2.2　供料单元的气动系统连接

供料单元气动连接图如图 3-18 所示，将气缸和电磁阀、气动二联件、磁性开关、节流阀、汇流板连接起来。

供料单元气动系统调试注意事项如下。

(1) 通气前检查，确保气路连接正确。

通气检查，用电磁阀上的手动换向加锁旋钮验证。顶料气缸和推料气缸的初始位置和动作位置是否正确。

(2) 调整气缸节流阀以控制活塞杆的往复运动速度，伸出速度以不推倒工件为准。

(3) 气管连接时注意切口平整，切面与气管轴线垂直，气管走向应按序排布，均匀美观，不能交叉，打折。

(4) 气管在快速接头中插紧，不能漏气。

(5) 气管应用捆扎带捆扎，捆扎不宜过紧，防止造成气管受压变形，捆扎间距均匀。

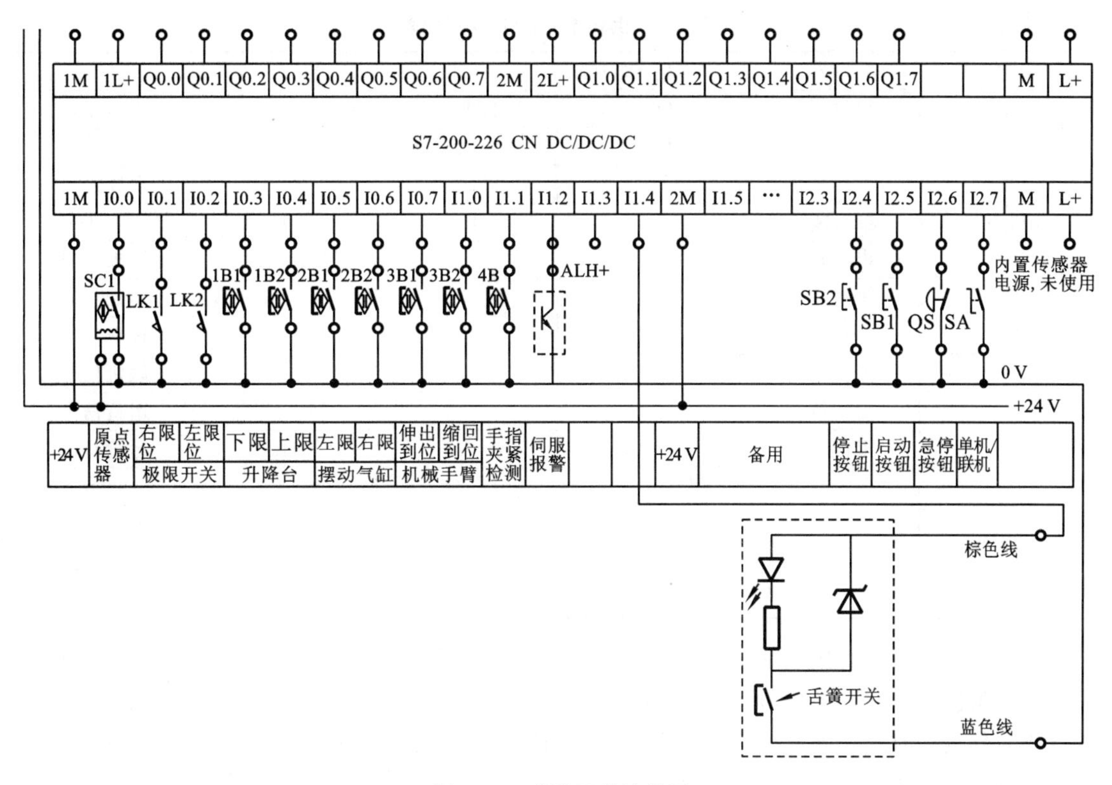

图 3-17　磁性开关接线图

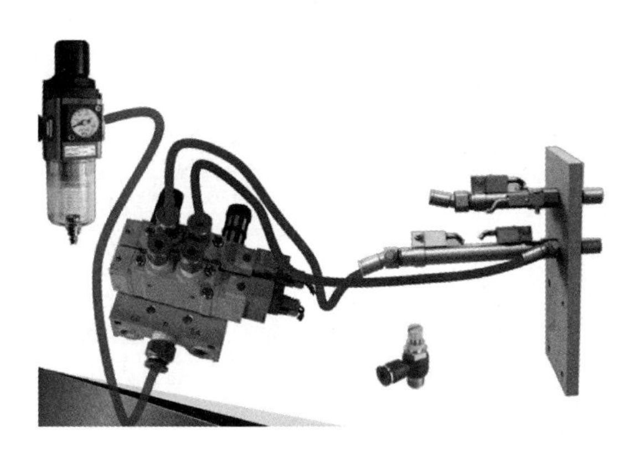

图 3-18　供料单元气动连接图

3.1.3　供料单元电气控制

供料单元电气接线包括：在工作单元装置侧完成各传感器、电磁阀、电源端子等引线到装置侧接线端口之间的连线；在 PLC 侧进行电源连接、I/O 点接线等。

3.1.3.1　供料单元的硬件连接

1. I/O 分配

供料单元的 I/O 分配表如表 3-1 所示。

表 3-1 供料单元的 I/O 分配表

输入信号		输出信号		通信	
I0.0	顶料到位	Q0.0	顶料电磁阀	M2.2	供料不足
I0.1	顶料复位	Q0.1	推料电磁阀	M2.1	缺料报警
I0.2	推料到位	Q0.7	HL1	V1000.0	全线运行
I0.3	推料复位	Q1.0	HL2	V1000.7	HMI 联机
I0.4	出料检测			V1001.2	请求供料
I0.5	物料不足			V1020.0	初始状态
I0.6	物料有无			V1020.1	推料完成
I1.2	停止按钮			V1020.4	联机信号
I1.3	启动按钮			V1020.5	运行信号
I1.5	工作方式			M1.0	运行状态
				M1.1	停止指令
				M2.0	准备就绪
				M3.4	联机方式
				M5.0	初态检查

接线时注意装置侧接线端口中,输入信号端子的上层端子只能作为传感器的正极;电磁阀等负载的正负极连接到输出信号端子下层。PLC 侧接线注意导线颜色区分,以便进行线路检查。导线连接到端子时采用压紧端子压接法;每一端子连接的导线不超过两根;严禁出现短路。

表 3-2 所示为供料单元的符号表。

表 3-2 供料单元的符号表

			符号	地址	注释
1			供料不足	M2.2	
2			缺料报警	M2.1	
3			全线运行	V1000.0	来自主站
4			HMI联机	V1000.7	来自主站
5			请求供料	V1001.2	来自主站
6			初始态	V1020.0	去主站(输送站)
7			推料完成	V1020.1	去主站(输送站)
8			联机信号	V1020.4	去主站(输送站)
9			运行信号	V1020.5	去主站(输送站)
10			运行状态	M1.0	
11			停止指令	M1.1	
12			准备就绪	M2.0	
13			联机方式	M3.4	
14			初态检查	M5.0	
15			顶料驱动	Q0.0	
16			推料驱动	Q0.1	
17			HL1	Q0.7	
18			HL2	Q1.0	
19			顶料到位	I0.0	
20			顶料复位	I0.1	
21			推料到位	I0.2	
22			推料复位	I0.3	
23			出料检测	I0.4	
24			物料不足	I0.5	
25			物料没有	I0.6	
26			停止按钮	I1.2	
27			启动按钮	I1.3	
28			工作方式	I1.5	

2. PLC 的电气接线图

根据供料单元的单机/联机控制要求,加入启动和停止按钮。单机调试可以把转换开关扭至单机模式,按下启动按钮 SB1 和停止按钮 SB2 进行调试。联机时把转换开关扭至联机模式,启动和停止按钮就不用了,使用主站的启动按钮和停止按钮控制启停。从图 3-19 看出供

料单元有 4 个磁性开关、4 个光电开关、2 个电磁阀、2 个按钮、1 个转换开关、3 个指示灯。其中光电开关使用的是三线制的传感器。

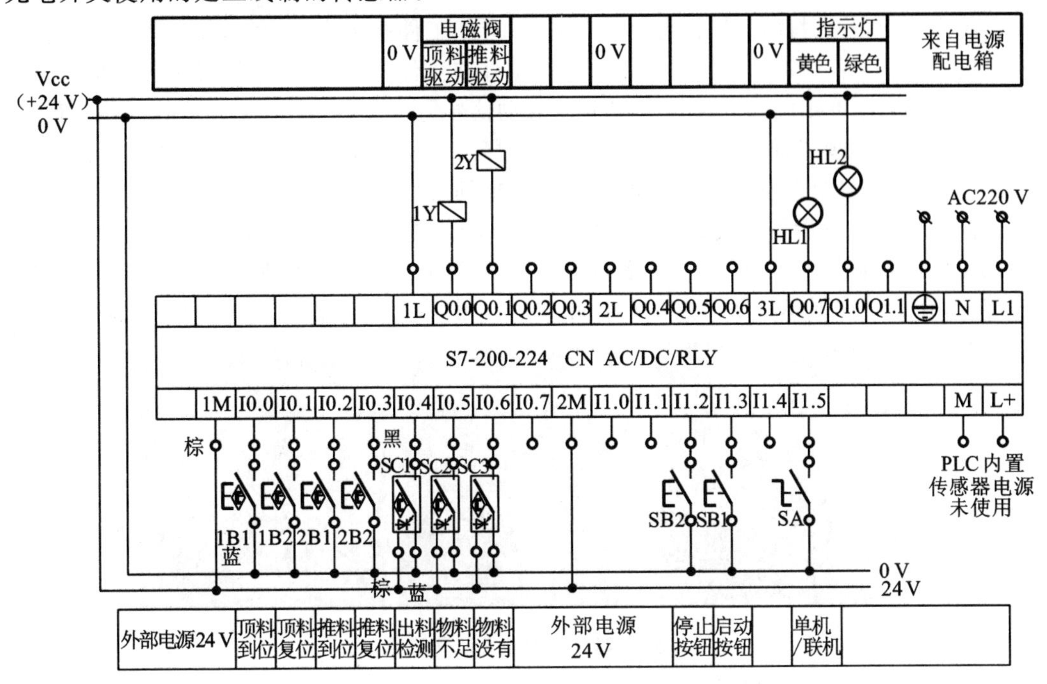

图 3-19　供料单元 PLC 外部接线图

可编程控制器使用的是西门子 S7-200 系列的 224CN，交流 220 V 交流电压电源输入，输入是直流输入方式，输出是继电器型，负载可以是直流或交流。

3. PLC 与计算机连接

在弄懂供料单元的工作过程后，写计算机的 PLC 程序。经过初步单机模拟调试后，把计算机和西门子 PLC 通过 PC/PPI 电缆连接起来，把程序从计算机上下载到可编程控制器中，如图 3-20 所示。

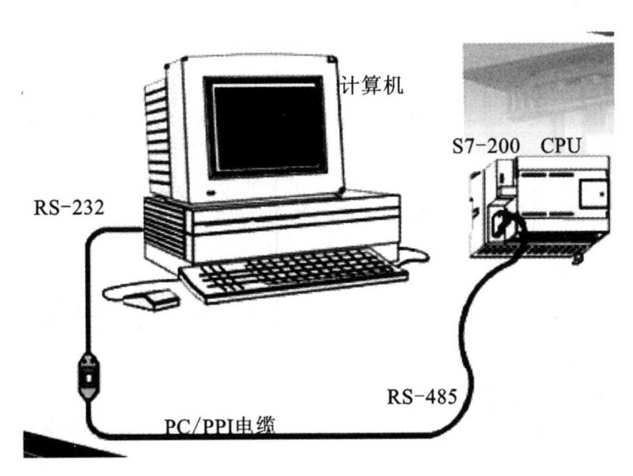

图 3-20　PLC 与计算机连接示意图

3.1.3.2 供料单元的PLC程序

系统启动后,若供料站的物料台上没有工件,应把工件推到物料台上,并向系统发出物料台上有工件的信号。若供料单元的工件库内没有工件或工件不足,则向系统发出报警信号。物料台上的工件被搬运单元机械手取出后,若系统启动信号仍然为ON,则进行下一次推出工件操作。

写程序之前需要弄懂供料单元工作的动作原理:供料单元有两个标准气缸,上面那个是顶料气缸,下面的气缸是推料气缸。目的是把工件推到工作台上。第一个状态是顶料气缸缩回,推料气缸缩回。第一步顶料气缸伸出顶住从下往上数的第二个工件,第二步推料气缸伸出,把最下层工件推到物料台上,第三步是推料气缸缩回,物料台上的工件被取走。第四步是顶料气缸缩回,料仓工件往下掉一格。然后重复此过程。图3-21所示是供料单元工作过程。

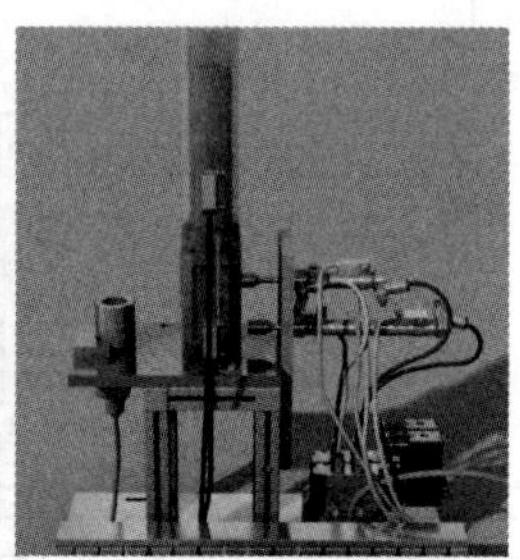

图3-21 供料单元工作过程

供料单元的编程思路如下。

(1) 程序结构:有主程序和子程序。主程序每一个扫描周期调用系统状态显示子程序,仅当运行时才调用子程序。

(2) PLC上电后要自检,确定系统准备就绪,才允许投入运行。如:两个气缸上电后不在初始位置,导致气路连接错误。

(3) 供料单元运行是步进顺序控制过程,若没有停止命令,不断循环供料。

(4) 当料仓最后一个工件推出,发出缺料报警,等推料气缸复位后停下来。图3-22所示是供料单元子程序流程图。

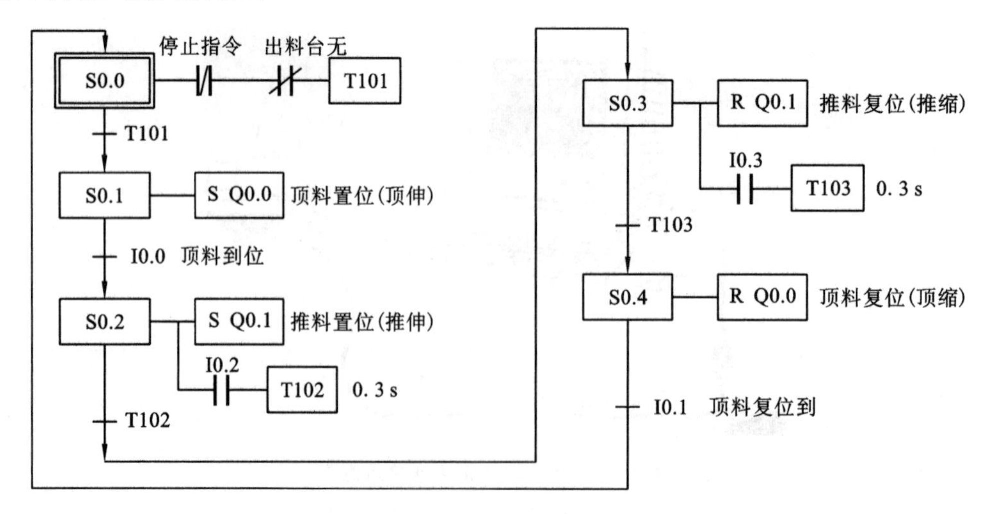

图3-22 供料控制子程序流程图

弄懂动作原理后就可以设计程序了。程序块分为三部分：主程序、供料控制和状态指示。以下是参考程序：

(1) 主程序。

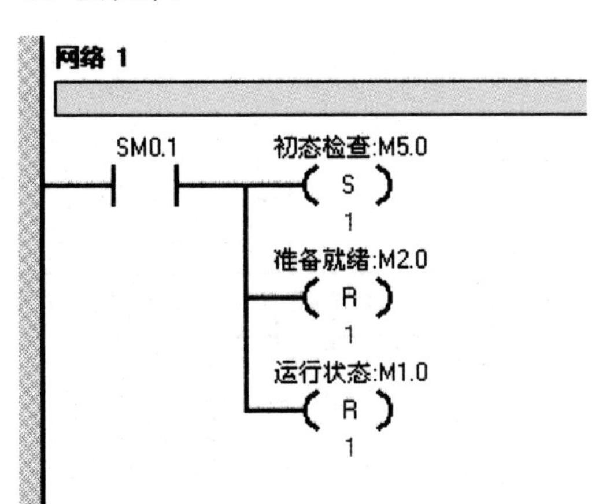

符号	地址	注释
初态检查	M5.0	
运行状态	M1.0	
准备就绪	M2.0	

网络 2

运行状态:M1.0 工作方式:I1.5 联机方式:M3.4

S OUT

RS

运行状态:M1.0 工作方式:I1.5 HMI联机:V1000.7

R1

网络 3

联机方式:M3.4 联机信号:V1020.4

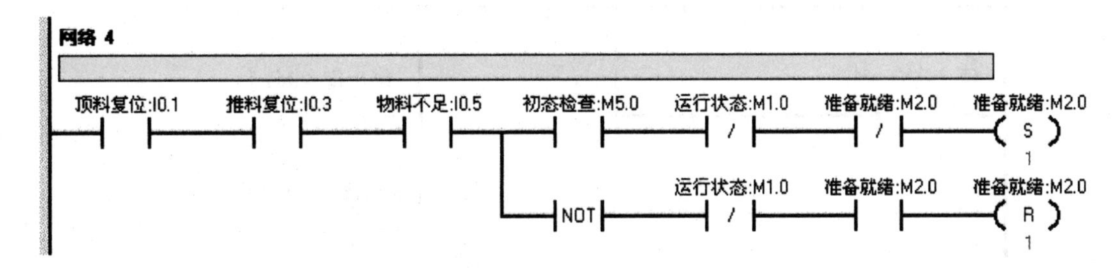

网络 5

准备就绪:M2.0　初始态:V1020.0

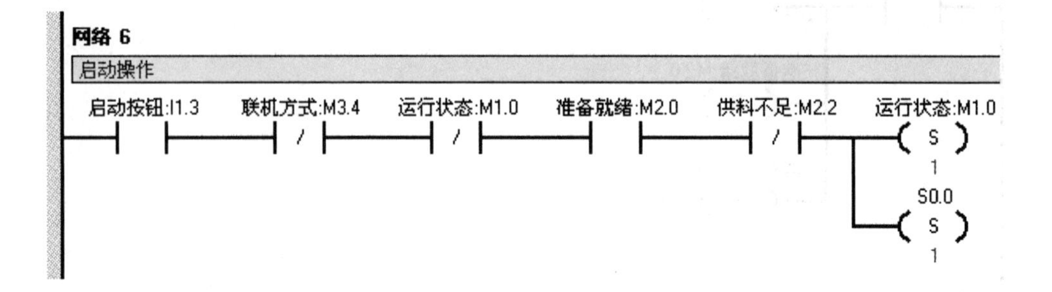

网络 7

单站运行方式下，在运行中曾经按下停止按钮，M1.1 ON

联机方式:M3.4　停止按钮:I1.2　运行状态:M1.0　停止指令:M1.1

S

1

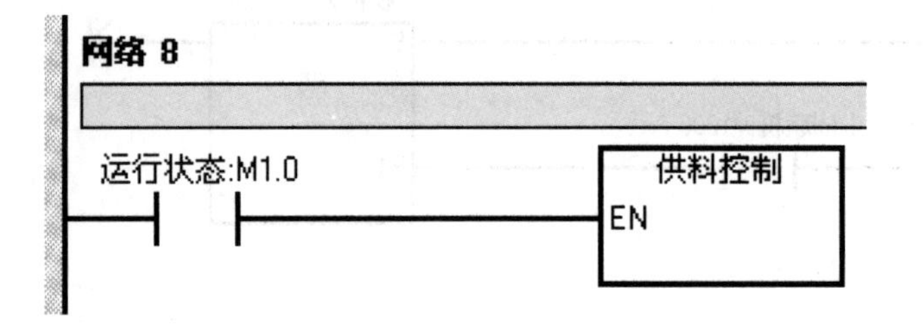

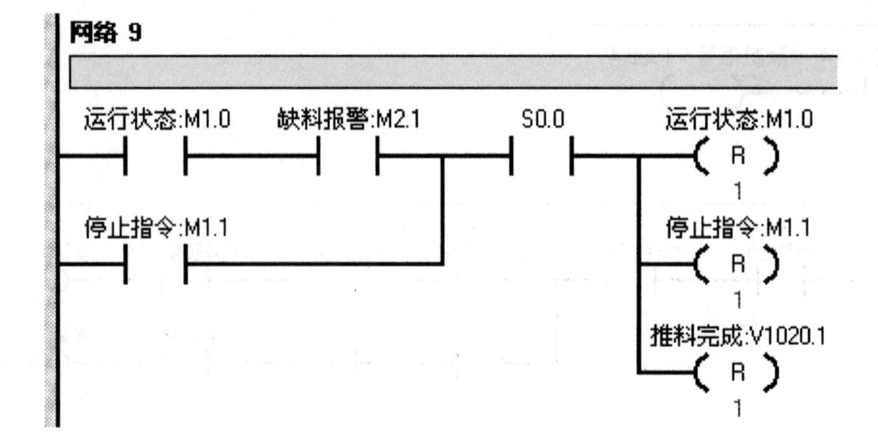

网络 10

SM0.0

状态指示

EN

（2）子程序（供料控制）。

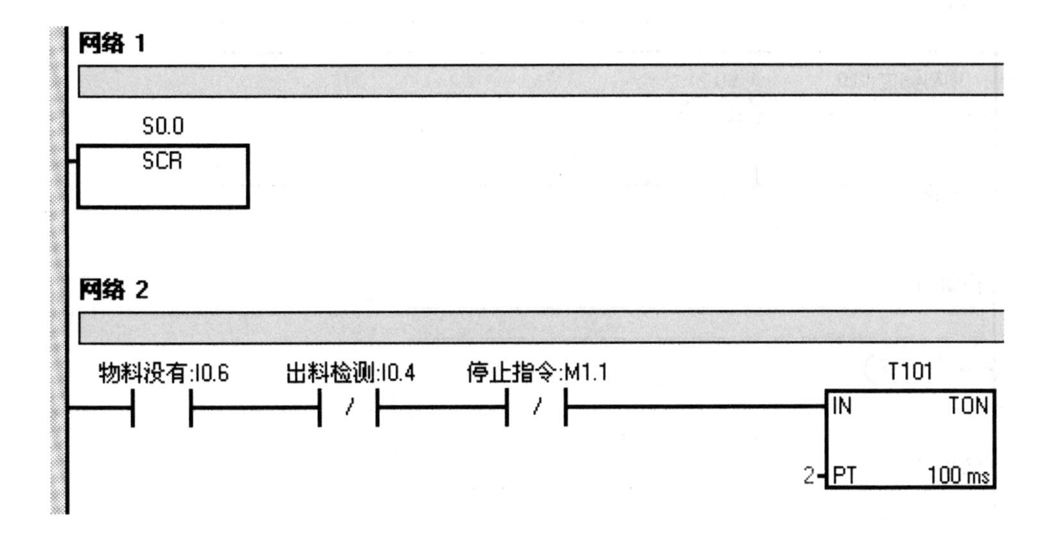

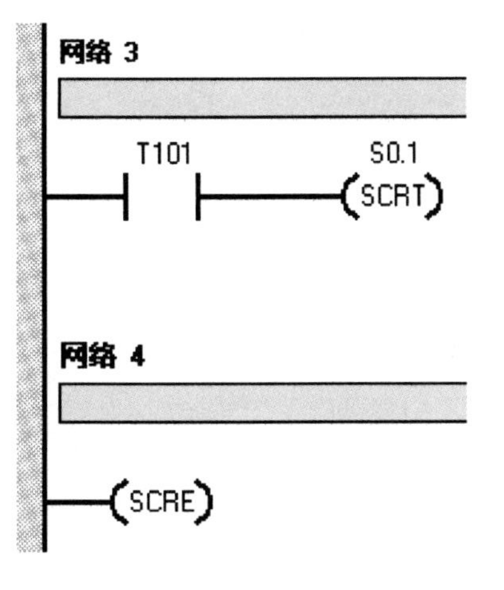

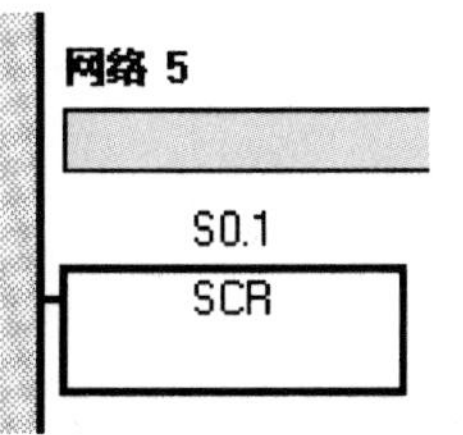

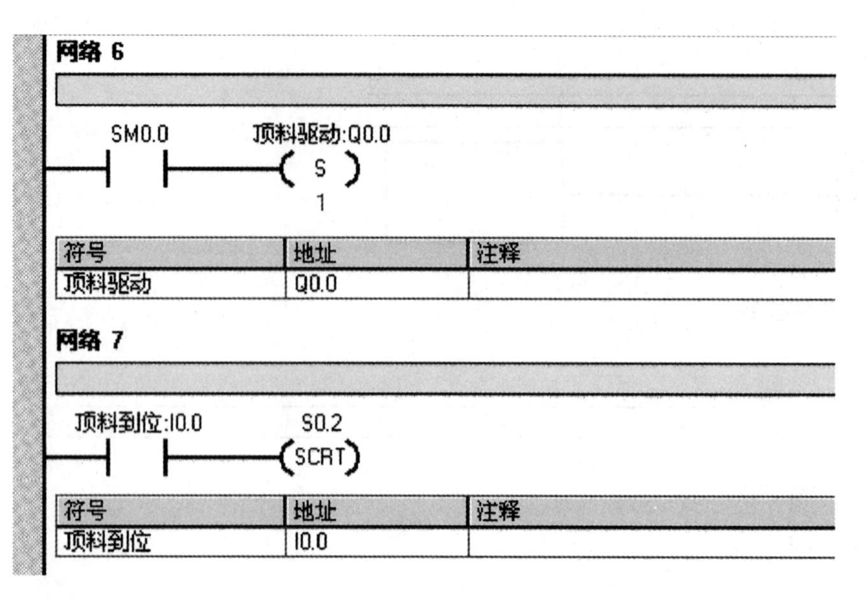
网络 6
SM0.0
顶料驱动:Q0.0
S
1
符号
地址
注释
顶料驱动
Q0.0
网络 7
顶料到位:I0.0
S0.2
SCRT
符号
地址
注释
顶料到位
I0.0

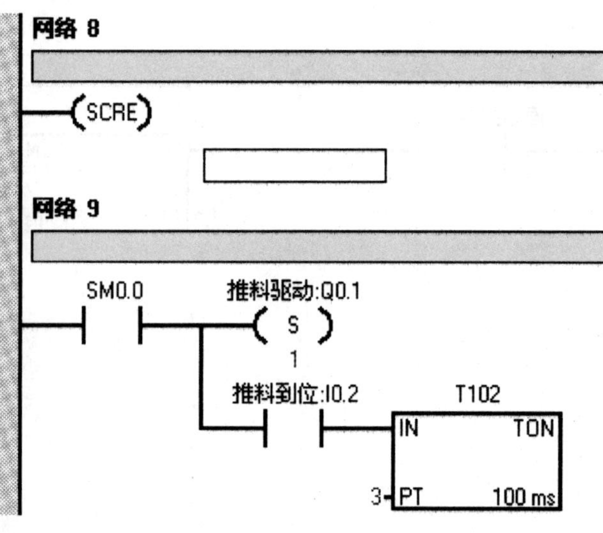
网络 8
SCRE
网络 9
SM0.0
推料驱动:Q0.1
S
1
推料到位:I0.2
T102
IN
TON
3
PT
100 ms

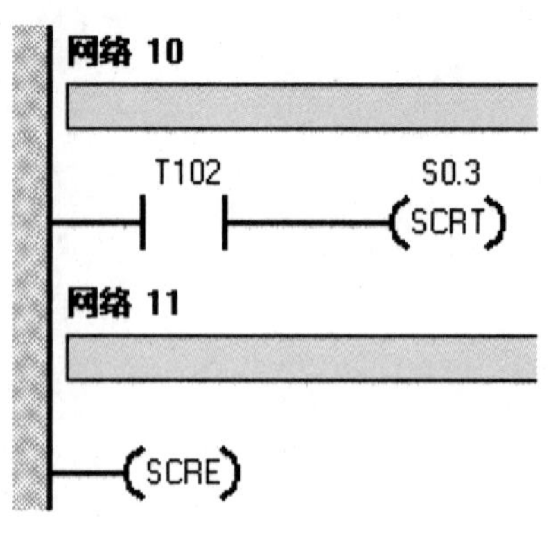
网络 10
T102
S0.3
SCRT
网络 11
SCRE

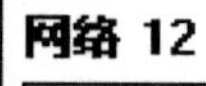

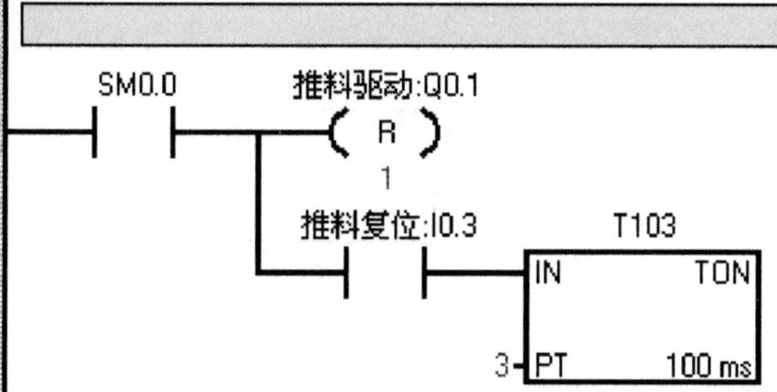

符号	地址	注释
推料复位	I0.3	
推料驱动	Q0.1	

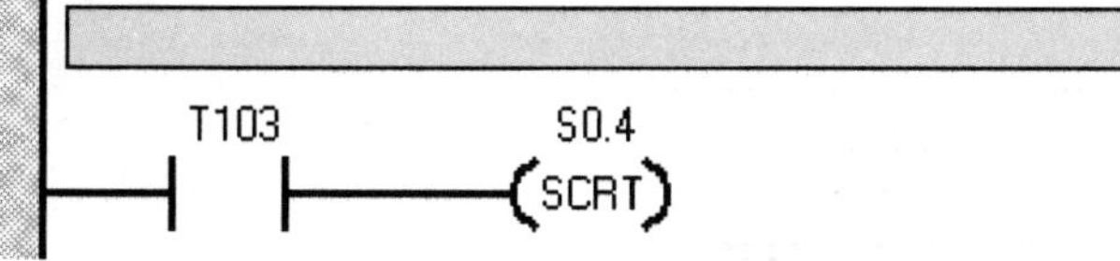

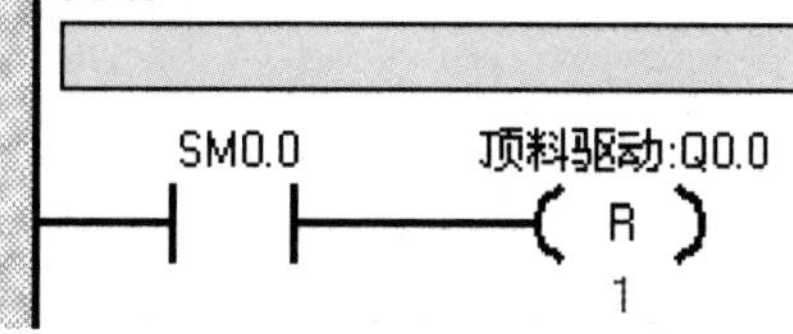

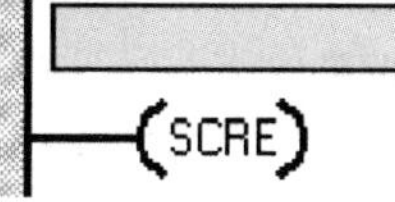

(3) 子程序(状态指示)。

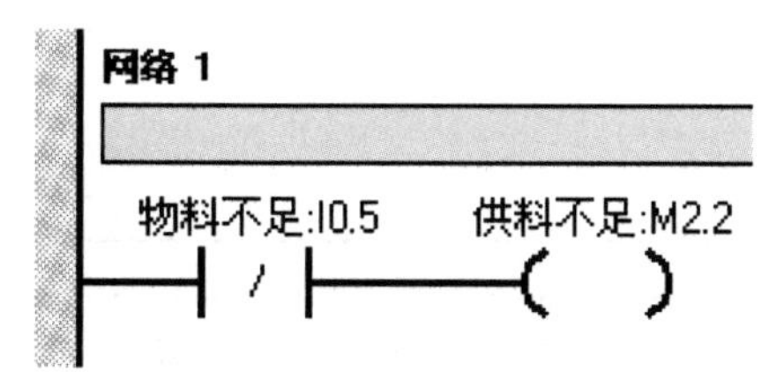

网络 2

物料没有:I0.6
NOT
T110
IN TON
10-PT 100 ms

网络 3

T110
缺料报警:M2.1

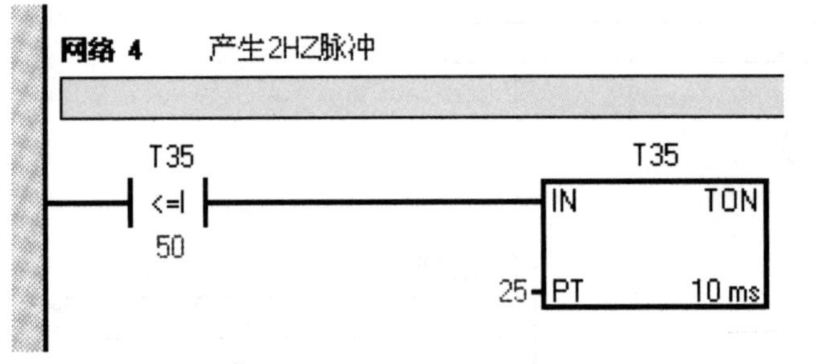

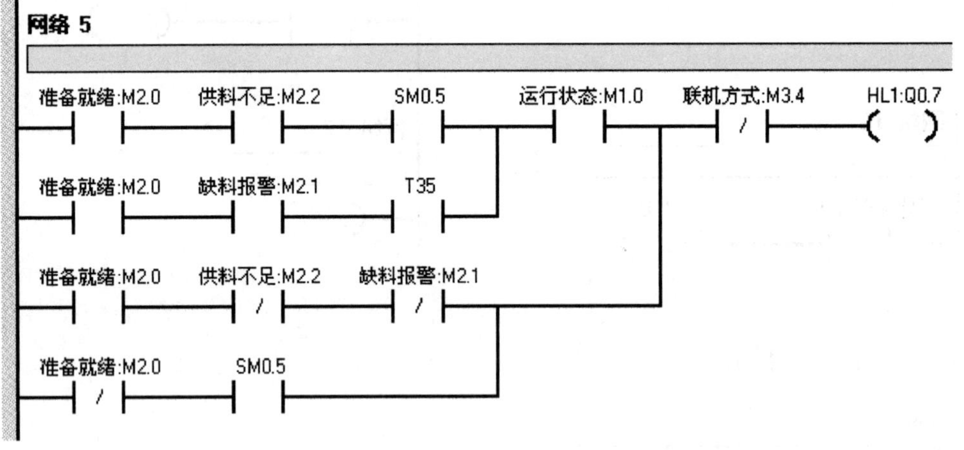

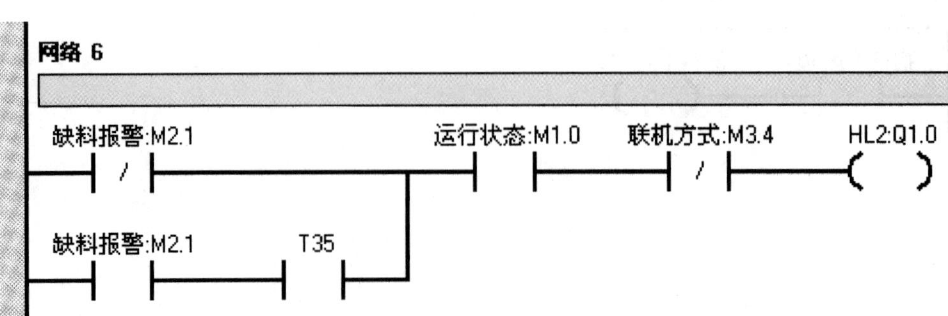

3.1.4　供料单元故障分析

1. 故障的原因

(1) 气路、机械安装造成的故障。

(2) 传感器、料仓内物料供应造成的故障。

(3) PLC 程序造成的故障。

(4) 操作步骤不对造成的故障。

2. 故障分析步骤

(1) 观察故障现象，确定故障分类。

料仓内有料，但系统运行后黄灯闪烁，设备不能进入准备就绪状态。

(2) 可能故障原因分析。

(3) 分析排除故障。

【案例 1：黄灯闪烁故障排查及维修】

故障现象：料仓内有料，但系统运行后一直黄灯闪烁，设备不能进入准备就绪状态。

故障分析：设备能启动运行，并且黄灯闪烁，表示设备程序运行正常。应是程序运行时没有通过初始状态检测。

查看 PLC 程序，在程序监控状态下查看程序，是物料不足传感器没有信号，导致控制程序初始状态检测不通过。

查看设备侧物料不足传感器信号。供料单元中，用来检测工件不足的漫射式光电接近开关选用 OMRON 公司的 E3Z-L61 型放大器内置型光电开关(细小光束型，NPN 型晶体管集电极开路输出)。

查看设备状况，发现物料充足，但在查看物料充足传感器信号时，发现以下情况：

- 稳定显示灯亮。
- 动作指示灯不亮。
- 动作转换开关在 D 的位置。

参考传感器使用手册，发现动作转换开关按顺时针方向充分旋转时(L 侧)，则进入检测 ON 模式，当此开关按逆时针方向充分旋转时(D 侧)，则进入检测 OFF 模式。

通过上述分析，确定是由于动作转换开关旋在错误位置，导致设备状态正常，却错误报警。

故障排除：利用钟表螺丝刀将物料充足传感器动作转换开关按顺时针方向旋转至 L 侧。由于料仓内物料充足，传感器检测到物料，动作指示灯亮，PLC 接收到检测信号，黄灯常亮，故障排除。

故障排除要点：分析查看程序，调试设备正常运行。

【案例 2：推料气缸不缩回故障排除】

故障现象：设备进入运行状态后，按下启动按钮，绿灯亮。顶料气缸的顶料动作完成，推料气缸推料后，推料气缸不缩回，导致后续动作不执行。

故障分析：顶料气缸不缩回的故障可能有以下几点。

(1) 软件原因。如程序出错，这时要检查程序，确保控制程序正确。

(2) 硬件原因。如节流阀阀口的大小、推料气缸伸出到位传感器安装位置等。

分析供料站气动原理图，当顶料电磁阀线圈得电、推料气缸伸出，并且推料电磁阀线圈失电,如果2V1节流阀阀口过小,可能导致气缸活塞杆不能缩回,也可能是磁性开关2B2伸出到位信号没有检测到导致的故障。

设备调试:

(1) 通气检查,用电磁阀上的手动换向旋钮验证顶料气缸和推料气缸的伸出缩回动作是否能完成,如果手动操作能完成,则是软件问题;否则,调整节流阀,先将节流阀完全拧紧,然后松开一圈,启动系统,慢慢打开单向节流阀,直到达到所需的活塞杆的速度。

(2) 如果是软件原因,查看推料控制子程序。识读分析程序,查找故障并排除。

习　题　6

1. 接通电源,启动气泵,检查气路严密性,填写气缸状态表。

检 查 项 目	气缸初始状态(伸出/缩回)	气缸伸出时电磁阀(得电/失电)	气缸缩回时电磁阀(得电/失电)
顶料气缸			
推料气缸			

2. 填写传感器状态调试表。

检 查 项 目	料仓物料不够	料仓物料足够	料仓有物料	料仓无物料	物料台有物料	物料台无物料
料仓物料不够传感器(动作/不动作)						
料仓物料有无传感器(动作/不动作)						
物料台有无物料传感器(动作/不动作)						

任务3.2　加工单元安装与调试

【任务提要】

(1) 按照加工单元工艺要求,进行机械安装与调试。

(2) 按照加工单元的控制要求进行气路的连接。

【技能目标】

(1) 熟悉加工单元的功能及结构组成,并能进行正确安装。

(2) 能够根据控制的要求设计气动控制回路原理图,安装并调试。

(3) 能根据要求进行PLC输入、输出端口的分配,程序的编写以及调试。

3.2.1　加工单元的机械结构

3.2.1.1　认识加工单元

加工单元的功能是把待加工工件从物料台移送到冲压气缸的正下方,完成对工件的冲压

加工，然后把加工好的工件重新送回物料台的过程。

加工单元装置的主要结构组成为：加工台及滑动机构、加工（冲压）机构、电磁阀组、接线端口、底板等。该单元机械结构如图 3-23 所示。

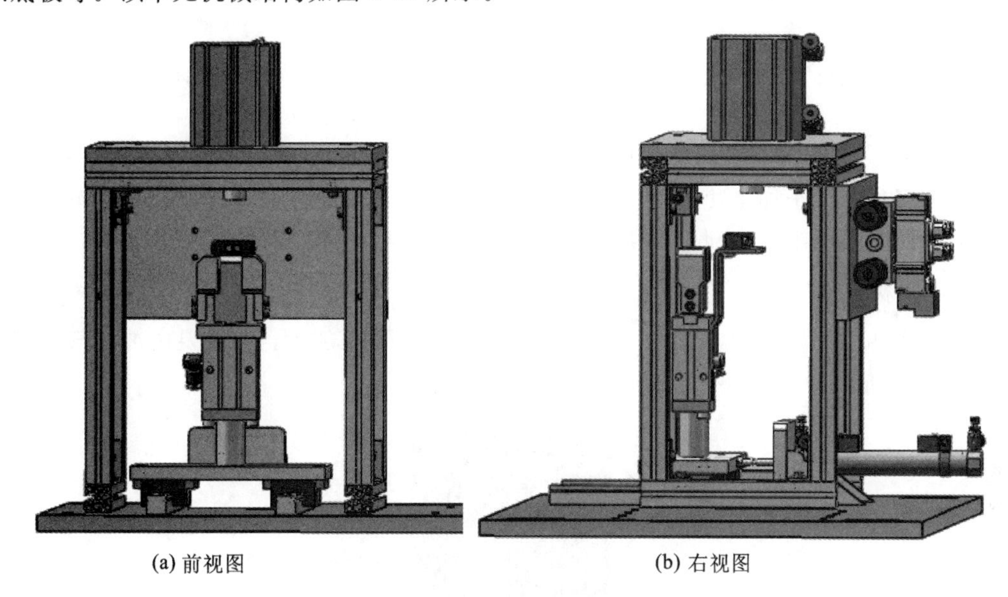

(a) 前视图　　(b) 右视图

图 3-23　加工单元机械结构总成

1. 加工台及滑动机构

加工台用于固定被加工件，并把工件移到加工（冲压）机构正下方进行冲压加工。它主要由气动手爪、气动手指、加工台伸缩气缸、线性导轨及滑块、磁感应接近开关、漫射式光电传感器组成。加工台及滑动机构如图 3-24 所示。

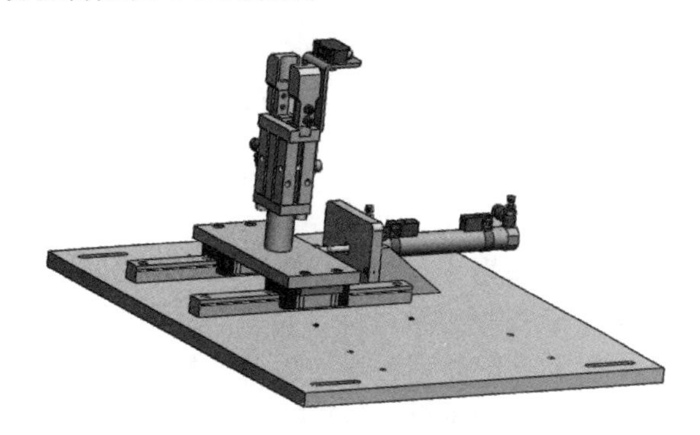

图 3-24　加工台及滑动机构

加工台的工作原理：滑动加工台在系统正常工作后的初始状态为伸缩气缸伸出，加工台气动手指张开的状态，当输送机构把物料送到料台上，物料检测传感器检测到工件后，PLC 控制程序驱动气动手指将工件夹紧→伸缩气缸缩回到冲压气缸下方→冲压气缸活塞杆向下伸出冲压工件→完成冲压动作后向上缩回→加工台重新伸出→到位后气动手指松开，系统发出加工完成信号，为下一次工件到来加工做准备。

在物料台上安装一个漫射式光电开关。若加工台上没有工件，则漫射式光电开关均处于常态;若加工台上有工件,则光电接近开关动作,表明加工台上已有工件。该光电传感器的输出信号送到加工单元 PLC 的输入端,用以判别加工台上是否有工件需进行加工;当加工过程结束时,加工台恢复原位。同时,PLC 通过通信网络,把加工完成信号回馈给系统,以协调控制。

物料台上安装的漫射式光电开关仍选用 CX-441 型放大器内置型光电开关(细小光束型)。

移动物料台伸出和返回到位的位置是通过调整伸缩气缸上两个磁性开关的位置来定位的。要求缩回位置位于加工冲头正下方;伸出位置应与输送单元的抓取机械手装置配合,确保输送单元的抓取机械手能顺利地把待加工工件放到物料台上。

2. 冲压机构

冲压机构如图 3-25 所示。冲压机构用于对工件进行冲压加工。它主要由冲压气缸、冲压头、安装板等组成。

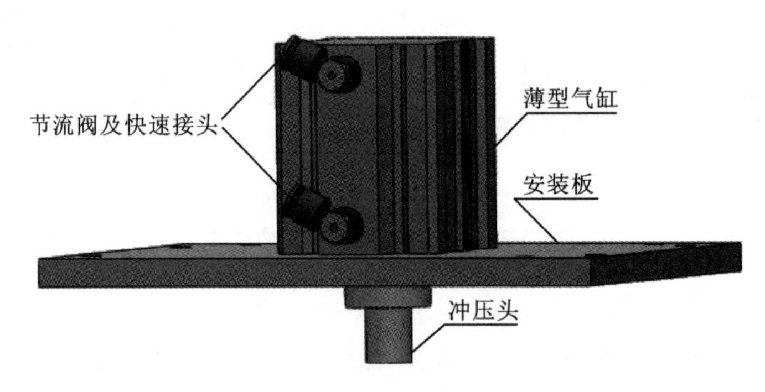

图 3-25　冲压机构

冲压台的工作原理是:当工件到达冲压位置,即伸缩气缸活塞杆缩回到位,冲压气缸伸出对工件进行冲压,完成加工动作后冲压气缸缩回,为下一次冲压做准备。

冲压头根据工件的要求对工件进行冲压加工,冲压头安装在冲压气缸头部。安装板用于安装冲压气缸,对冲压气缸进行固定。

3. 直线导轨

直线导轨是一种滚动导引,它由钢珠在滑块与导轨之间作无限滚动循环,使得负载平台能沿着导轨以高精度作线性运动,其摩擦因数可降至传统滑动导引的 1/50,使之能达到很高的定位精度。在直线传动领域中,直线导轨副一直是关键性的产品,目前已成为各种机床、数控加工中心、精密电子机械中不可缺少的重要功能部件。

直线导轨副通常按照滚珠在导轨和滑块之间的接触牙型进行分类,主要有两列式和四列式两种。YL-335B 上均选用普通级精度的两列式直线导轨副,其接触角在运动中能保持不变,刚性也比较稳定。图 3-26(a)给出直线导轨副的截面示意图,图(b)所示为装配好的直线导轨副。

3.2.1.2　加工单元机械部分的安装

将加工单元的机械部分拆开成组件和零件的形式,然后再组装成原样。要求着重掌握机械设备的安装、调整方法与技巧。

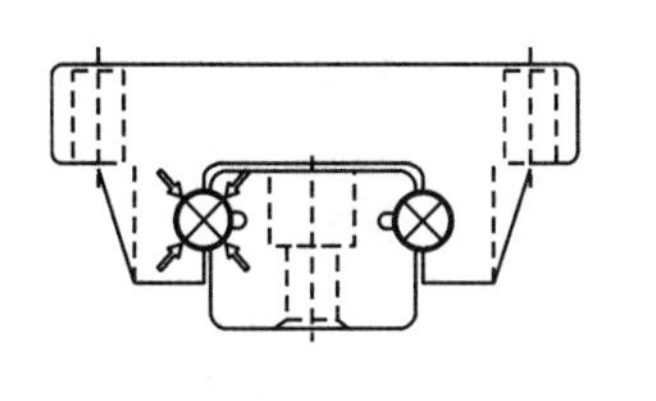

(a) 直线导轨副截面图

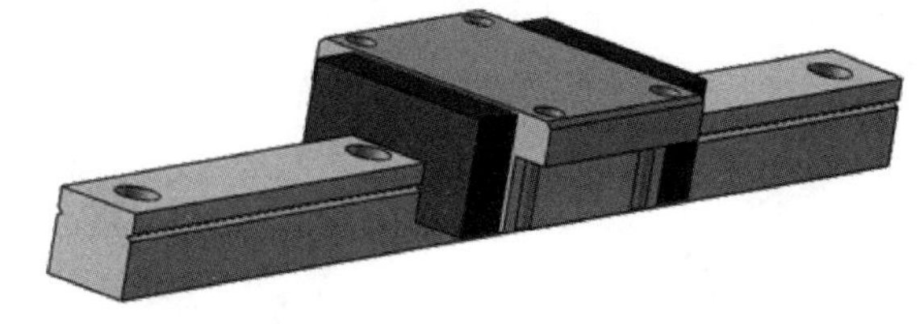

(b) 装配好的直线导轨副

图 3-26　两列式直线导轨副

1. 安装步骤和方法

加工单元的装配过程包括两部分：一是加工机构组件装配，二是滑动加工台组件装配。图 3-27 是加工机构组件装配图，图 3-28 是滑动加工台组件装配图，图 3-29 是整个加工单元的组装图。

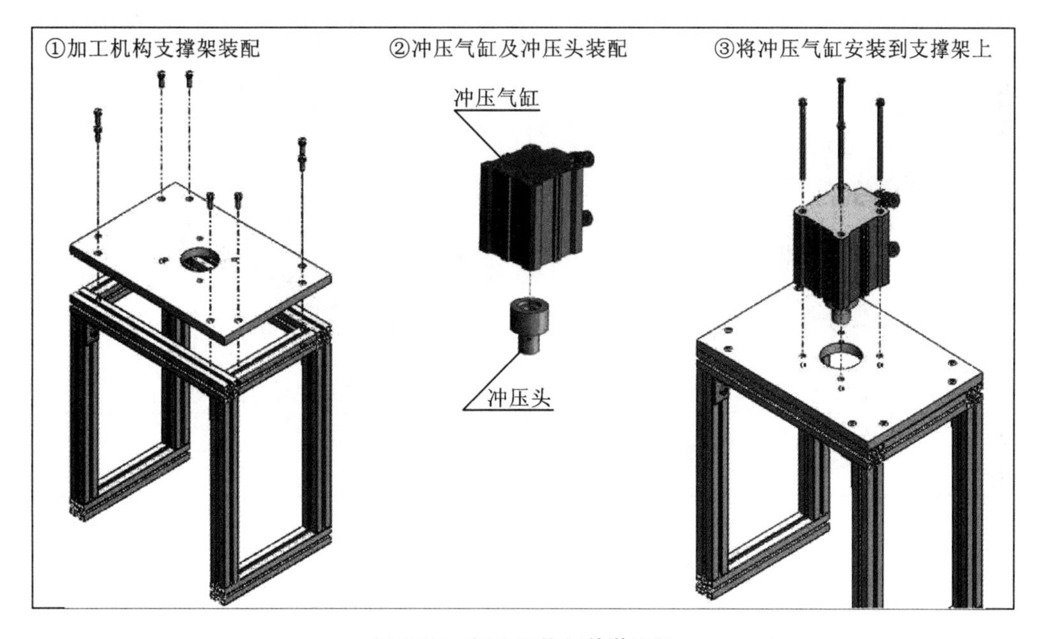

图 3-27　加工机构组件装配图

在完成以上各组件的装配后，首先将物料夹紧及运动送料部分和整个安装底板连接固定，再将铝合金支撑架安装在大底板上，最后将加工组件部分固定在铝合金支撑架上，完成该单元的装配。

2. 安装时的注意事项

(1) 加工单元移动物料台滑动机构由两个直线导轨和导轨安装板构成，安装滑动机构时要注意使两直线导轨保持平行。

(2) 调整两直线导轨的平行状态时，要一边移动安装在两导轨上的安装板，一边拧紧固定导轨的螺栓。

(3) 如果加工组件部分的冲压头和加工台上的工件中心没有对正，可以通过调整推料气缸旋入两导轨连接板的深度来进行对正。

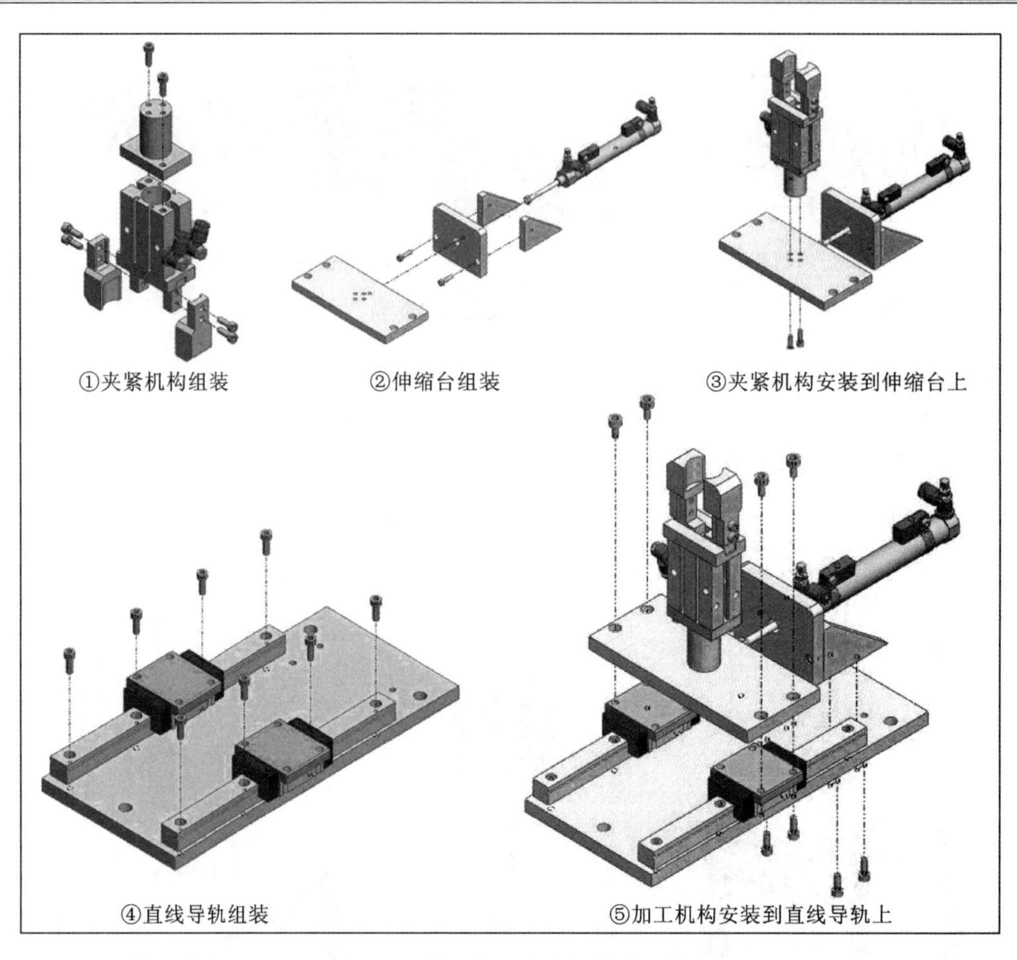

图 3-28　滑动加工台组件装配过程

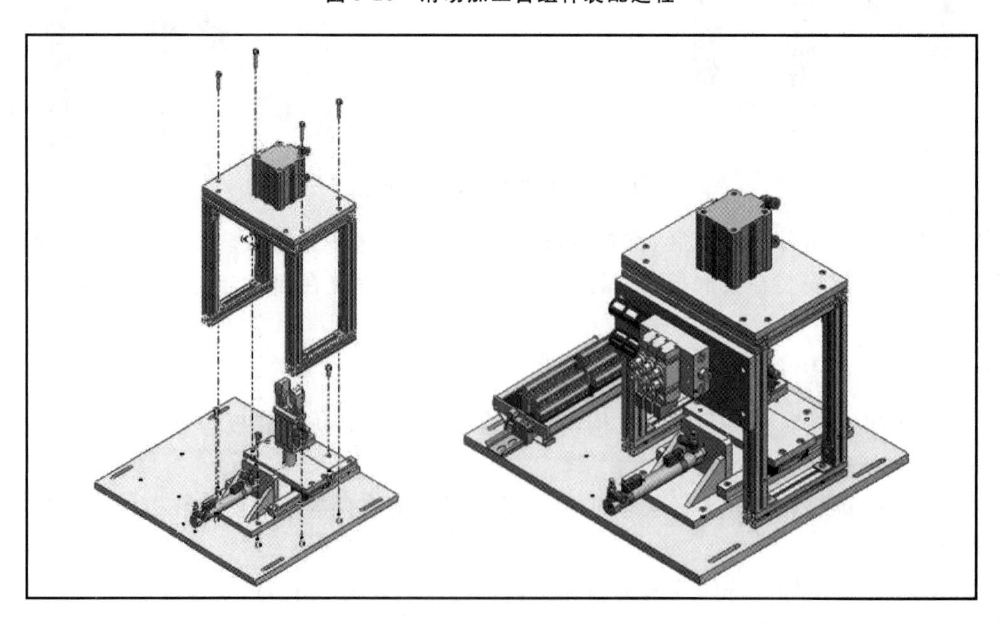

图 3-29　加工单元组装图

(4) 安装直线导轨副时应注意：①要小心轻拿轻放，避免磕碰以影响导轨副的直线精度。②不要将滑块拆离导轨或滑块超过行程后又推回去。

3.2.2　加工单元的气路设计与连接

3.2.2.1　加工单元的气动元件

加工单元所使用气动执行元件包括标准直线气缸、薄型气缸和气动手指，下面只介绍薄型气缸和气动手指。

1. 薄型气缸

薄型气缸属于省空间气缸类，即气缸的轴向或径向尺寸比标准气缸有较大减小的气缸，具有结构紧凑、质量轻、占用空间小等优点。图 3-30 是薄型气缸的实例图。

(a) 薄型气缸实例图

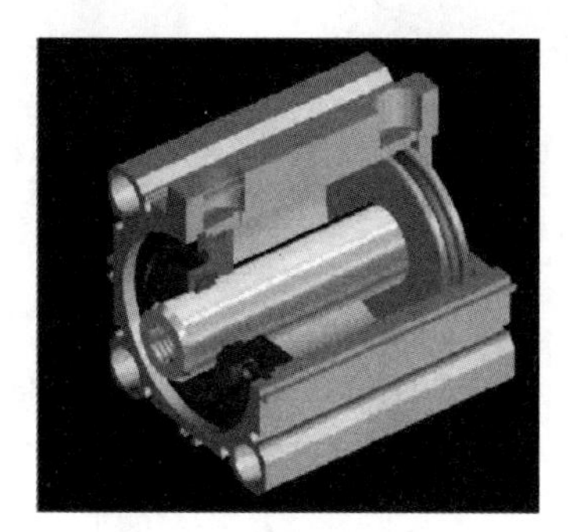

(b) 工作原理剖视图

图 3-30　薄型气缸

薄型气缸的特点是：缸筒与无杆侧端盖压铸成一体，杆盖用弹性挡圈固定，缸体为方形。这种气缸通常用于固定夹具和在搬运中固定工件等。在 YL-335B 的加工单元中，薄型气缸用于冲压，这主要考虑的是该气缸行程短的特点。

2. 气动手指(气爪)

气爪用于抓取、夹紧工件。气爪通常有滑动导轨型、支点开闭型和回转驱动型等工作方式。YL-335B 的加工单元所使用的是滑动导轨型气动手指，如图 3-31(a)所示。其工作原理可从其中的剖面图(b)和(c)看出。

3.2.2.2　加工单元的气动控制回路

加工单元的气动控制元件均采用二位五通单电控电磁换向阀，各电磁阀均带有手动换向和加锁钮。它们集中安装成阀组固定在冲压支撑架后面。

气动控制回路的工作原理如图 3-32 所示。1B1 和 1B2 为安装在冲压气缸的两个极限工作位置的磁感应接近开关，2B1 和 2B2 为安装在加工台伸缩气缸的两个极限工作位置的磁感应接近开关，3B1 为安装在手爪气缸工作位置的磁感应接近开关，1Y1、2Y1 和 3Y1 分别为控制冲压气缸、加工台伸缩气缸和手爪气缸的电磁阀的电磁控制端。

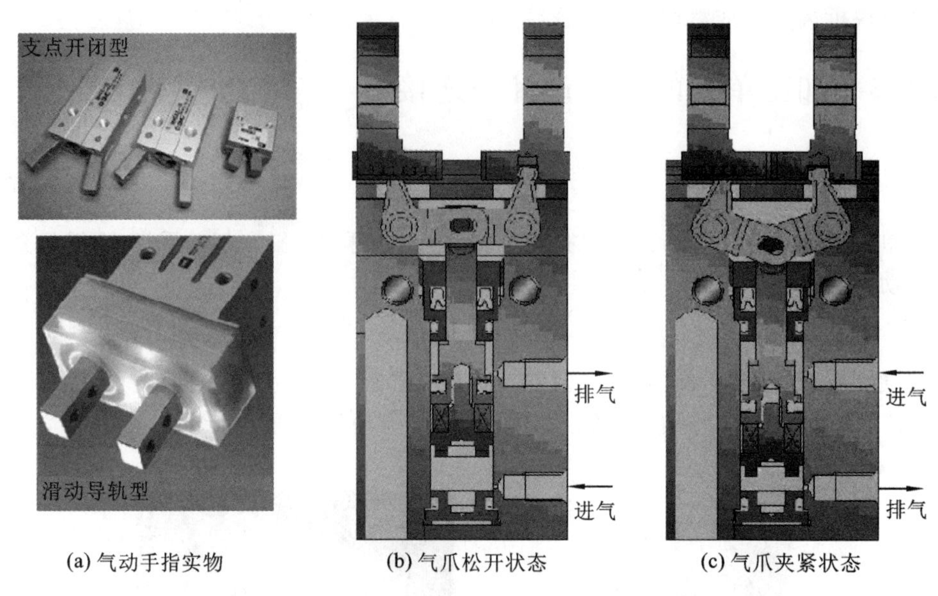

(a) 气动手指实物　(b) 气爪松开状态　(c) 气爪夹紧状态

图 3-31　气动手指实物和工作原理

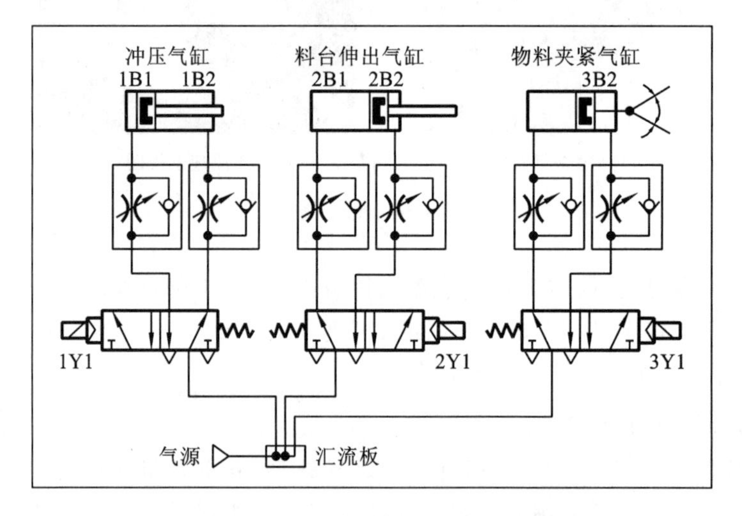

图 3-32　加工单元气动控制回路工作原理图

3.2.2.3　加工单元的气动连接

连接步骤:从汇流板开始,按图 3-32 所示的气动控制回路工作原理图连接电磁阀、气缸。连接时注意气管走向应按序排布,均匀美观,不能交叉、打折;气管要在快速接头中插紧,不能够有漏气现象。

气路连接调试:①用电磁阀上的手动换向加锁钮验证顶料气缸和推料气缸的初始位置和动作位置是否正确;②调整气缸节流阀以控制活塞杆的往复运动速度,伸出速度以不推倒工件为准。

3.2.3　加工单元PLC控制电路的调试

3.2.3.1　加工单元的工作任务

只考虑加工单元作为独立设备运行时的情况，本单元的按钮/指示灯模块上的工作方式选择开关应置于"单站方式"位置。具体的控制要求如下。

(1) 初始状态：设备上电和气源接通后，滑动加工台伸缩气缸处于伸出位置，加工台气动手爪处于松开的状态，冲压气缸处于缩回位置，急停按钮没有按下。

若设备在上述初始状态，则"正常工作"指示灯 HL1 常亮，表示设备准备好。否则，该指示灯以 1 Hz 频率闪烁。

(2) 若设备准备好，按下启动按钮，设备启动，"设备运行"指示灯 HL2 常亮。当待加工工件送到加工台上，物料检测传感器检测到工件以后，PLC控制程序驱动气动手指将工件夹紧，物料台回到加工区域冲压，冲压气缸活塞杆向下伸出完成冲压动作，完成冲压动作后回缩，物料台重新伸出，到位后气动手指松开，工件加工工序完成。如果没有停止信号输入，当再有待加工工件送到加工台上时，加工单元又开始下一周期工作。

(3) 在工作过程中，若按下停止按钮，加工单元在完成本周期的动作后停止工作。HL2 指示灯熄灭。

(4) 当按下急停按钮时，本单元的所有机构应立即停止工作，HL2 指示灯以 1 Hz 频率闪烁。急停按钮复位以后，设备从急停前的断点开始继续运行。要求完成如下任务。

① 规划 PLC 的 I/O 分配及接线端子分配。

② 进行系统安装接线和气路连接。

③ 编制 PLC 程序。

④ 进行调试与运行。

3.2.3.2　加工单元PLC的电气接线

(1) 装置侧接线端口信号分配如表 3-3 所示。

表 3-3　加工单元装置侧的接线端口信号分配

输入端口中间层			输出端口中间层		
端子号	设备符号	信号线	端子号	设备符号	信号线
2	SC1	加工台物料检测	2	3Y1	夹紧电磁阀
3	3B2	工件夹紧检测	3		
4	2B2	加工台伸出到位	4	2Y1	伸缩电磁阀
5	2B1	加工台缩回到位	5	1Y1	冲压电磁阀
6	1B1	加工压头上限			
7	1B2	加工压头下限			
8＃～17＃端子没有连接			6＃～14＃端子没有连接		

(2) 加工单元选用 S7-224 AC/DC/RLY 主单元,共 14 点输入和 10 点继电器输出。PLC 的 I/O 信号表如表 3-4 所示,接线原理图如图 3-33 所示。

表 3-4 加工单元 PLC 的 I/O 信号表

输入信号		输出信号		通信	
I0.0	加工台物料检测	Q0.0	夹紧电磁阀	V1001.3	允许加工
I0.1	工件夹紧检测	Q0.2	料台伸缩电磁阀	V1000.0	全线运行
I0.2	加工台伸出到位	Q0.3	加工压头电磁阀	V1000.7	HMI 联机
I0.3	加工台缩回到位	Q1.0	正常工作指示	V1030.0	初始状态
I0.4	加工压头上限	Q1.1	运行指示	V1030.1	加工完成
I0.5	加工压头下限	Q0.7	HL1	V1030.2	急停
I1.2	停止按钮	Q1.0	HL2	V1030.4	联机信号
I1.3	启动按钮			V1030.5	运行信号
I1.4	急停按钮			M1.0	运行状态
I1.5	单站/全线			M1.1	停止指令
				M2.0	准备就绪
				M3.4	联机方式
				M5.0	初态检查

(3) 电气接线

电气接线包括:在工作单元装置侧完成各传感器、电磁阀、电源端子等引线到装置侧接线端口之间的接线;在 PLC 侧进行电源连接、I/O 点接线等。

接线时应注意,装置侧接线端口中,输入信号端子的上层端子(+24 V)只能作为传感器的正电源端,切勿用于电磁阀等执行元件的负载。电磁阀等执行元件的正电源端和 0 V 端应连接到输出信号端子下层端子的相应端子上。装置侧接线完成后,应用扎带绑扎,力求整齐美观。

PLC 侧的接线包括电源接线,PLC 的 I/O 点和 PLC 侧接线端口之间的连线,PLC 的 I/O 点与按钮指示灯模块的端子之间的连线。具体接线要求与工作任务有关。

电气接线的工艺应符合国家职业标准的规定,例如,导线连接到端子时,采用压紧端子压接方法,连接线须有符合规定的标号,每一端子连接的导线不超过 2 根等。

3.2.4 加工单元 PLC 程序的编写和调试

3.2.4.1 加工单元编程思路

加工单元主程序流程与供料单元类似,也是 PLC 上电后应首先进入初始状态检查阶段,

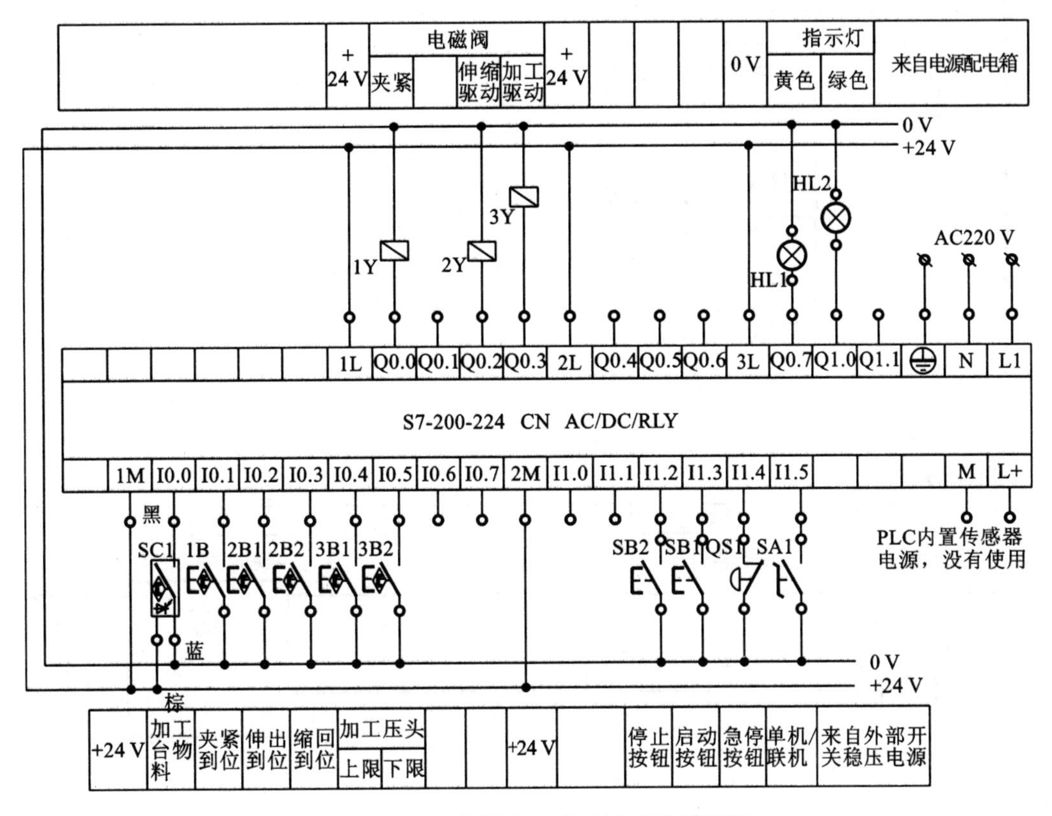

图 3-33　加工单元 PLC 的 I/O 接线原理图

确认系统已经准备就绪后，才允许接收启动信号投入运行。但加工单元工作任务中增加了急停功能。为此，调用加工控制子程序的条件应该是“单元在运行状态”和“急停按钮未按下”两者同时成立，如图 3-34 所示。

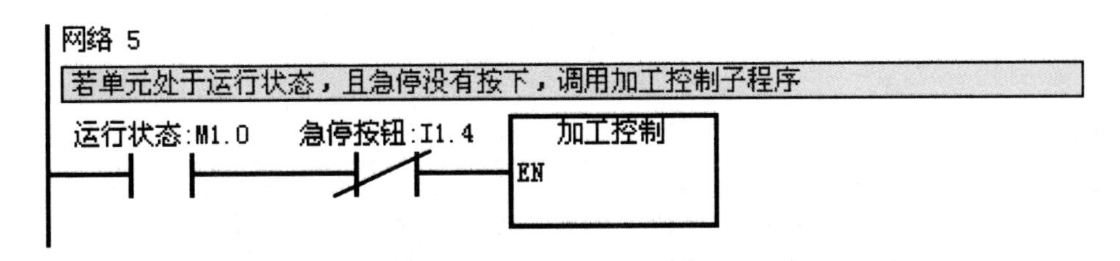

图 3-34　加工控制子程序的调用

这样，当在运行过程中按下急停按钮时，应立即停止调用加工控制子程序，但急停前当前步的 S 元件仍在置位状态，急停复位后，就能从断点开始继续运行。

当一个加工周期结束，只有加工好的工件被取走后，程序才能返回 S0.0 步，这就避免了重复加工的可能。

参考程序如下：

(1) 主程序。

网络 1

SM0.1　初态检查:M5.0 (S) 1

准备就绪:M2.0 (R) 1

运行状态:M1.0 (R) 1

网络 2

停止运行状态下，可进行工作方式切换

运行状态:M1.0 / 　方式切换:I1.5　联机方式:M3.4 S OUT RS

运行状态:M1.0 / 　方式切换:I1.5 / 　HMI联机:V1000.7 / 　R1

网络 3

上电后，检查本单元是否在初始状态，如在则准备就绪

伸出到位:I0.2　冲压上限:I0.4　夹紧检测:I0.1 /　物料检测:I0.0 /　初态检查:M5.0　运行状态:M1.0 /　准备就绪:M2.0 /　准备就绪:M2.0 (S) 1

NOT　运行状态:M1.0 /　准备就绪:M2.0　准备就绪:M2.0 (R) 1

网络 4

启动操作

启动按钮:I1.3　联机方式:M3.4 /　运行状态:M1.0 /　准备就绪:M2.0　运行状态:M1.0 (S) 1

S1.0 (S) 1

网络 5

单站运行方式下，在运行中曾经按下停止按钮，M1.1 ON

联机方式:M3.4　停止按钮:I1.2　运行状态:M1.0　停止指令:M1.1

/　S

1

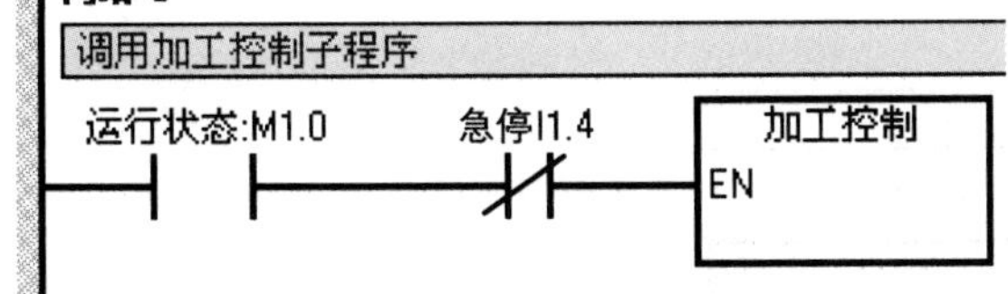

网络 7

运行状态:M1.0　停止指令:M1.1　S1.0　运行状态:M1.0

R

2

S1.0

R

1

网络 8

若未准备好，HL1以1 HZ频率闪烁
若已经准备好，HL1常亮

SM0.5　准备就绪:M2.0　联机方式:M3.4　HL1:Q0.7

/　/

准备就绪:M2.0

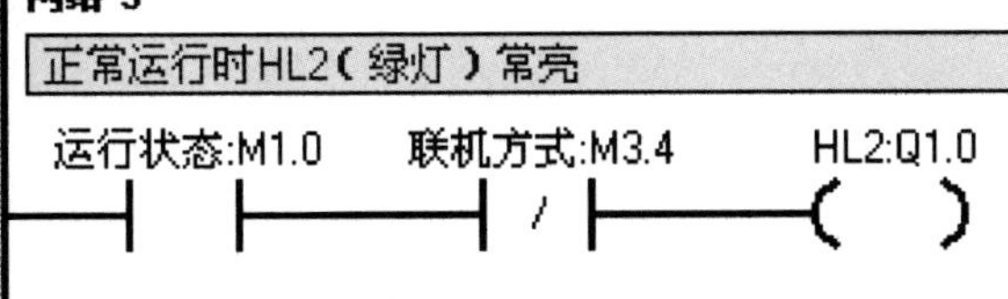

(2) 子程序(加工控制)

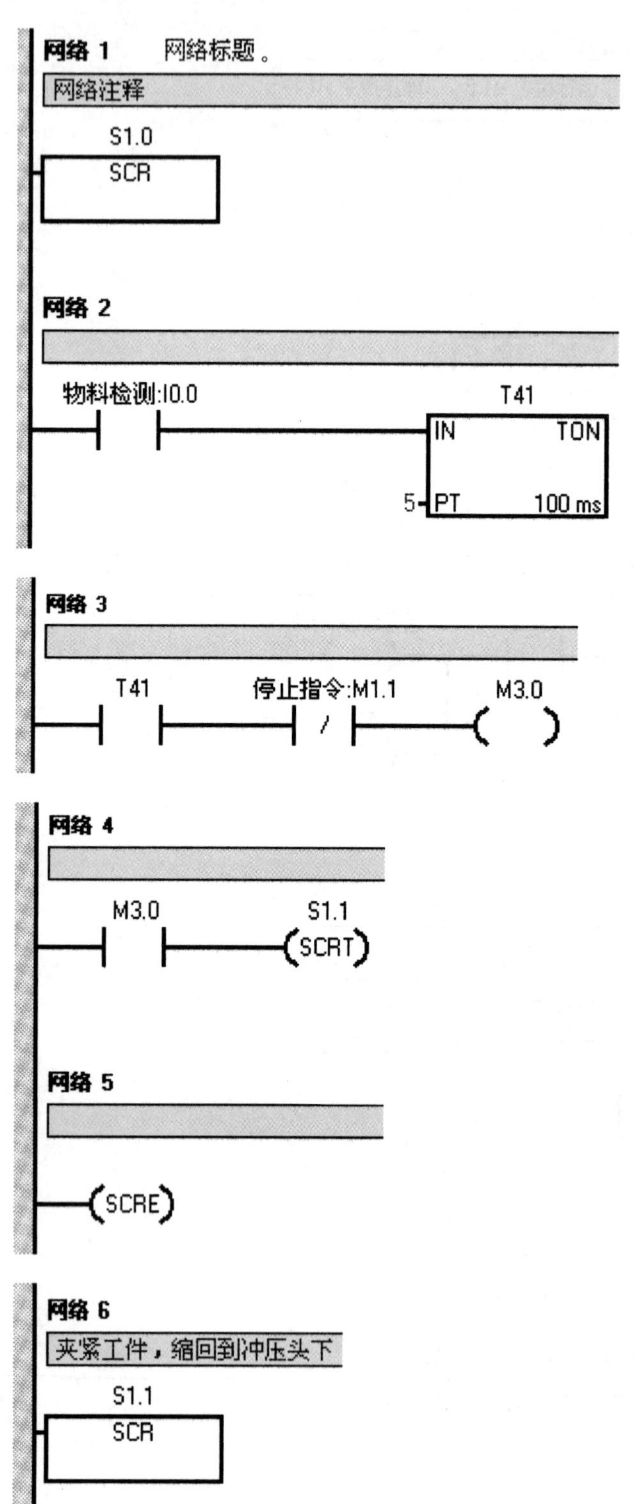
网络 1 网络标题。
网络注释
S1.0
SCR
网络 2
物料检测:I0.0
T41
IN TON
5 PT 100 ms
网络 3
T41
停止指令:M1.1
M3.0
网络 4
M3.0
S1.1
SCRT
网络 5
SCRE
网络 6
夹紧工件,缩回到冲压头下
S1.1
SCR

网络 7

SM0.0　夹紧驱动:Q0.0 (S) 1

夹紧检测:I0.1　伸缩驱动:Q0.2 (S) 1

缩回到位:I0.3　T39 IN TON

5 PT 100 ms

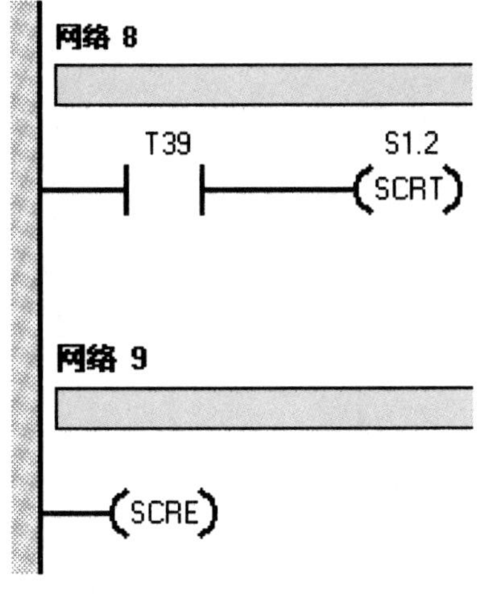

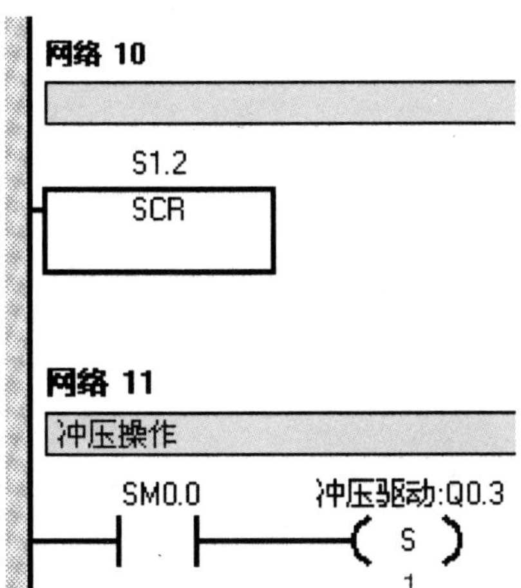

网络 12

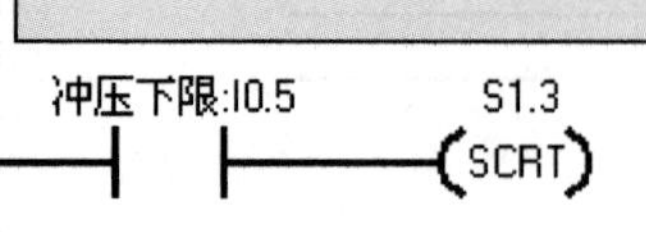

符号	地址
冲压下限	I0.5

网络 13

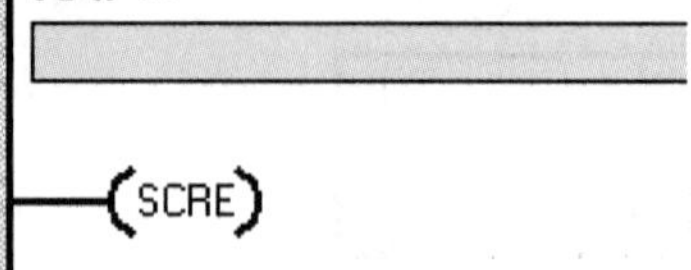

网络 14

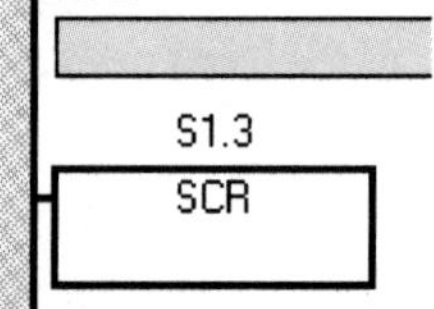

网络 15

冲压完成后，加工台伸出，松夹

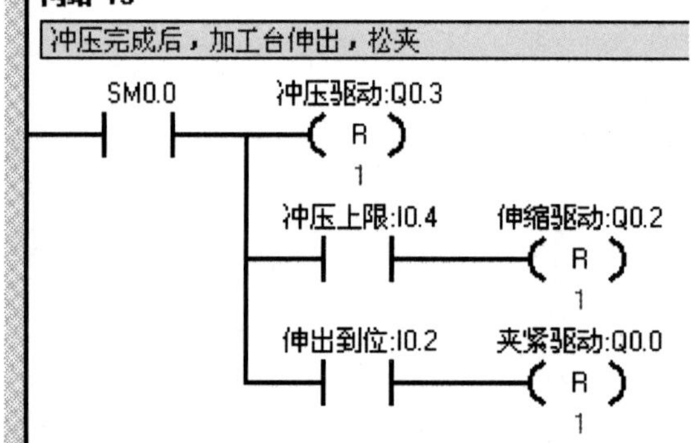

网络 16

符号	地址
夹紧检测	I0.1

网络 17

(SCRE)

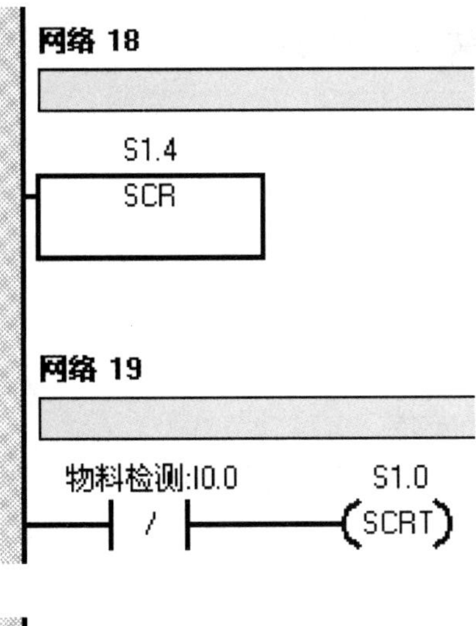

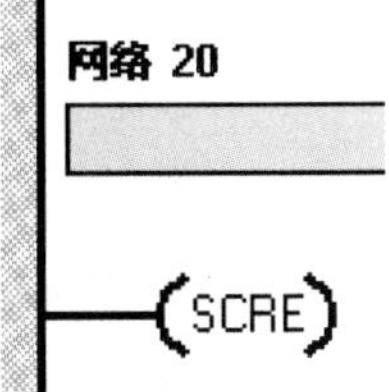

3.2.4.2　加工单元调试与运行

(1) 调整气动部分，检查气路是否正确，气压是否合理，气缸的动作速度是否合理。

(2) 检查磁性开关的安装位置是否到位，磁性开关工作是否正常。

(3) 检查 I/O 接线是否正确。

(4) 检查光电传感器安装是否合理，灵敏度是否合适，保证检测的可靠性。

(5) 放入工件，运行程序看加工单元动作是否满足任务要求。

(6) 调试各种可能出现的情况，比如在任何情况下都有可能加入工件，系统都要能可靠工作。

(7) 优化程序。

习　题　7

一、填空题

1. 加工单元所使用的气动执行元件包括__________、__________和__________。

2. 加工单元移动料台滑动机构由__________和__________组成。

二、简答题

1. 自动化生产线加工单元的基本功能是什么？

2. 简单介绍加工单元气路连接及调试的步骤和方法。

任务 3.3 装配单元安装与调试

【任务提要】

(1) 按照装配单元工艺要求,进行机械安装与调试。

(2) 按照装配单元的控制要求进行气路的连接。

(3) 设计手动单步控制,单周期控制和自动连续控制 PLC 程序。

【技能目标】

(1) 熟悉装配单元的功能及结构组成,并能进行正确安装。

(2) 能够根据控制的要求设计气动控制回路原理图,能够安装执行并调试。

(3) 能根据要求进行 PLC 输入、输出端口的分配,程序的编写以及调试。

3.3.1 装配单元机械结构

3.3.1.1 认识装配单元

装配单元可以模拟两个物料装配过程,并通过旋转工作台模拟物流传送过程。装配单元的功能是完成将该单元料仓内的黑色或白色小圆柱工件嵌入到待装配工件中的装配过程。

装配单元的结构组成包括:管形料仓、供料机构、回转物料台、机械手、待装配工件的定位机构、气动系统及其阀组,以及用于电器连接的端子排组件、整条生产线状态指示的信号灯、用于其他机构安装的铝型材支架和底板、传感器安装支架等其他附件。其中,机械装配图如图 3-36 所示。

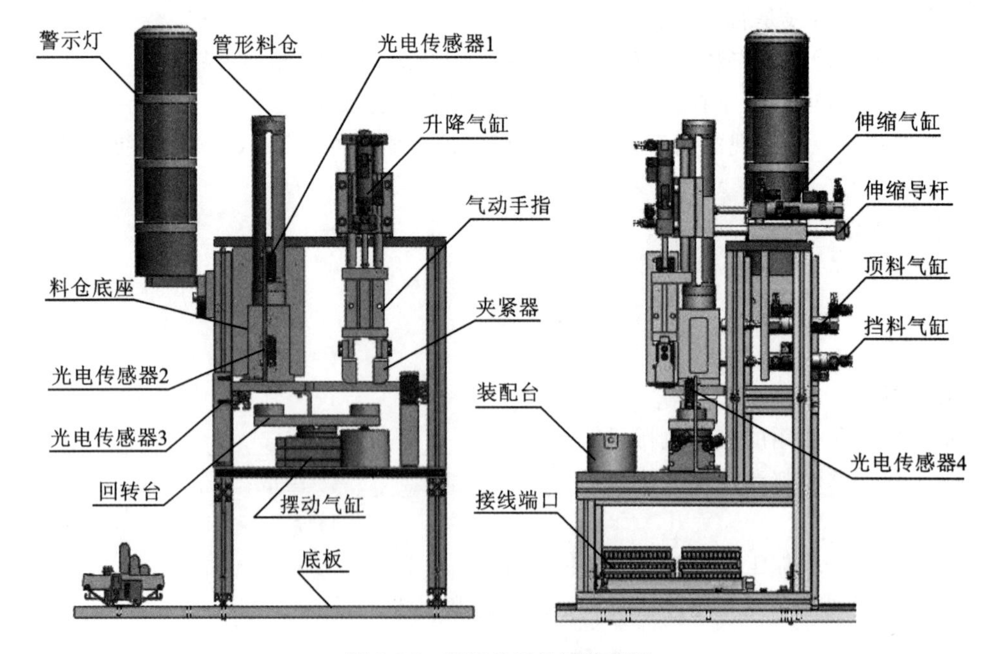

图 3-36 装配单元机械装配图

该单元的基本工作过程:料仓中的物料在重力的作用下自由下落到底层,顶料和挡料气缸对底层相邻物料夹紧与松开,对连续下落的物料进行分配,最底层的物料按指定的路径落入料盘,摆台完成180°位置变换后,由伸缩气缸、升降气缸、气动手指所组成的机械手夹持并位移,再插入已定位在装配台上的半成品工件中。

1. 管形料仓

管形料仓用来存储装配用的黑色和白色小圆柱零件。它由塑料圆管和中空底座构成。工件竖直放入料仓的空心圆管内,由于二者之间有一定的间隙,所以工件能在重力作用下自由下落。

为了能对料仓供料不足和缺料时报警,在塑料圆管底部和底座处分别安装了2个漫反射光电传感器(CX-441型),并在料仓塑料圆柱上纵向铣槽,以使光电传感器的红外光斑能可靠地照射到被检测的物料上。物料仓中的物料外形一致,但颜色分为黑色和白色,光电传感器的灵敏度应调整到以能检测到黑色物料为准,如图3-37所示。

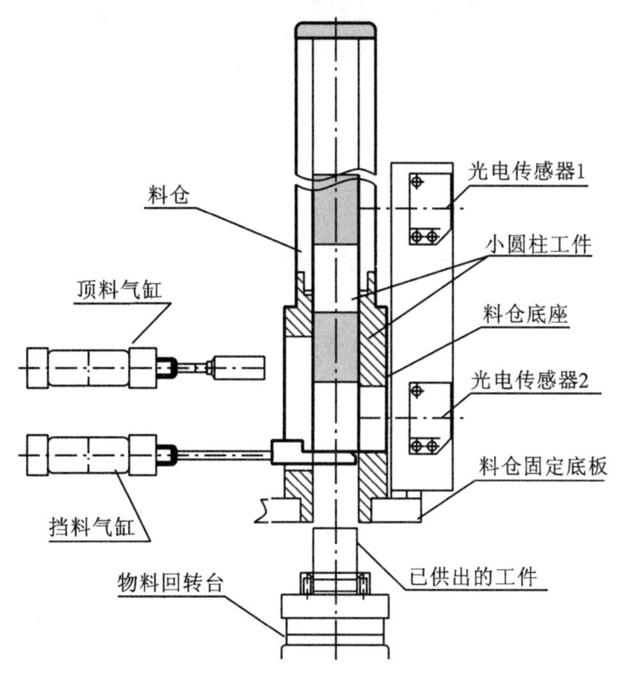

图3-37　落料机构示意图

2. 落料机构

图3-37给出了落料机构剖视图。图中,料仓底座的背面安装了两个直线气缸。上面的气缸是顶料气缸,下面的气缸是挡料气缸。

系统气源接通后,顶料气缸的初始位置在缩回状态,挡料气缸的初始位置在伸出状态。这样,当从料仓上面放下工件时,工件将被挡料气缸活塞杆终端的挡块阻挡而不能落下。

需要进行落料操作时,首先使顶料气缸伸出,把次下层的工件夹紧,然后挡料气缸缩回,工件掉入回转物料台的料盘中。之后挡料气缸复位伸出,顶料气缸缩回,次下层工件跌落到挡料气缸终端挡块上,为再一次供料做准备。

3. 回转物料台

该机构由气动摆台和两个料盘组成,气动摆台能驱动料盘旋转 180°,从而实现把从供料机构落下到料盘的工件移动到装配机械手正下方的功能(见图 3-38)。图中的光电传感器 1 和光电传感器 2 分别用来检测左料盘和右料盘是否有零件。两个光电传感器均选用 CX-441 型。

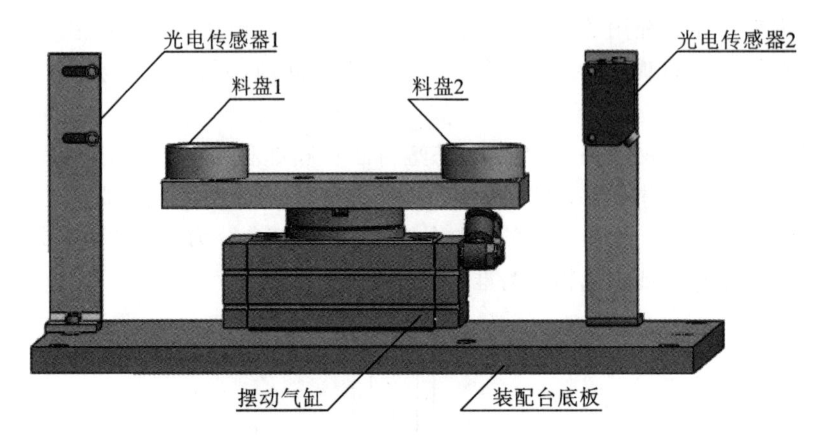

图 3-38　回转物料台的结构

4. 装配机械手

装配机械手是整个装配单元的核心。当装配机械手正下方的回转物料台料盘上有小圆柱零件,且装配台侧面的光电传感器检测到装配台上有待装配工件的情况下,机械手从初始状态开始执行装配操作过程。装配机械手的整体外形如图 3-39 所示。

装配机械手装置是一个二维运动的机构,它由水平方向移动和竖直方向移动的 2 个导向气缸和气动手指组成。

装配机械手的运行过程如下。

PLC 驱动与竖直移动气缸相连的电磁换向阀动作,由竖直移动带导杆气缸驱动气动手指向下移动。到位后,气动手指驱动手爪夹紧物料,并将夹紧信号通过磁性开关传送给 PLC。在 PLC 的控制下,竖直移动气缸复位,被夹紧的物料随气动手指一并提起,离开回转物料台的右料盘。提升到最高位后,水平移动气缸在与之对应的换向阀的驱动下,活塞杆伸出,移动到气缸前端位置后,竖直移动气缸再次被驱动下移,移动到最下端位置,气动手指松开,经短暂延时,竖直移动气缸和水平移动气缸缩回,机械手恢复初始状态。

在整个机械手动作过程中,除气动手指松开到位无传感器检测外,其余动作的到位信号检测均采用与气缸配套的磁性开关,将采集到的信号输入 PLC,由 PLC 输出信号驱动电磁阀换向,使由气缸及气动手指组成的机械手按程序自动运行。

5. 装配台料斗

输送单元运送来的待装配工件直接放置在该机构的料斗定位孔中,由定位孔与工件之间的较小的间隙配合实现定位,从而完成准确的装配动作和定位精度,如图 3-40 所示。

为了确定装配台料斗内是否放置了待装配工件,使用了光纤传感器进行检测。料斗的侧面开了一个 M6 的螺孔,光纤传感器的光纤探头就固定在螺孔内。

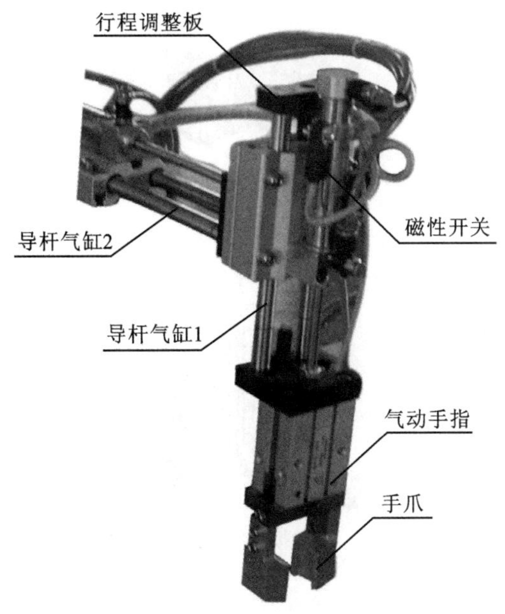

图 3-39　装配机械手的整体外形

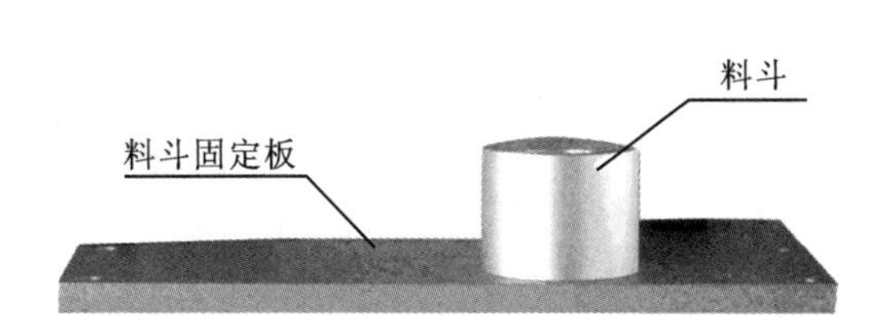

图 3-40　装配台料斗

6. 警示灯

本工作单元上安装有红、黄、绿三色警示灯，它是整个系统的警示装置。警示灯有 4 根引出线。红色线为红色灯控制线；黄色线为橙色灯控制线、绿色线为绿色灯控制线；黑色线为信号灯公共控制线，接线如图 3-41 所示。

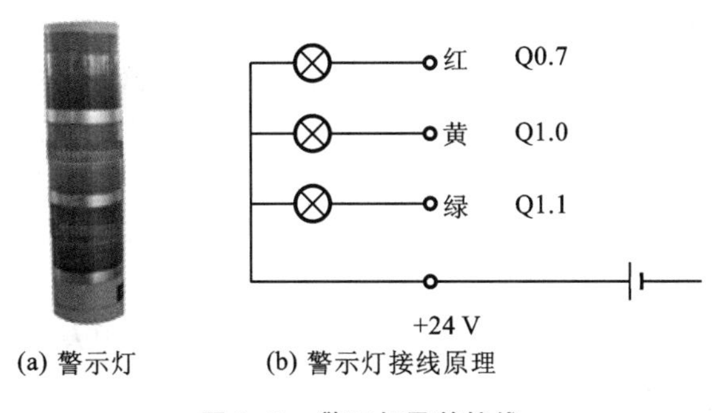

(a) 警示灯　(b) 警示灯接线原理

图 3-41　警示灯及其接线

3.3.1.2　装配单元机械部分的安装

装配单元是整个 YL-335B 中所包含气动元器件较多，结构较为复杂的单元，为了减小安装的难度和提高安装时的效率，在装配前，应认真分析该结构组成，认真观看录像，参考其他的装配工艺，认真思考，做好记录。遵循先前的思路，先成组件，再进行总装。装配好的组件如图 3-42 所示。

把图 3-42 中的组件逐个安装上去，顺序为：装配回转台组件→小工件料仓组件→小工件供料组件→装配机械手组件。

最后，安装警示灯及其各传感器，从而完成机械部分装配。

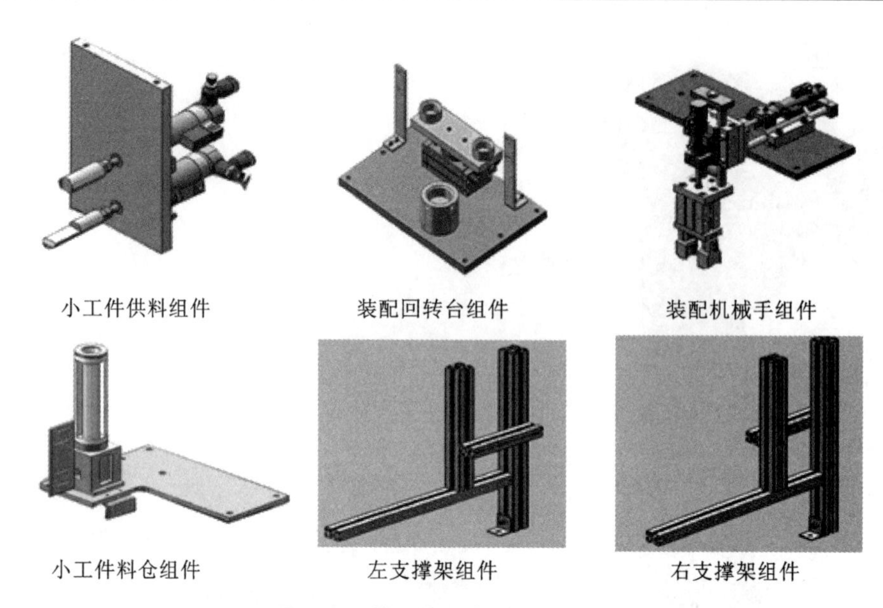

图 3-42 装配单元装配过程及组件

装配注意事项:

(1) 装配时要注意摆台的初始位置,以免装配完成后摆动角度不到位。

(2) 预留螺栓的位置一定要足够,以免造成组件之间不能完成安装。

(3) 建议先进行装配,但不要一次拧紧各固定螺栓,待相互位置基本确定后,再依次进行调整固定。

3.3.1.3 光纤传感器

光纤传感器由光纤检测头、光纤放大器两部分组成,放大器和光纤检测头是分离的两个部分,光纤检测头的尾端部分分成两条光纤,使用时分别插入放大器的两个光纤孔。光纤传感器组件如图 3-43 所示。图 3-44 是光纤传感器组件外形及放大器的安装示意图。

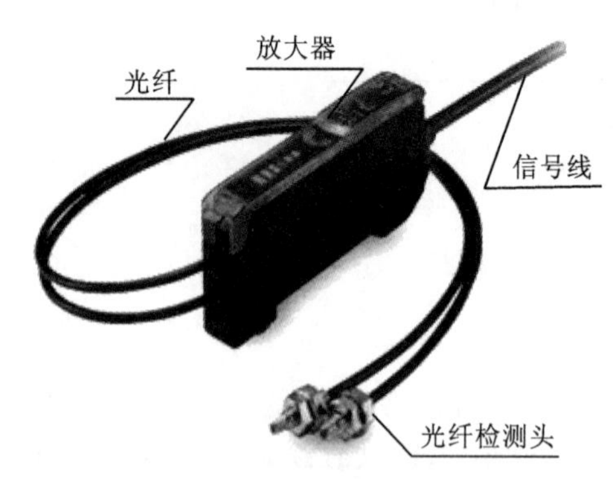

图 3-43 光纤传感器组件

光纤传感器也是光电传感器的一种。光纤传感器具有下述优点:抗电磁干扰、可工作于恶劣环境,传输距离远,使用寿命长,此外,由于光纤头具有较小的体积,所以可以安装在很小空间的地方。

光纤式光电接近开关的放大器的灵敏度调节范围较大。当光纤传感器灵敏度调得较小时,对于反射性较差的黑色物体,光电探测器无法接收到反射信号;而对于反射性较好的白色物体,光电探测器就可以接收到反射信号。反之,若调高光纤传感器灵敏度,则即使对反射性较差的黑色物体,光电探测器也可以接收到反射信号。

图 3-45 给出了放大器单元的俯视图,调节其中部的"旋转灵敏度高速旋钮"就能进行放大器灵敏度调节(顺时针旋转灵敏度增大)。调节时,会看到"入光量显示灯"发光的变化。当探测器检测到物料时,"动作显示灯"会亮,提示检测到物料。

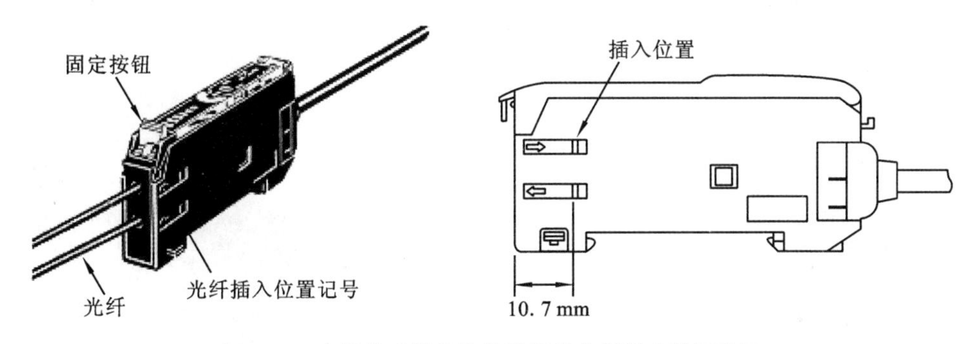

图 3-44　光纤传感器组件外形及放大器的安装示意图

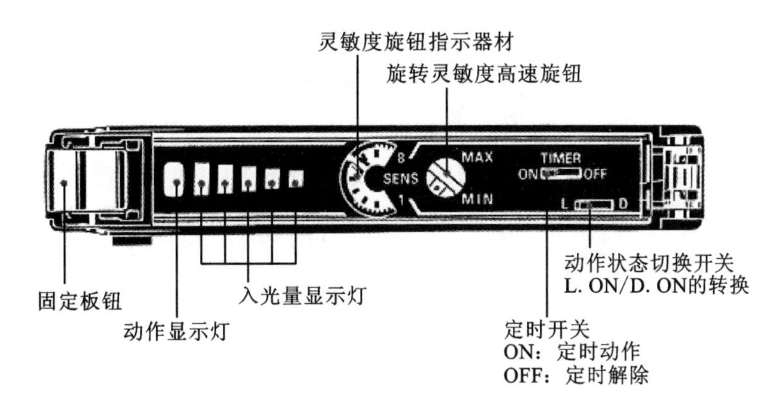

图 3-45　光纤传感器放大器单元的俯视图

E3Z-NA11 型光纤传感器电路框图如图 3-46 所示，接线时请注意根据导线颜色判断电源极性和信号输出线，切勿把信号输出线直接连接到电源 24 V 端。

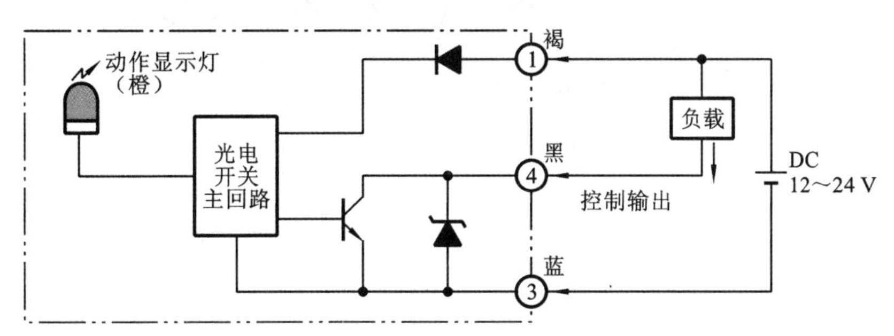

图 3-46　E3Z-NA11 型光纤传感器电路框图

3.3.2　装配单元气路设计与连接

装配单元所使用气动执行元件包括标准直线气缸、气动手指、气动摆台和导向气缸，前两种执行元件在前面的项目实训中已叙述，下面只介绍气动摆台和导向气缸。

1. 气动摆台

回转物料台的主要器件是气动摆台，它是由直线气缸驱动齿轮齿条实现回转运动，回转角度能在0°～180°之间任意可调，而且可以安装磁性开关，检测旋转到位信号，多用于方向和位置需要变换的机构，如图3-47所示。

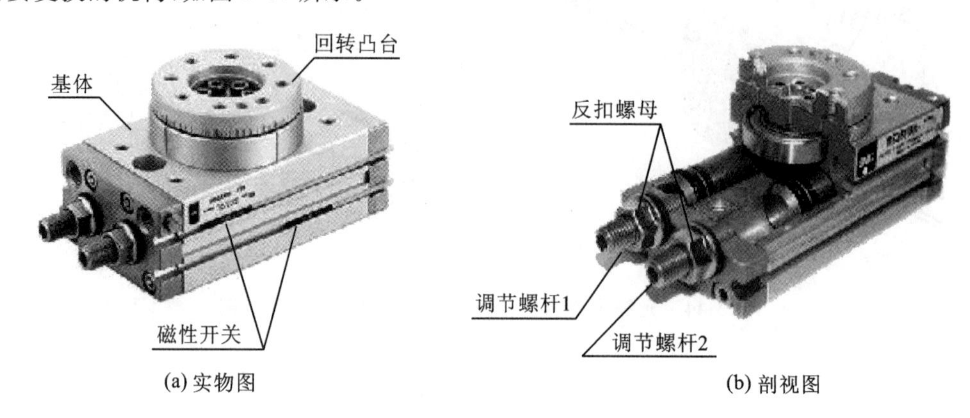

(a) 实物图　　(b) 剖视图

图3-47　气动摆台

当需要调节回转角度或调整摆动位置精度时，应首先松开调节螺杆上的反扣螺母，通过旋入和旋出调节螺杆，从而改变回转凸台的回转角度，调节螺杆1和调节螺杆2分别用于左旋和右旋角度的调整。当调整好摆动角度后，应将反扣螺母与基体反扣锁紧，防止调节螺杆松动。造成回转精度降低。

回转到位的信号是通过调整气动摆台滑轨内的2个磁性开关的位置实现的，图3-48是磁性开关位置调整示意图。磁性开关安装在气缸体的滑轨内，松开磁性开关的紧定螺钉，磁性开关就可以沿着滑轨左右移动。确定开关位置后，旋紧紧定螺钉，即可完成位置的调整。

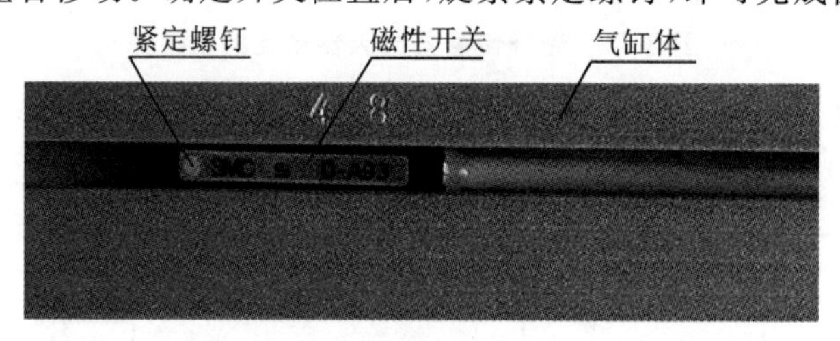

图3-48　磁性开关位置调整示意图

2. 导向气缸

导向气缸是指具有导向功能的气缸。一般为标准气缸和导向装置的集合体。导向气缸具有导向精度高，抗扭转力矩强、承载能力强、工作平稳等特点。

装配单元用于驱动装配机械手水平方向移动的导向气缸如图3-49所示。该气缸由直线运动气缸带双导杆和其他附件组成。

安装支架用于导杆导向件的安装和导向气缸整体的固定，连接件安装板用于固定其他需要连接到该导向气缸上的物件，并将两导杆和直线气缸活塞杆的相对位置固定，当直线气缸的一端接通压缩空气后，活塞被驱动作直线运动，活塞杆也一起移动，被连接件安装板固定到一起的两导杆也随活塞杆伸出或缩回，从而实现导向气缸的整体功能。安装在导杆末端的行程调整板用于调整该导杆气缸的伸出行程。具体调整方法是松开行程调整板上的紧定螺钉，让行程调整板在导杆上移动，当达到理想的伸出距离以后，再完全锁紧紧定螺钉，完成行程的调节。

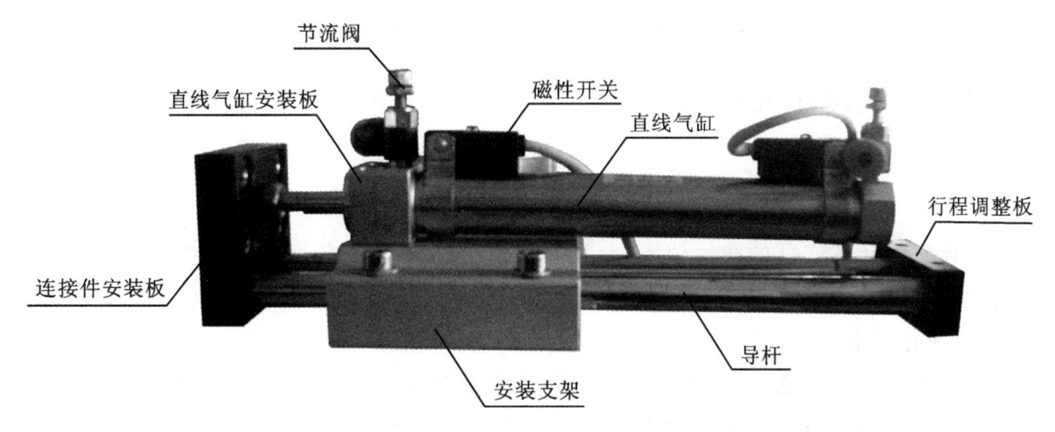

图 3-49　导向气缸

3. 电磁阀组和气动控制回路

装配单元的阀组由 6 个二位五通单电控电磁换向阀组成，如图 3-50 所示。这些阀分别对供料、位置变换和装配动作气路进行控制，以改变各自的动作状态。气动控制回路图如图 3-51 所示。

图 3-50　装配单元的阀组

在进行气路连接时，请注意各气缸的初始位置，其中，挡料气缸在伸出位置，手爪提升气缸在提起位置。

4. 加工单元的气动连接

连接步骤：从汇流排开始，按图 3-51 所示的气动控制回路图连接电磁阀、气缸。连接时注意气管的走向应按序排布，均匀美观，不能交叉、打折；气管要在快速接头中插紧，不能够有漏气现象。

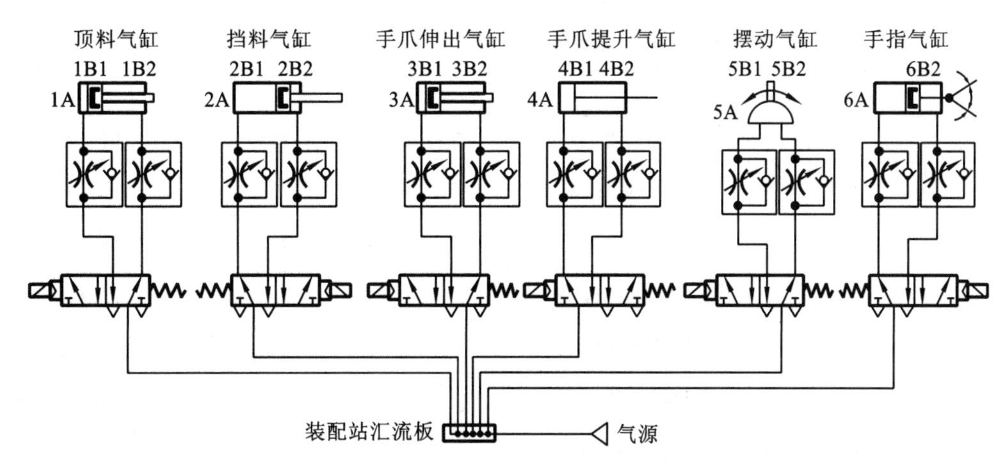

图 3-51　装配单元气动控制回路图

气路连接调试:①用电磁阀上的手动换向加锁钮验证顶料气缸和推料气缸的初始位置和动作位置是否正确;②调整气缸节流阀以控制摆缸的往复运动速度。

3.3.3 装配单元电路设计

3.3.3.1 装配单元的工作任务

(1) 装配单元各气缸的初始位置为:挡料气缸处于伸出状态,顶料气缸处于缩回状态,料仓上已经有足够的小圆柱零件;装配机械手的升降气缸处于提升状态,伸缩气缸处于缩回状态,气爪处于松开状态。

设备上电和气源接通后,若各气缸满足初始位置要求,料仓上已经有足够的小圆柱零件,且工件装配台上没有待装配工件,则"正常工作"指示灯 HL1 常亮,表示设备准备好。否则,该指示灯以 1 Hz 的频率闪烁。

(2) 若设备准备好,按下启动按钮,装配单元启动,"设备运行"指示灯 HL2 常亮。如果回转台上的左料盘内没有小圆柱零件,就执行下料操作;如果左料盘内有零件,而右料盘内没有零件,则执行回转台回转操作。

(3) 如果回转台上的右料盘内有小圆柱零件且装配台上有待装配工件,执行装配机械手抓取小圆柱零件,放入待装配工件中。

(4) 完成装配任务后,装配机械手应返回初始位置,等待下一次装配。

(5) 若在运行过程中按下停止按钮,则供料机构应立即停止供料,在装配条件满足的情况下,装配单元在完成本次装配后停止工作。

(6) 在运行中发生"零件不足"报警时,指示灯 HL3 以 1 Hz 的频率闪烁,HL1 和 HL2 灯常亮;在运行中发生"零件没有"的报警时,指示灯 HL3 以亮 1 s、灭 0.5 s 的方式闪烁,HL2 熄灭,HL1 常亮。

3.3.3.2 装配单元 PLC 的电气接线

装配单元装置侧的接线端口信号端子的分配如表 3-5 所示。

表 3-5 装配单元装置侧的接线端口信号端子的分配

输入端口中间层			输出端口中间层		
端子号	设备符号	信号线	端子号	设备符号	信号线
2	SC1	零件不足检测	2	1Y	挡料电磁阀
3	SC2	零件有无检测	3	2Y	顶料电磁阀
4	SC3	左料盘零件检测	4	3Y	回转电磁阀
5	SC4	右料盘零件检测	5	4Y	手爪夹紧电磁阀
6	SC5	装配台工件检测	6	5Y	手爪下降电磁阀
7	1B1	顶料到位检测	7	6Y	手爪伸出电磁阀
8	1B2	顶料复位检测	8	HL1	橙色警示灯

续表

输入端口中间层			输出端口中间层		
端子号	设备符号	信号线	端子号	设备符号	信号线
9	2B1	挡料状态检测	9	HL2	绿色警示灯
10	2B2	落料状态检测	10	HL3	红色警示灯
11	5B1	摆动气缸左限检测	11		
12	5B2	摆动气缸右限检测	12		
13	6B2	手爪夹紧检测	13		
14	4B2	手爪下降到位检测	14		
15	4B1	手爪上升到位检测			
16	3B1	手爪缩回到位检测			
17	3B2	手爪伸出到位检测			

装配单元的I/O点较多，选用S7-226 AC/DC/RLY主单元，共24点输入，16点继电器输出。PLC的I/O信号表如表3-6所示。图3-52是PLC接线原理图。

表3-6　装配单元PLC的I/O信号表

输入信号		输出信号		通信	
I0.0	零件不足检测	Q0.0	挡料电磁阀	V1000.0	全线运行
I0.1	零件有无检测	Q0.1	顶料电磁阀	V1000.2	全线急停
I0.2	左料盘零件检测	Q0.2	回转电磁阀	V1000.4	系统复位中
I0.3	右料盘零件检测	Q0.3	手爪夹紧电磁阀	V1000.6	系统就绪
I0.4	装配台工件检测	Q0.4	手爪下降电磁阀	V1000.7	HMI联机
I0.5	顶料到位检测	Q0.5	手爪伸出电磁阀	V1040.0	初始态
I0.6	顶料复位检测	Q0.6	红色警示灯	V1040.4	联机信号
I0.7	挡料状态检测	Q0.7	橙色警示灯	V1040.5	运行信号
I1.0	落料状态检测	Q1.0	绿色警示灯		
I1.5	手爪上升到位检测	Q1.5	HL1		
I1.6	手爪缩回到位检测	Q1.6	HL2		
I1.7	手爪伸出到位检测	Q1.7	HL3		
I2.4	停止按钮				
I2.5	启动按钮				

续表

输 入 信 号		输 出 信 号		通 信	
I2.6	急停按钮				
I2.7	单机/联机				

注:警示灯用来指示 YL-335B 整体运行时的工作状态,工作任务是装配单元单独运行,没有要求使用警示灯时,可以不连接到 PLC 上。

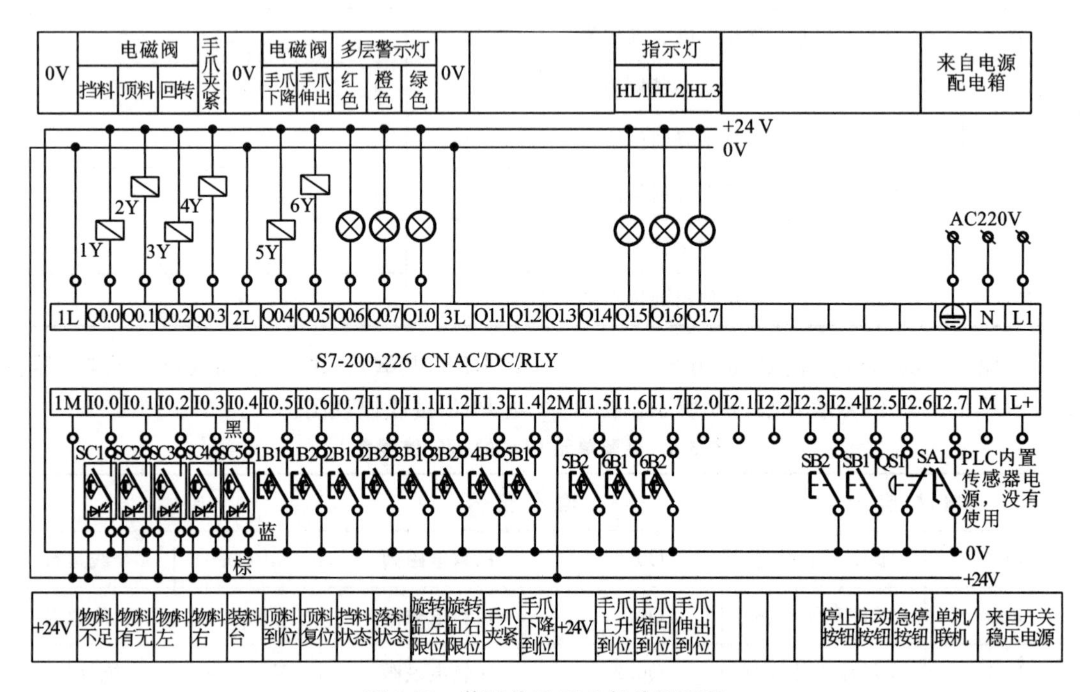

图 3-52 装配单元 PLC 接线原理图

3.3.4 装配单元 PLC 程序

3.3.4.1 装配单元编程思路

(1) 进入运行状态后,装配单元的工作过程包括两个相互独立的子过程,一个是供料过程,另一个是装配过程。

供料过程就是通过供料机构的操作,使料仓中的小圆柱零件落下到摆台左边的料盘上;然后摆台转动,使装有零件的料盘转移到右边,以便装配机械手抓取零件。

装配过程是当装配台上有待装配工件,且装配机械手下方有小圆柱零件时,把小工件放入待装配工件中。

在主程序中,当初始状态检查结束,确认单元准备就绪,按下启动按钮进入运行状态后,应同时调用供料控制和装配控制两个子程序(见图 3-53)。

(2) 供料控制过程包含两个互相连锁的过程,即落料过程和摆台转动、料盘转移的过程。在小圆柱零件从料仓下落到左料盘的过程中,禁止摆台转动;反之,在摆台转动的过程中,禁止

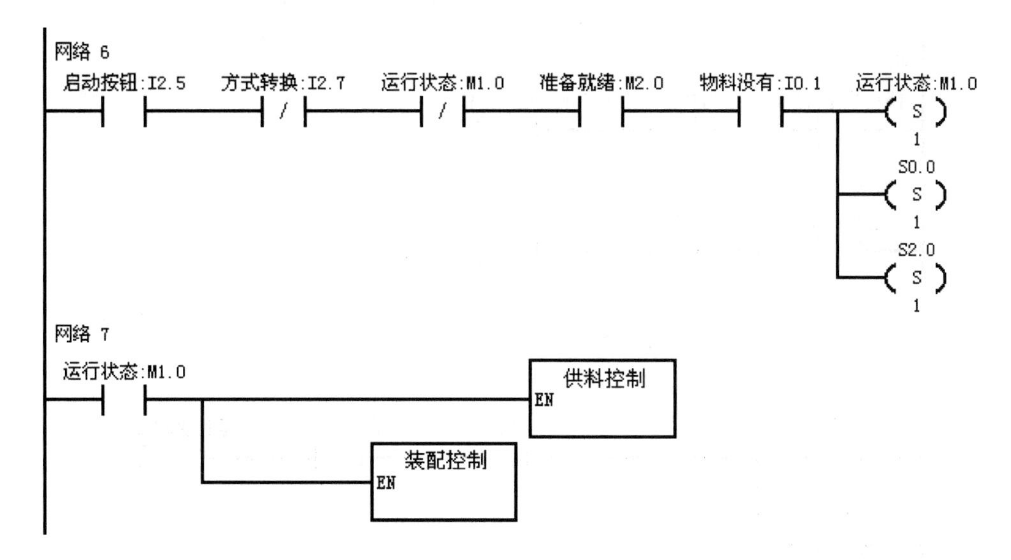

图 3-53　调用装配控制子程序

打开料仓(挡料气缸缩回)落料。

实现连锁的方法是:①当摆台的左限位或右限位磁性开关动作,并且左料盘没有料,经定时确认后,开始落料过程;②当挡料气缸伸出到位使料仓关闭、左料盘有物料而右料盘为空,经定时确认后,开始摆台转动,直到达到限位位置。图 3-54 给出了摆动气缸转动操作的梯形图。

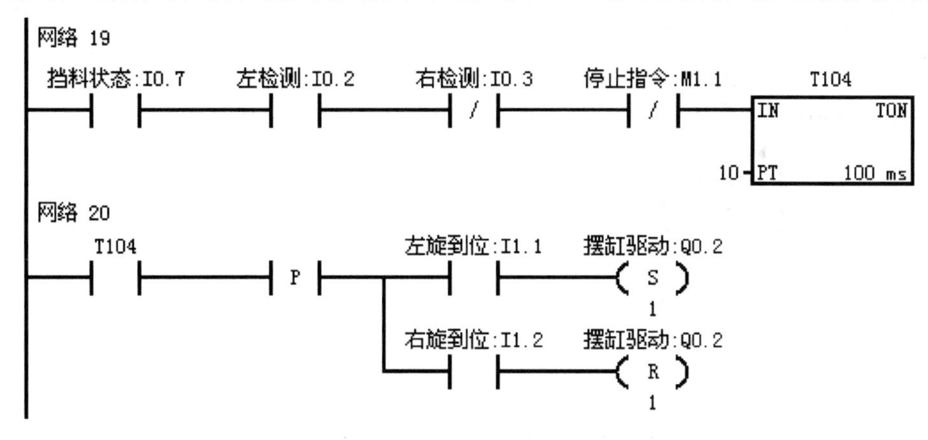

图 3-54　摆动气缸转动操作的梯形图

(3) 停止运行,有两种情况:一是在运行中按下停止按钮,停止指令被置位;另一种情况是当料仓中最后一个零件落下时,检测物料有无的传感器动作(I0.1 OFF),将发出缺料报警。

对于供料过程的落料控制,上述两种情况均应在料仓关闭,顶料气缸复位到位即返回到初始步后停止下次落料,并复位落料初始步。但对于摆台转动控制,一旦停止指令发出,则应立即停止摆台转动(见图 3-54)。

对于装配控制,上述两种情况也应在一次装配中完成,装配机械手返回到初始位置后停止。

仅当落料机构和装配机械手均返回到初始位置,才能复位运行状态标志和停止指令。停止运行的操作应在主程序中编制,其梯形图如图 3-55 所示。

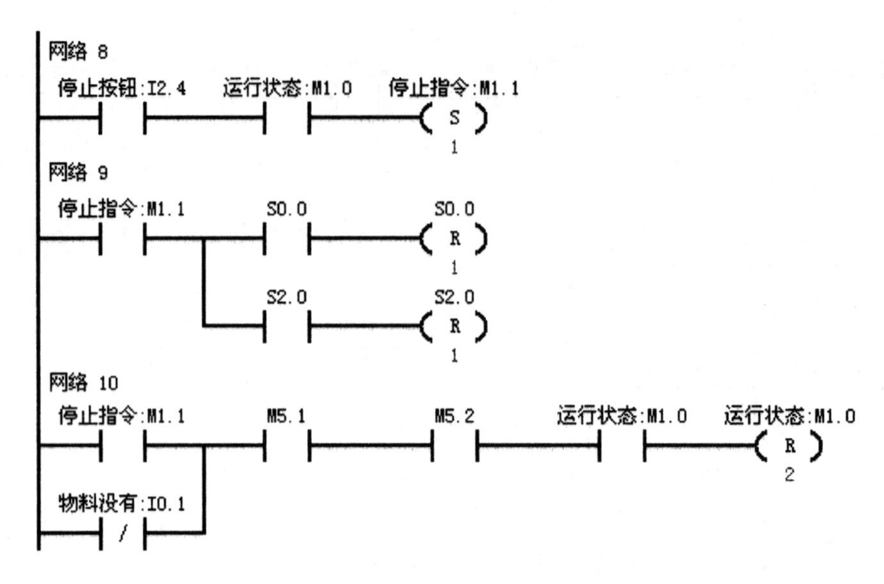

图 3-55 停止运行操作的梯形图

参考程序：

(1) 主程序。

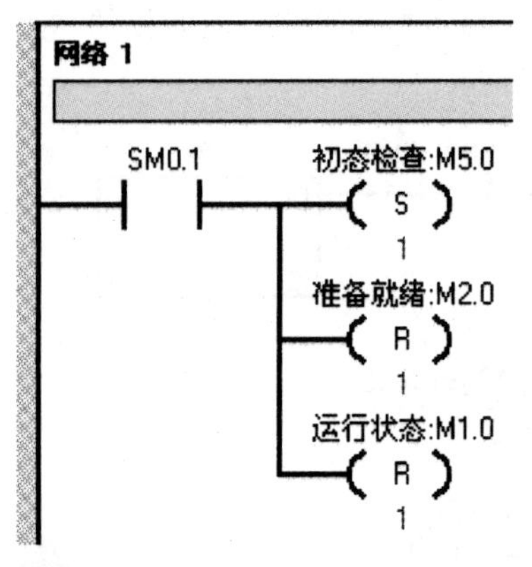

网络 2

SM0.0

指示灯

EN

网络 3

运行状态:M1.0

方式转换:I2.7

联机:M3.4

S

OUT

RS

运行状态:M1.0

方式转换:I2.7

HMI联机:V1000.7

R1

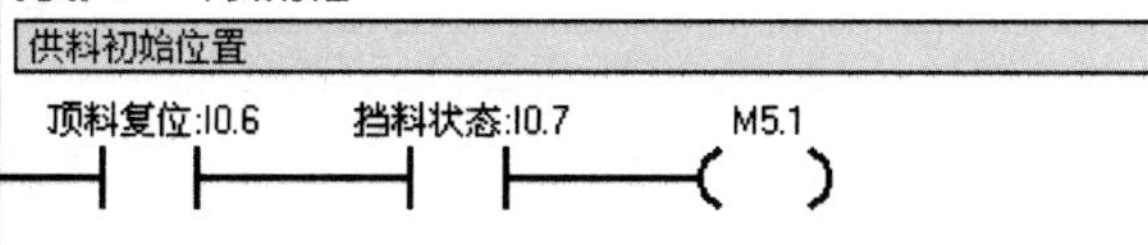

符号	地址	注释
挡料状态	I0.7	
顶料复位	I0.6	

网络 5

装配初始位置

缩回到位:I1.6　上升到位:I1.5　夹紧检测:I1.3　M5.2

网络 6

M5.1　M5.2　物料不足:I0.0　装配台检测:I0.4　初态检查:M5.0　运行状态:M1.0　准备就绪:M2.0　准备就绪:M2.0 (S) 1

NOT　运行状态:M1.0　准备就绪:M2.0　准备就绪:M2.0 (R) 1

网络 7

启动操作

启动按钮:I2.5　联机:M3.4　运行状态:M1.0　准备就绪:M2.0　运行状态:M1.0 (S) 1

S0.0 (S) 1

S2.0 (S) 1

网络 8

单站运行方式下，在运行中曾经按下停止按钮，M1.1 ON

联机:M3.4　停止按钮:I2.4　运行状态:M1.0　停止指令:M1.1 (S) 1

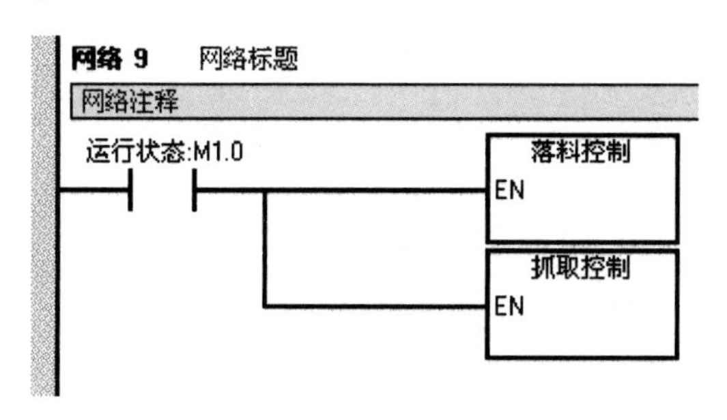

网络 10

停止指令:M1.1　M5.1　S0.0　S0.0 (R) 1

S2.0　M5.2　S2.0 (R) 1

运行状态:M1.0 (R) 1

停止指令:M1.1 (R) 1

(2) 子程序(落料控制)。

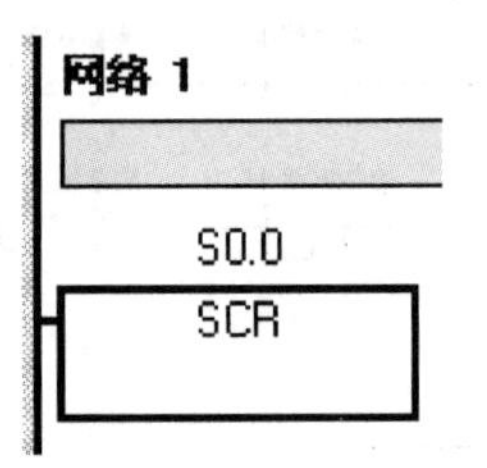

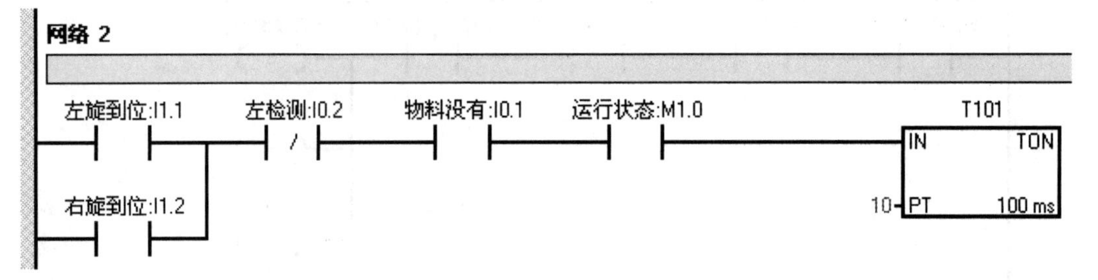

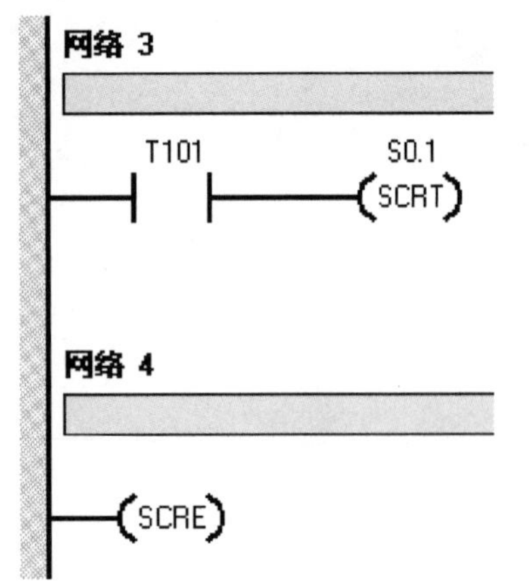

网络 5

S0.1
SCR

网络 6

SM0.0　　顶料驱动:Q0.1 (S) 1

顶料到位:I0.5　　T102 IN TON　3-PT 100 ms

T102　　落料驱动:Q0.0 (S) 1

网络 7

落料状态:I1.0　　左检测:I0.2　　S0.2 (SCRT)

网络 8

(SCRE)

网络 9

S0.2
SCR

网络 10

SM0.0　　落料驱动:Q0.0 (R) 1

挡料状态:I0.7　　顶料驱动:Q0.1 (R) 1

顶料复位:I0.6　　T130 IN TON　3-PT 100 ms

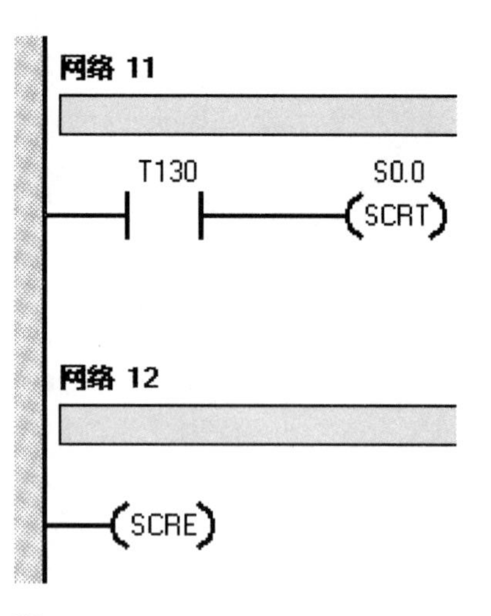

网络 11
T130
S0.0
SCRT
网络 12
SCRE

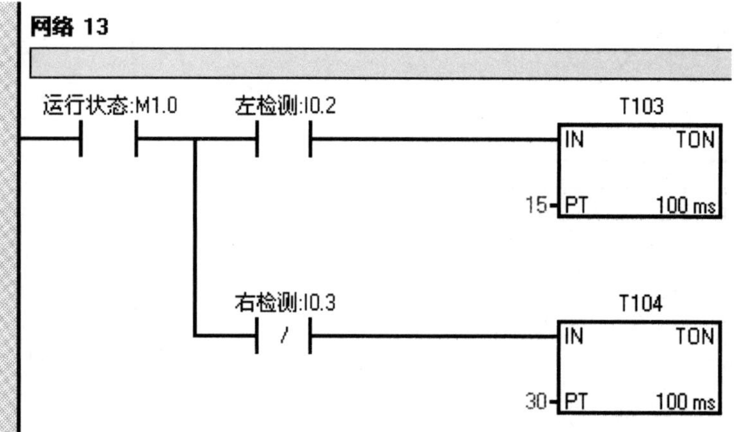

网络 13
运行状态:M1.0
左检测:I0.2
T103
IN
TON
15
PT
100 ms
右检测:I0.3
T104
IN
TON
30
PT
100 ms

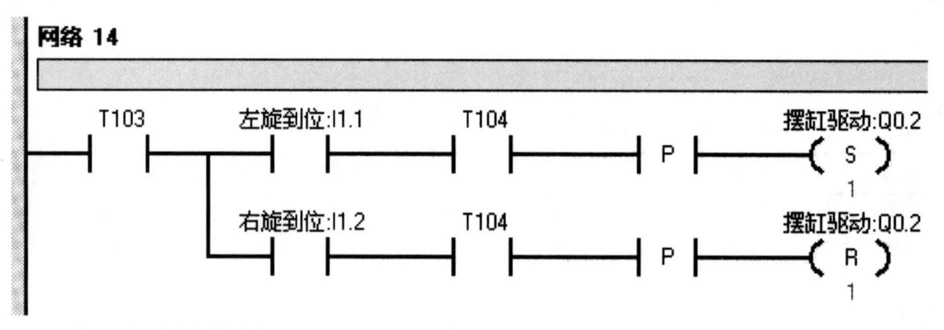

网络 14
T103
左旋到位:I1.1
T104
P
摆缸驱动:Q0.2
S
1
右旋到位:I1.2
T104
P
摆缸驱动:Q0.2
R
1

(3) 子程序(抓取控制)。

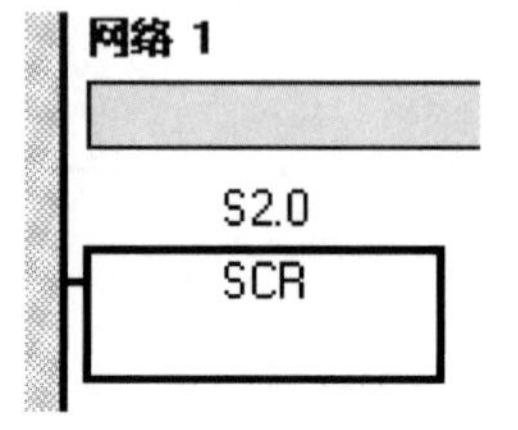

网络 1
S2.0
SCR

网络 2

装配台检测:I0.4

T110

IN TON

8-PT 100 ms

网络 3

T110 右检测:I0.3 M3.0

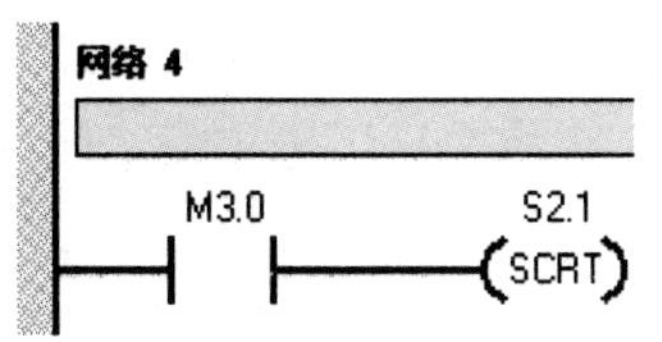

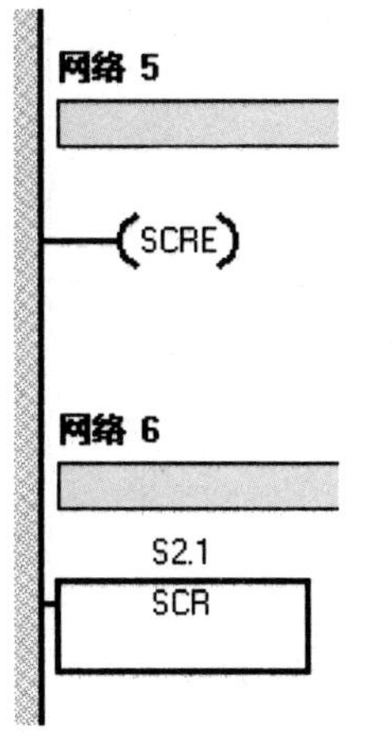

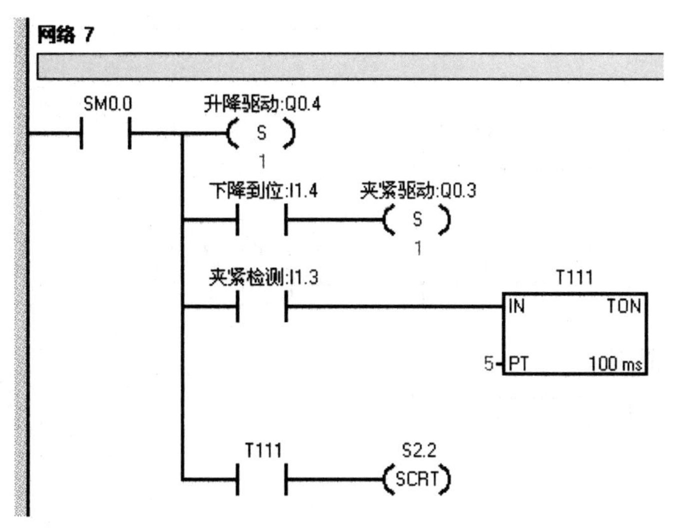

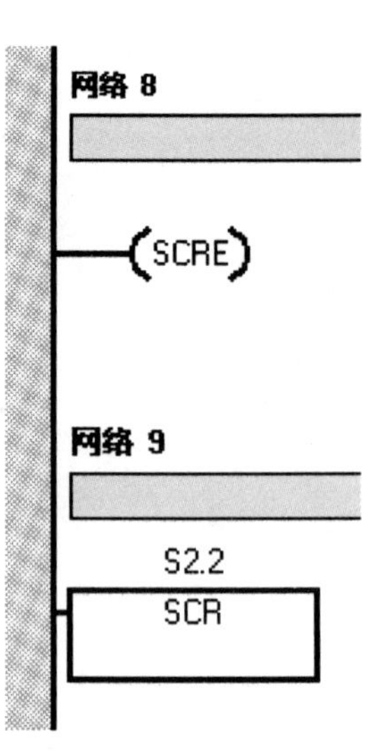
网络 8
SCRE
网络 9
S2.2
SCR

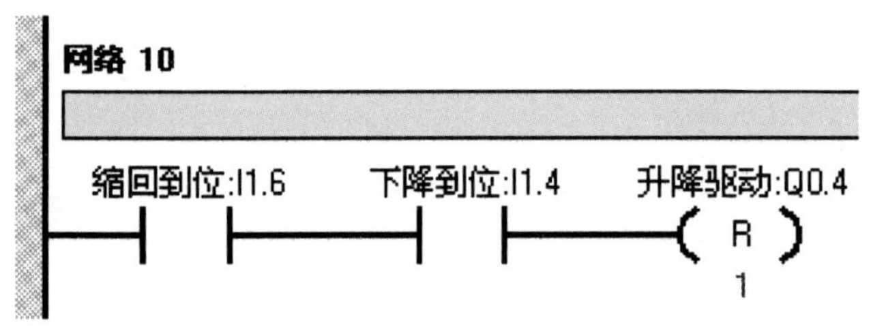
网络 10
缩回到位:I1.6
下降到位:I1.4
升降驱动:Q0.4
R
1

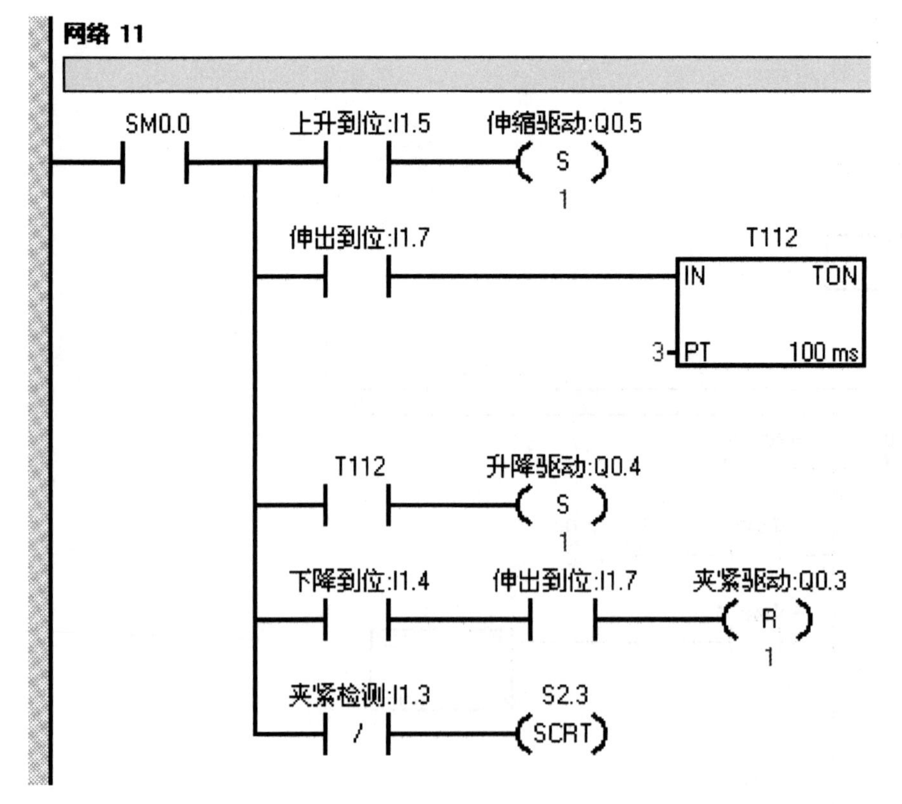
网络 11
SM0.0
上升到位:I1.5
伸缩驱动:Q0.5
S
1
伸出到位:I1.7
T112
IN
TON
3
PT
100 ms
T112
升降驱动:Q0.4
S
1
下降到位:I1.4
伸出到位:I1.7
夹紧驱动:Q0.3
R
1
夹紧检测:I1.3
S2.3
SCRT

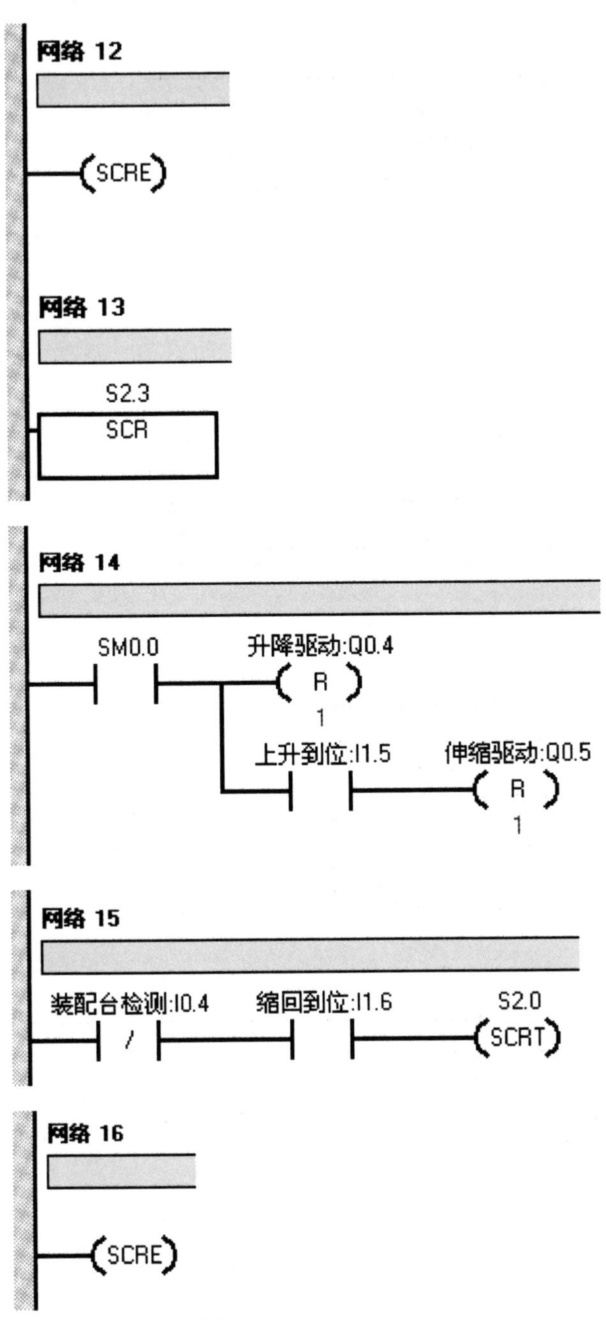
网络 12
SCRE
网络 13
S2.3
SCR
网络 14
SM0.0
升降驱动:Q0.4
R
1
上升到位:I1.5
伸缩驱动:Q0.5
R
1
网络 15
装配台检测:I0.4
缩回到位:I1.6
S2.0
SCRT
网络 16
SCRE

(4) 子程序(指示灯)。

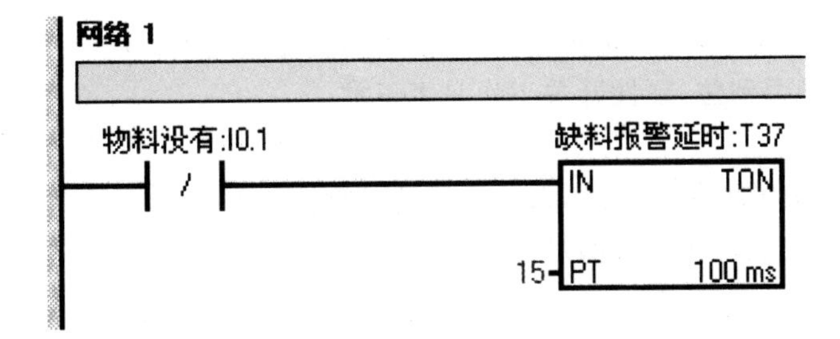
网络 1
物料没有:I0.1
缺料报警延时:T37
IN
TON
15
PT
100 ms

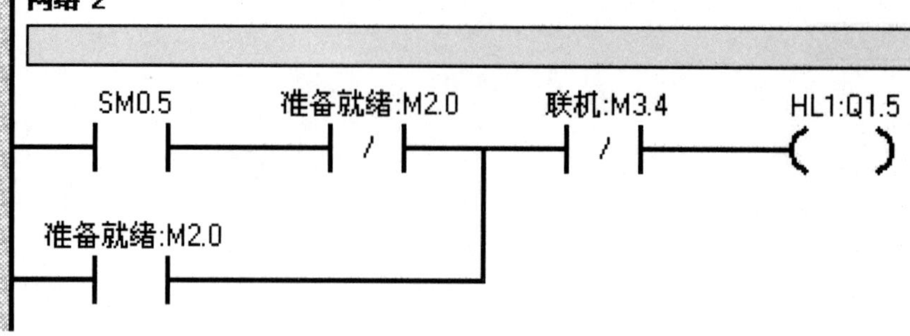

网络 3

运行状态:M1.0　缺料报警延时:T37　联机:M3.4　HL2:Q1.6

网络 4　辅助实现亮1s灭0.5s的功能

T121　T121

IN　TON

15-PT　100 ms

网络 5

SM0.5　物料不足:I0.0　运行状态:M1.0　联机:M3.4　HL3:Q1.7

T121 >=I 5　缺料报警延时:T37

3.3.4.2　调试与运行

(1) 调整气动部分,检查气路是否正确,气压是否合理,气缸动作的速度是否合理。

(2) 检查磁性开关的安装位置是否到位,磁性开关工作是否正常。

(3) 检查I/O接线是否正确。

(4) 检查传感器安装是否合理,灵敏度是否合适,保证检测的可靠性。

(5) 放入工件,运行程序看装配单元动作是否满足任务要求。

习　题　8

一、填空题

1. 装配单元的电磁阀组由 6 个__________单电控电磁换向阀组成。

2. 漫反射光电开关的工作原理是利用光照射到__________上后反射回来的光线而工作的。

3. 装配单元所使用的气动执行元件包括__________、__________和__________。

二、简答题

1. 简述漫反射光电开关的工作原理。

2. 简述装配单元的功能。

任务 3.4　分拣单元的安装与调试

【任务提要】

(1) 理解分拣单元的作用与结构。

(2) 掌握分拣单元的机械结构与装调。

(3) 掌握分拣单元电气、气动回路的装调。

(4) 掌握分拣单元 PLC 程序的设计与调试。

【技能目标】

(1) 熟悉分拣单元的气动元件、传感器的工作原理及结构。

(2) 熟练掌握分拣单元的机械装配图、气动、电气原理图的绘制方法，能够读懂相关的原理图，并根据原理图进行分拣单元的装调。

(3) 熟练掌握 PLC 的编程方法，根据分拣站的工作任务进行自主编程。

分拣单元是自动线最后的一个单元，用于对上一单元送来的已加工、装配的工件进行分拣，使不同颜色、材质的工件进入不同的料槽，以实现分拣的功能。分拣单元主要包括：传送和分拣机构、传动机构、变频器模块、电磁阀组、接线端口、PLC 模块、底板等，如图 3-56 所示。

图 3-56　分拣单元实物图

当输送站送来的工件放到传送带上并为入料口漫射式光电传感器检测到时，将信号传输给 PLC，通过 PLC 的程序启动变频器，电动机运转驱动传送带工作，把工件带进分拣区，如果进入分拣区的工件为金属，则检测金属物料的接近开关动作，作为 1 号槽推料气缸启动信号，将金属物料推到 1 号槽里；如果进入分拣区的工件为白色，则检测白色物料的光纤传感器动作，作为 2 号槽推料气缸启动信号，将白色物料推到 2 号槽里；如果进入分拣区的工件为黑色，检测黑色的光纤传感器动作，作为 3 号槽推料气缸启动信号，将黑色物料推到 3 号槽里。

在每个料槽的对面都装有推料气缸,把分拣出的工件推到对号的料槽中。在三个推料(分拣)气缸的前极限位置分别装有磁感应接近开关,在 PLC 的自动控制可根据该信号来判别分拣气缸当前所处的位置。当推料(分拣)气缸将物料推出时磁感应接近开关动作输出信号为"1",反之,输出信号为"0"。

3.4.1 分拣单元的机械结构

分拣单元的机械部分主要包括:底板、传送和分拣机构、传动机构等几大部分。其机械部分的安装包括了以下步骤。

(1) 完成传送机构的组装,装配传送带装置及其支座,然后将其安装到底板上,如图 3-57 所示。

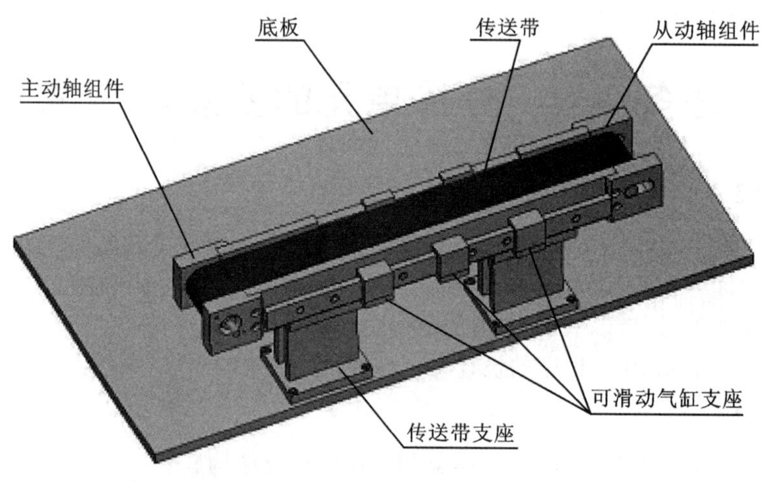

图 3-57 传送机构组件安装

(2) 完成驱动电动机组件装配,进一步装配联轴器,把驱动电动机组件与传送机构相连接并固定在底板上,如图 3-58 所示。

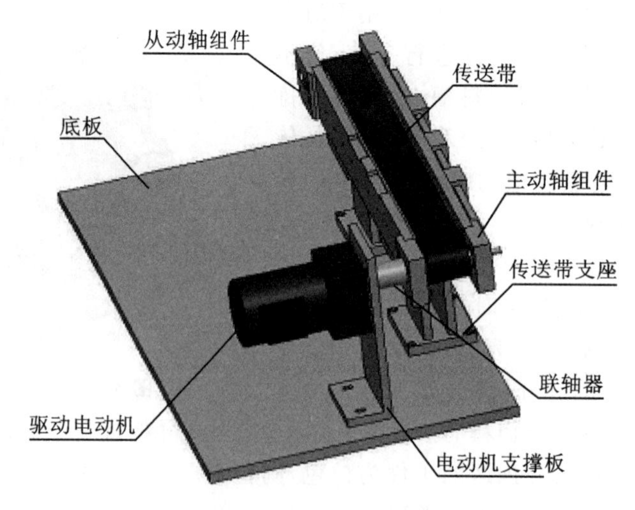

图 3-58 驱动电动机组件安装

完成推料气缸支架、推料气缸、传感器支架、出料槽及支撑板等装配，如图 3-59 所示。

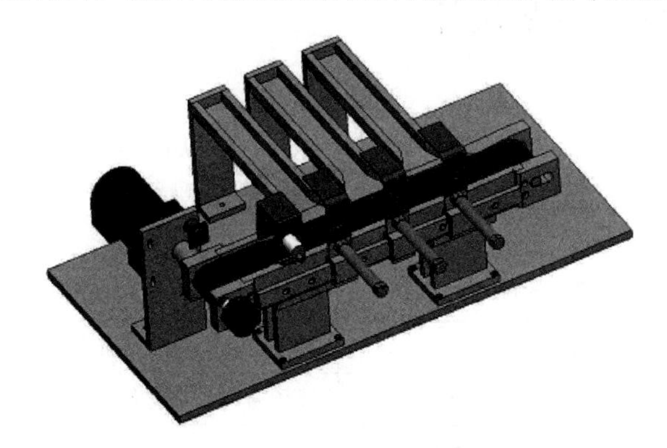

图 3-59　机械部件安装完成时的效果图

在进行分拣站机械部分的装调过程中，应注意以下几点：

① 带托板与传送带两侧板的固定位置应调整好，以免传送带安装后凹入侧板表面，造成推料被卡住的现象。

② 主动轴和从动轴的安装位置不能错，主动轴和从动轴的安装板的位置不能相互调换。

③ 传送带的张紧度应调整适中。

④ 要保证主动轴和从动轴的平行。

⑤ 为了使传动部分平稳可靠，噪声减小，特使用滚动轴承为动力回转件，但滚动轴承及其安装配合零件均为精密结构件，对其拆装需一定的技能和专用的工具，建议不要自行拆卸。

3.4.2　分拣单元气路设计与连接

分拣单元的电磁阀组使用了三个带手控开关的二位五通单电控电磁阀，安装在汇流板上。这三个阀分别对金属、白料和黑料推动气缸的气路进行控制，以改变各自的动作状态。

分拣单元气动控制回路的工作原理图如图 3-60 所示。图中 1B1、2B1 和 3B1 分别为安装在各分拣气缸的前极限工作位置的磁感应接近开关。1Y1、2Y1 和 3Y1 分别为控制 3 个分拣气缸电磁阀的电磁控制端。

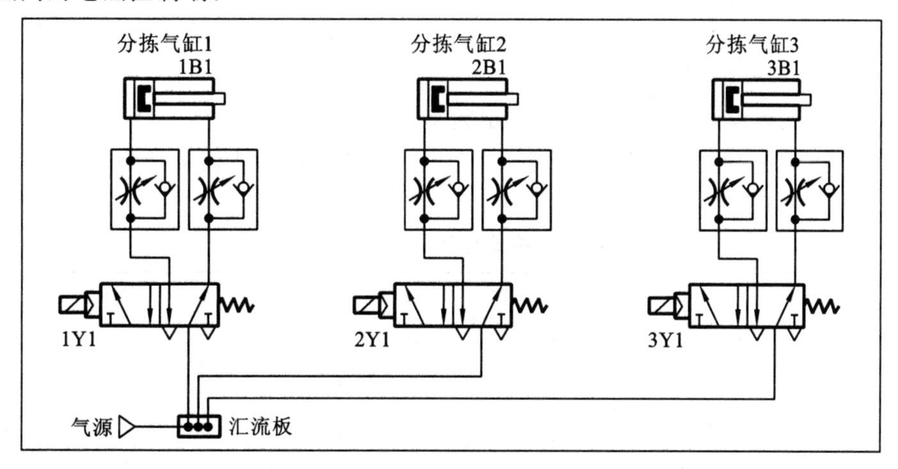

图 3-60　分拣单元气动控制回路工作原理图

3.4.3 分拣单元电路设计

(1) 装置侧电气连接。

分拣单元装置侧的接线端口信号端子的分配如表 3-7 所示。因为用于判别工件材料和芯体颜色属性的传感器只需安装在传感器支架上的电感式传感器和一个光纤传感器,故光纤传感器 2 可不使用。

表 3-7 分拣单元装置侧的接线端口信号端子的分配

输入端口中间层			输出端口中间层		
端子号	设备符号	信号线	端子号	设备符号	信号线
2	DECODE	旋转编码器 B 相	2	1Y	推杆 1 电磁阀
3		旋转编码器 A 相	3	2Y	推杆 2 电磁阀
4		旋转编码器 Z 相			
5	SC1	进料口工件检测	4	3Y	推杆 3 电磁阀
6	SC2	电感式传感器			
7	SC3	光纤传感器 1			
8					
9					
10	1B	推杆 1 推出到位			
11	2B	推杆 2 推出到位			
12	3B	推杆 3 推出到位			
13＃～17＃端子没有连接			5＃～14＃端子没有连接		

(2) PLC 侧电气连接。

分拣单元 PLC 选用 S7-224 XP AC/DC/RLY 主单元,共 14 点输入和 10 点继电器输出。选用 S7-224 XP 主单元的原因是:当变频器的频率设定值由 HMI 指定时,该频率设定值是一个随机数,需要由 PLC 通过 D/A 变换方式向变频器输入模拟量的频率指令,以实现电动机速度连续调整。S7-224 XP 主单元集成有 2 路模拟量输入,1 路模拟量输出,有两个 RS-485 通信口。可满足 D/A 变换的编程要求。

本项目工作任务仅要求以 30 Hz 的固定频率驱动电动机运转,只需用固定频率方式控制变频器即可。本例中,选用 MM420 的端子“5”(DIN1)作为电动机启动和频率控制端子,PLC 的信号表见表 3-8,I/O 接线原理图如图 3-61 所示。

表 3-8 分拣单元 PLC 的 I/O 信号表

输 入 信 号		输 出 信 号		通　　信	
I0.3	入料检测	Q0.0	电动机启停	M4.0	金属保持
I0.4	金属检测	Q0.4	1 号槽驱动	V1050.5	联机运行
I0.5	白料检测	Q0.5	2 号槽驱动	M0.0	运行状态
I0.7	推杆 1 到位	Q0.6	3 号槽驱动	M1.1	停止指令

续表

输入信号		输出信号		通　　信	
I1.0	推杆 2 到位	Q0.7	HL1	M2.0	准备就绪
I1.1	推杆 3 到位	Q1.0	HL2	M3.4	联机方式
I1.2	停止按钮	Q1.1	HL3	M5.0	初态检查
I1.3	启动按钮			V1000.0	全线运行
I1.5	方式切换			V1000.7	HMI 联机
				V1001.5	允许分拣
				V1050.4	允许联机
				V1050.0	初始态
				V1050.1	分拣完成

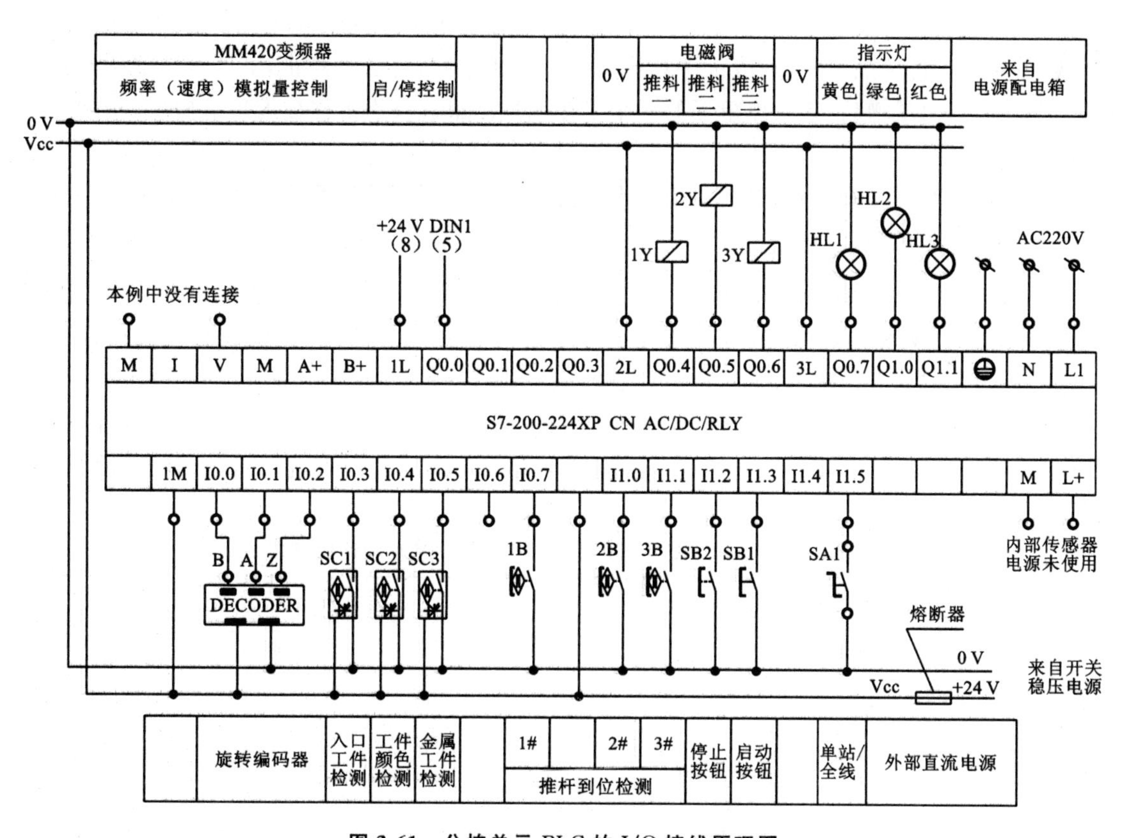

图 3-61　分拣单元 PLC 的 I/O 接线原理图

为了实现固定频率输出，变频器的参数应如下设置：

(1) 命令源 P0700＝2(外部 I/O)，选择频率设定的信号源参数 P1000＝3(固定频率)；

(2) DIN1 功能参数 P0701＝16(直接选择＋ON 命令)，P1001＝30 Hz；

(3) 斜坡上升时间参数 P1120 设定为 1 s，斜坡下降时间参数 P1121 设定为 0.2 s。

3.4.4 分拣单元PLC程序

1. 工作任务描述

(1) 设备的工作目标是完成对白色芯金属工件、白色芯塑料工件和黑色芯金属工件或黑色芯塑料工件进行分拣。为了在分拣时准确推出工件,要求使用旋转编码器作定位检测,并且工件材料和芯体颜色属性应在推料气缸前的适应位置被检测出来。

(2) 设备上电和气源接通后,若工作单元的三个气缸均处于缩回位置,则"正常工作"指示灯HL1常亮,表示设备已准备好。否则,该指示灯以1 Hz的频率闪烁。

(3) 若设备已准备好,按下启动按钮,系统启动,"设备运行"指示灯HL2常亮。当传送带入料口人工放下已装配的工件时,变频器立即启动,驱动传动电动机以固定频率为30 Hz的速度,把工件带往分拣区。

如果工件为白色芯金属件,则该工件对到达1号滑槽中间,传送带停止,工件对被推到1号槽中;如果工件为白色芯塑料,则该工件对到达2号滑槽中间,传送带停止,工件对被推到2号槽中;如果工件为黑色芯,则该工件对到达3号滑槽中间,传送带停止,工件对被推到3号槽中。工件被推出滑槽后,该工作单元的一个工作周期结束。仅当工件被推出滑槽后,才能再次向传送带下料。

如果在运行期间按下停止按钮,该工作单元在本工作周期结束后停止运行。

2. 高速计数器的编程

高速计数器的编程方法有两种:一是采用梯形图或语句表进行正常编程,二是通过STEP7-Micro/WIN编程软件进行引导式编程。不论哪一种方法,都先要根据计数输入信号的形式与要求确定计数模式,然后选择计数器编号,确定输入地址。

分拣单元所配置的PLC是S7-224XP AC/DC/RLY主单元,集成有6点的高速计数器,编号为HSC0～HSC5,每一编号的计数器均分配有固定地址的输入端。同时,高速计数器可以被配置为12种模式中的任意一种,如表3-9所示。

表3-9 S7-200PLC的HSC0～HSC5输入地址和计数模式

模式	中断描述	输入点			
	HSC0	I0.0	I0.1	I0.2	
	HSC1	I0.6	I0.7	I1.0	I1.1
	HSC2	I1.2	I1.3	I1.4	I1.5
	HSC3	I0.1			
	HSC4	I0.3	I0.4	I0.5	
	HSC5	I0.4			
0	带有内部方向控制的单相计数器	时钟			
1		时钟		复位	

续表

模式	中断描述	输入点			
2		时钟		复位	启动
3	带有外部方向控制的单相计数器	时钟	方向		
4		时钟	方向	复位	
5		时钟	方向	复位	启动
6	带有增减计数时钟的双相计数器	增时钟	减时钟		
7		增时钟	减时钟	复位	
8		增时钟	减时钟	复位	启动
9	A/B相正交计数器	时钟A	时钟B		
10		时钟A	时钟B	复位	
11		时钟A	时钟B	复位	启动

根据分拣单元旋转编码器输出的脉冲信号形式(A/B相正交脉冲,Z相脉冲不使用,无外部复位和启动信号),由表3-9容易确定,所采用的计数模式为模式9,选用的计数器为HSC0,B相脉冲从I0.0输入,A相脉冲从I0.1输入,计数倍频设定为4倍频。分拣单元高速计数器编程要求较简单,不考虑中断子程序,预置值等。

在本项工作任务中,编程高速计数器的目的,是根据HC0当前值确定工件位置,与存储到指定的变量存储器的特定位置数据进行比较,以确定程序的流向。特定位置数据是:

① 进料口到传感器位置的脉冲数为1824,存储在VD10单元中(双整数);

② 进料口到推杆1位置的脉冲数为2600,存储在VD14单元中;

③ 进料口到推杆2位置的脉冲数为4084,存储在VD18单元中;

④ 进料口到推杆3位置的脉冲数为5444,存储在VD22单元中。

可以使用数据块来对上述V存储器赋值,在STEP7-Micro/WIN界面项目指令树中,选择数据块→用户定义1;在所出现的数据页界面上逐行键入V存储器起始地址、数据值及其注释(可选),允许用逗号、制表符或空格作地址和数据的分隔符号。

3. 程序结构

(1) 分拣单元的主要工作过程是分拣控制,可编写一个子程序供主程序调用,工作状态显示的要求比较简单,可直接在主程序中编写。

(2) 主程序的流程与前面所述的供料、加工等单元是类似的。但由于用高速计数器编程,必须在上电第1个扫描周期调用HSC_INIT子程序,以定义并使能高速计数器。

(3) 分拣控制子程序也是一个步进顺控程序,编程思路如下:

① 当检测到待分拣工件下料到进料口后,清零HC0当前值,以固定频率启动变频器驱动电动机运转。

② 当工件经过安装传感器支架上的光纤探头和电感式传感器时,根据两个传感器动作与否,判别工件的属性,决定程序的流向。HC0当前值与传感器位置值的比较可采用触点比较指令实现。

③ 据工件属性和分拣任务要求,在相应的推料气缸位置把工件推出。推料气缸返回后,步进顺控子程序返回初始步。

参考程序：

(1) 主程序。

网络 1　网络标题

网络注释

SM0.1

HSC_INIT

EN

初态检查:M5.0

S

1

准备就绪:M2.0

R

1

运行状态:M0.0

R

1

网络 2

运行状态:M0.0　方式切换:I1.5　联机方式:M3.4

S　OUT

RS

运行状态:M0.0　方式切换:I1.5　HMI联机:V1000.7

R1

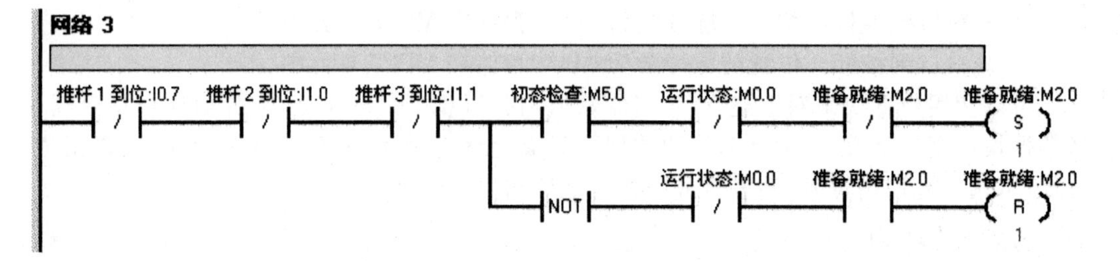

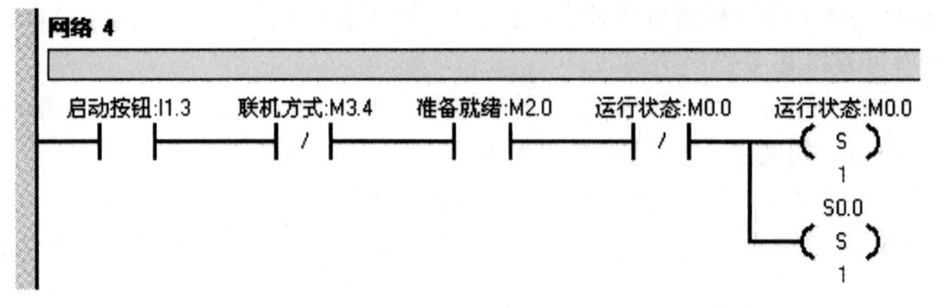

网络 5

单站运行方式下，在运行中曾经按下停止按钮，M1.1 ON

联机方式:M3.4　停止按钮:I1.2　运行状态:M0.0　停止指令:M1.1

S

1

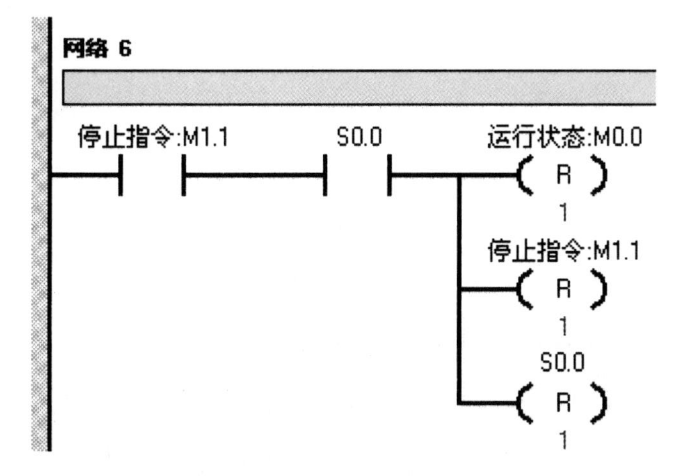
网络 6
停止指令:M1.1
S0.0
运行状态:M0.0
R
1
停止指令:M1.1
R
1
S0.0
R
1

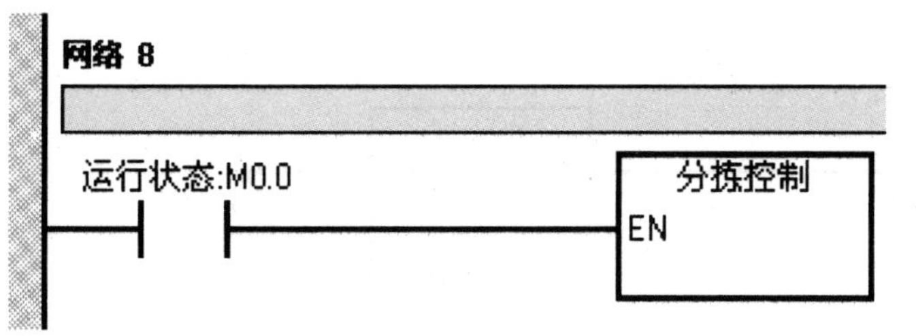
网络 7
运行状态:M0.0
联机方式:M3.4
MUL_I
EN
ENO
+30
IN1
OUT
VW0
+640
IN2

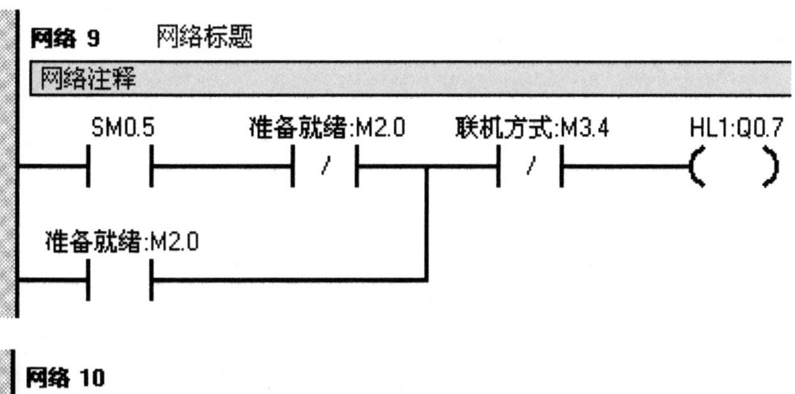
网络 8
运行状态:M0.0
分拣控制
EN
网络 9
网络标题
网络注释
SM0.5
准备就绪:M2.0
联机方式:M3.4
HL1:Q0.7
准备就绪:M2.0

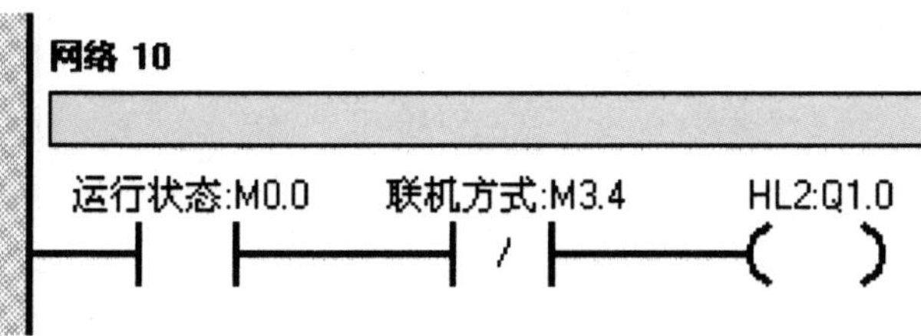
网络 10
运行状态:M0.0
联机方式:M3.4
HL2:Q1.0

(2) 子程序(分拣控制)。

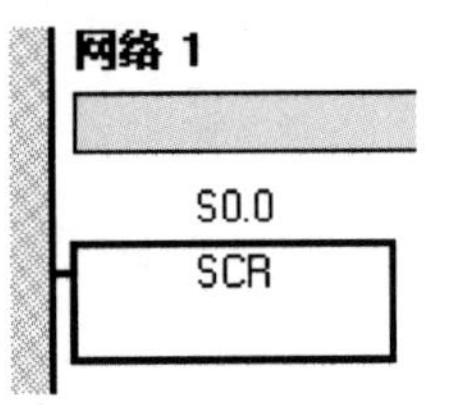

网络 2

入料检测:I0.3 停止指令:M1.1 运行状态:M0.0

T101

IN TON

5-PT 100 ms

HSC_INIT

EN

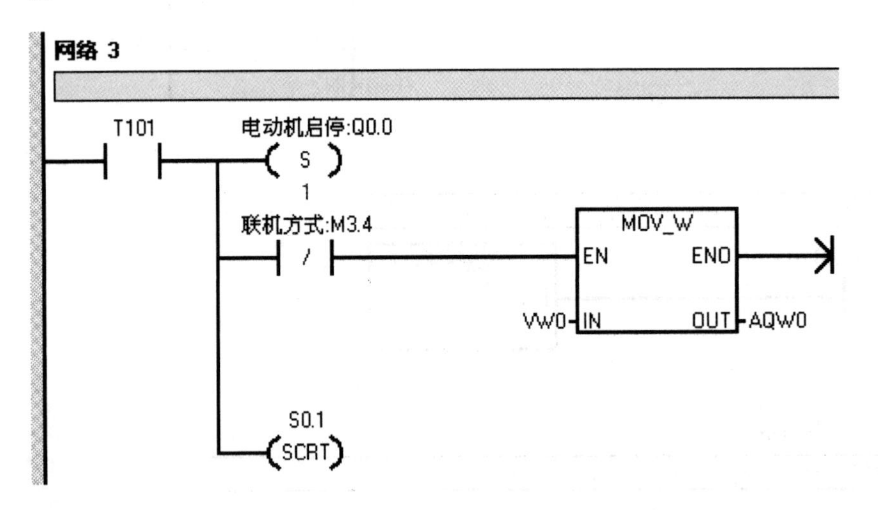

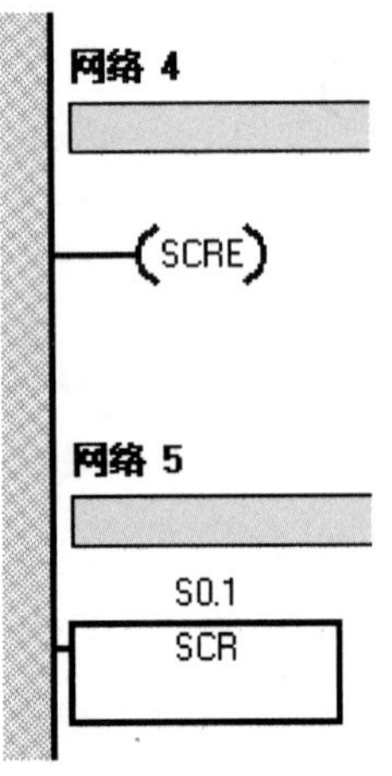

网络 6

金属检测:I0.4　金属保持:M4.0

S

1

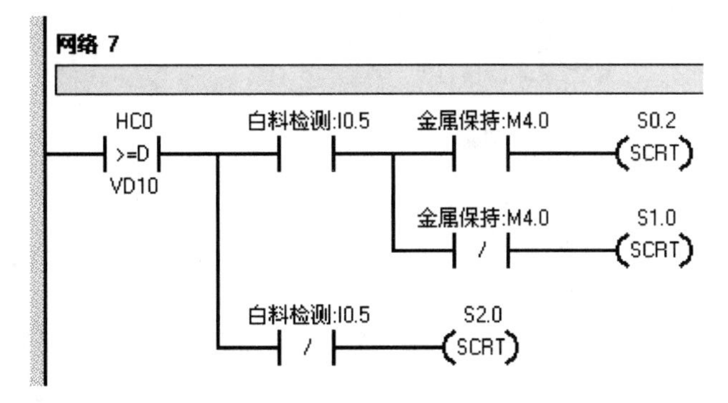

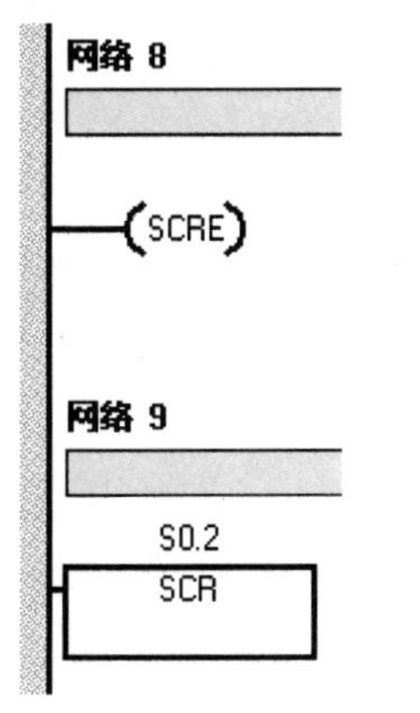

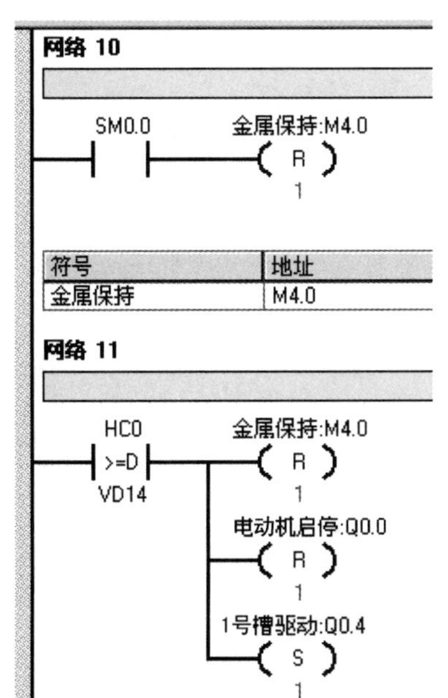

符号	地址
金属保持	M4.0

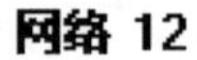

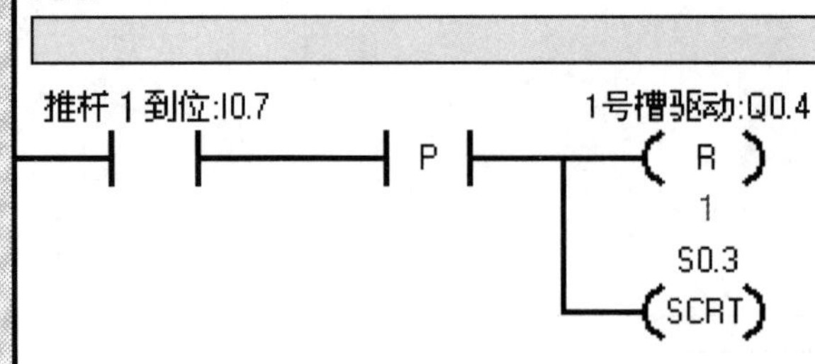

网络 13

SCRE

网络 14

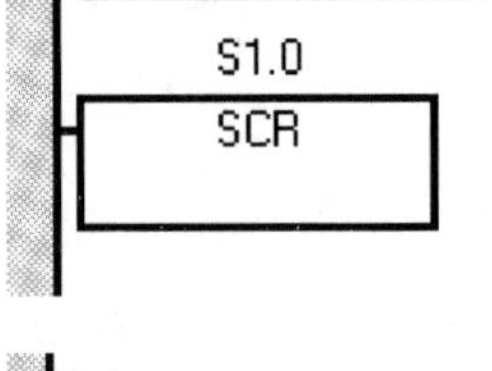

网络 15

HC0
>=D
VD18
电动机启停:Q0.0
R
1
2号槽驱动:Q0.5
S
1

网络 16

推杆 2 到位:I1.0
P
2号槽驱动:Q0.5
R
1
S0.3
SCRT

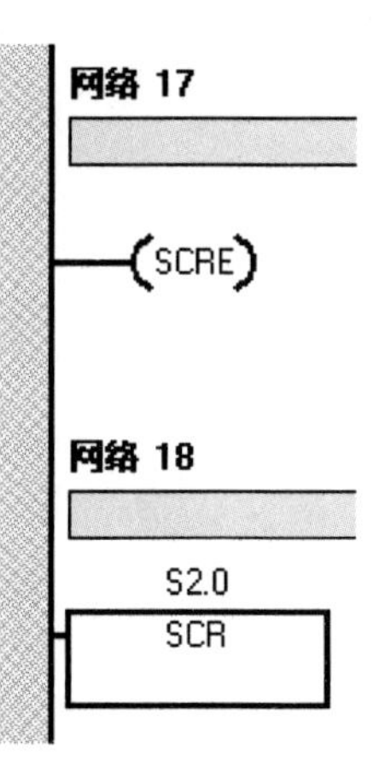
网络 17
SCRE
网络 18
S2.0
SCR

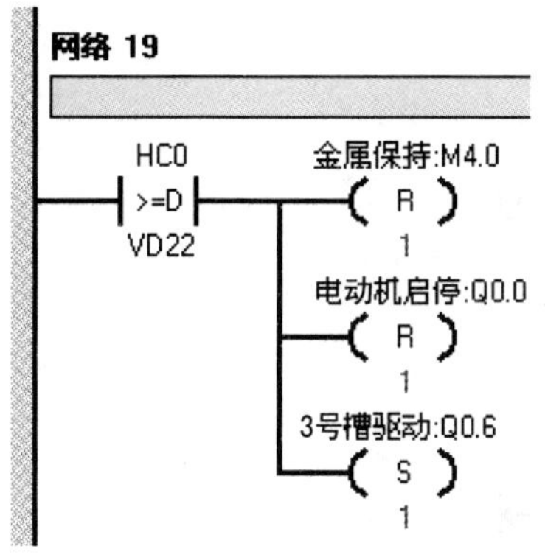
网络 19
HC0
>=D
VD22
金属保持:M4.0
R
1
电动机启停:Q0.0
R
1
3号槽驱动:Q0.6
S
1

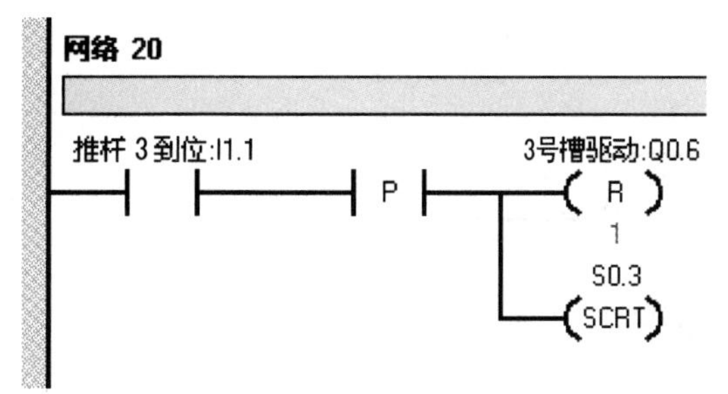
网络 20
推杆 3到位:I1.1
P
3号槽驱动:Q0.6
R
1
S0.3
SCRT

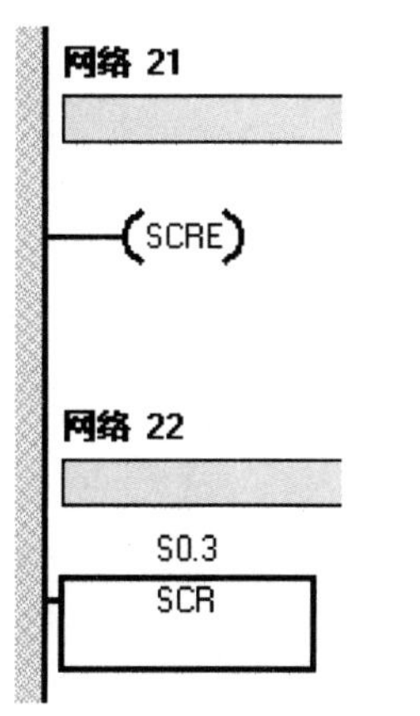
网络 21
SCRE
网络 22
S0.3
SCR

网络 23

SM0.0　　S0.0

(SCRT)

网络 24

(SCRE)

(3) HSC 指令向导。

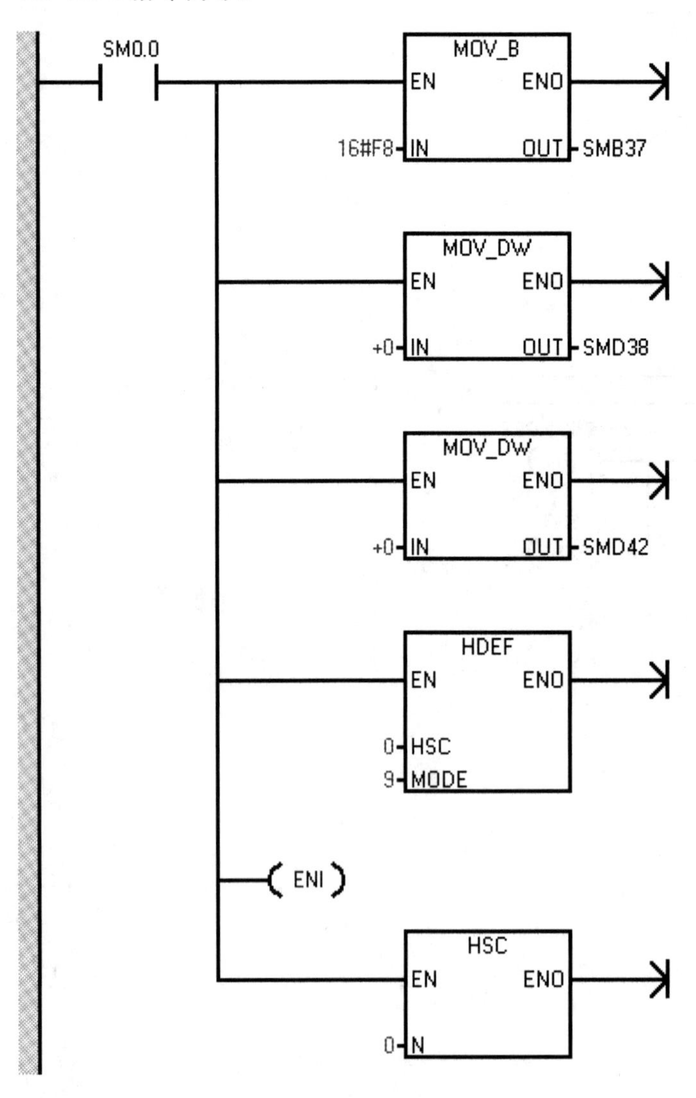

习　题　9

一、填空题

1. 分拣单元检测电动机旋转距离所用的传感器为__________，该类传感器主要包括了__________、__________及__________三大类。

2. 分拣单元用__________传感器检测物料是否已放置于传送带之上，用__________传感器区分物料的材质，用__________传感器区分物料的颜色。

3. 分拣单元上使用了__________电动机，该电动机用__________进行驱动。

4. 分拣单元使用__________进行推料，气路中使用了三个__________来改变气路的方向。

二、问答题

1. 简述分拣单元的作用。

2. 如果要求分拣单元电动机以 50 Hz 的频率进行运转，该如何设置变频器参数？

任务 3.5　输送单元安装与调试

【任务提要】

(1) 将输送单元的机械部分拆开成组件或零件的形式，然后再组装成原样。

(2) 输送单元气动回路的设计、安装、调试。

(3) 输送单元电路设计、安装、调试。

(4) 输送单元 PLC 程序设计。

【技能目标】

(1) 掌握输送单元机械设备的安装、运动可靠性的调整，以及电气配线的敷设方法与技巧。

(2) 能设计输送单元的气动回路图，并能进行安装、调试。

(3) 能设计输送单元的电气原理图，并能根据原理图进行安装、调试。

(4) 能根据控制要求对伺服驱动器参数进行调整。

(5) 能设计输送单元的 PLC 程序图。

输送单元工艺功能是：驱动其抓取机械手装置精确定位到指定单元的物料台，在物料台上抓取工件，把抓取到的工件输送到指定地点然后放下。

YL-335B 出厂配置时，输送单元在网络系统中担任着主站的角色，它接收来自触摸屏的系统主令信号，读取网络上各从站的状态信息，加以综合后，向各从站发送控制要求，协调整个系统的工作。

3.5.1 输送单元的机械结构

3.5.1.1 输送单元的机械结构组成

输送单元由抓取机械手装置、直线运动传动组件、拖链装置、PLC 模块和接线端口以及按钮/指示灯模块等部件组成。图 3-62 所示为安装在工作台面上的输送单元装置侧部分。

1. 抓取机械手装置

抓取机械手装置是一个能实现三自由度运动(即升降、伸缩、气动手指夹紧/松开和沿竖直轴旋转的四维运动)的工作单元,该装置整体安装在直线运动传动组件的滑动溜板上,在传动组件带动下整体作直线往复运动,定位到其他各工作单元的物料台,然后完成抓取和放下工件的动作。图 3-63 是该装置实物图。

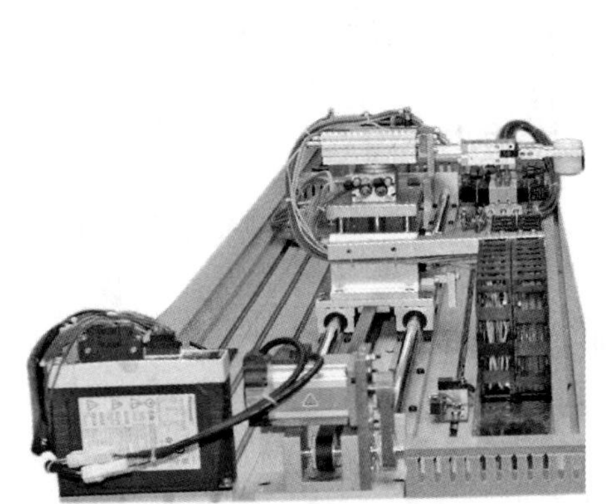

图 3-62 输送单元装置侧部分

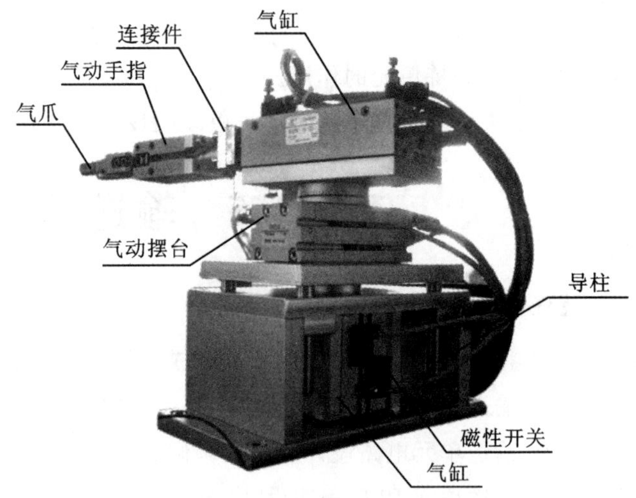

图 3-63 抓取机械手装置

具体构成如下所述。

(1)气动手爪:用于在各个工作站物料台上抓取/放下工件。由一个二位五通双向电控阀控制。

(2)伸缩气缸:用于驱动手爪伸出缩回。由一个二位五通单向电控阀控制。

(3)摆动气缸:用于驱动手爪正反向 90°旋转,由一个二位五通双向电控阀控制。

(4)提升台气缸:用于驱动整个机械手提升与下降。由一个二位五通单向电控阀控制。

2. 直线运动传动组件

直线运动传动组件用以拖动抓取机械手装置作往复直线运动,完成精确定位的功能。图 3-64 是该组件的俯视图。

图 3-65 给出了直线运动传动组件和抓取机械手装置组装起来的示意图。

传动组件由直线导轨底板,伺服电动机及伺服放大器,同步轮,同步带,直线导轨,滑动溜板,拖链和原点接近开关,左、右极限开关组成。

伺服电动机由伺服电动机放大器驱动,通过同步轮和同步带带动滑动溜板沿直线导轨作

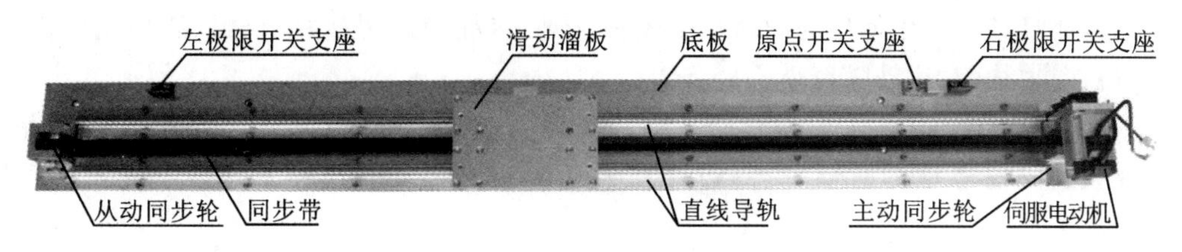

图 3-64　直线运动传动组件图

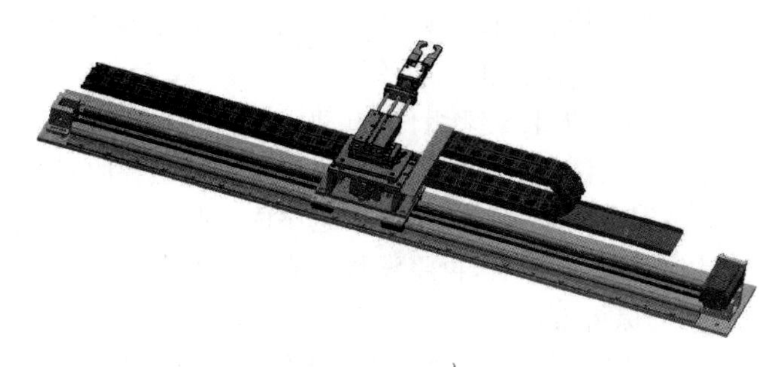

图 3-65　伺服电动机传动组件和机械手装置

往复直线运动，从而带动固定在滑动溜板上的抓取机械手装置作往复直线运动。同步轮齿距为 5 mm，共 12 个齿即旋转一周搬运机械手位移 60 mm。

抓取机械手装置上所有气管和导线沿拖链敷设，进入线槽后分别连接到电磁阀组和接线端口上。

原点接近开关和左、右极限开关安装在直线导轨底板上，如图 3-66 所示。

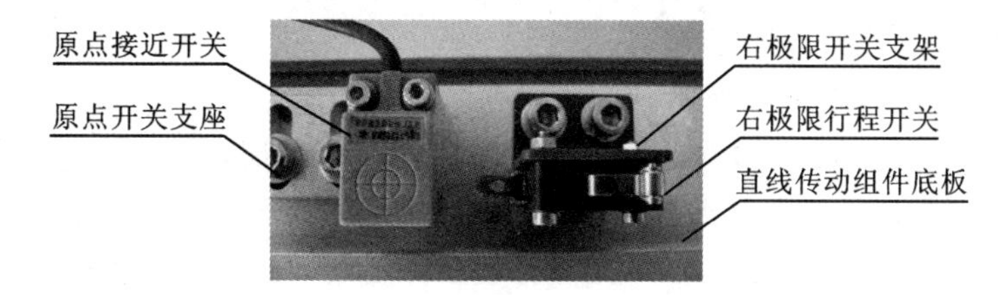

图 3-66　原点开关和右极限开关

原点接近开关是一个无触点的电感式接近传感器，用来提供直线运动的起始点信号。左、右极限开关均是有触点的微动开关，用来提供越程故障时的保护信号：当滑动溜板在运动中越过左或右极限位置时，极限开关会动作，从而向系统发出越程故障信号。

3.5.1.2　输送单元机械安装训练

1. 训练目标

将输送单元的机械部分拆开成组件或零件的形式，然后再组装成原样。要求着重掌握机械设备的安装、运动可靠性的调整，以及电气配线的敷设方法与技巧。

2. 机械部分安装步骤和方法

为了提高安装的速度和准确性，对本单元的安装同样遵循先成组件，再进行总装的原则。

(1) 组装直线运动组件的步骤。

在底板上装配直线导轨。直线导轨是精密机械运动部件，其安装、调整都要遵循一定的方法和步骤,而且该单元中使用的导轨长度较长,要快速准确地调整好两导轨的相互位置,使其运动平稳、受力均匀、运动噪声小。

① 装配大溜板、四个滑块组件:将大溜板与两直线导轨上的四个滑块的位置找准并进行固定,在锁紧固定螺栓的时候,应一边推动大溜板左右运动一边锁紧螺栓。直到滑动顺畅为止。

② 连接同步带:将连接了四个滑块的大溜板从导轨的一端取出。由于用于滚动的钢球嵌在滑块的橡胶套内,一定要避免橡胶套受到破坏或用力太大致使钢球掉落。将两个同步带固定座安装在大溜板的反面,用于固定同步带的两端。

接下来分别将调整端同步轮安装支架组件、电动机侧同步轮安装支架组件上的同步轮,套入同步带的两端,在此过程中应注意电动机侧同步轮安装支架组件的安装方向、两组件的相对位置,并将同步带两端分别固定在各自的同步带固定座内,同时也要注意保持连接安装好后的同步带平顺一致。完成以上安装任务后,再将滑块套在柱形导轨上,套入时,一定不能损坏滑块内的滑动滚珠以及滚珠的保持架。

③ 同步轮安装支架组件装配:先将电动机侧同步轮安装支架组件用螺栓固定在导轨安装底板上,再将调整端同步轮安装支架组件与底板连接,然后调整好同步带的张紧度,锁紧螺栓。

④ 伺服电动机安装:将电动机安装板固定在电动机侧同步轮支架组件的相应位置,将电动机与电动机安装活动连接,并在主动轴、电动机轴上分别套接同步轮,安装好同步带,调整电动机位置,锁紧连接螺栓。后安装左右限位以及原点传感器支架。

注意:在以上各构成零件中,轴承以及轴承座均为精密机械零部件,拆卸以及组装需要较熟练的技能和专用工具,因此,不可轻易对其进行拆卸或修配工作。

(2) 组装机械手装置的装配步骤。

① 提升机构组装如图 3-67 所示。

② 把气动摆台固定在组装好的提升机构上,然后在气动摆台上固定导杆气缸安装板,安装时注意要先找好导杆气缸安装板与气动摆台连接的原始位置,以便有足够的回转角度。

③ 连接气动手指和导杆气缸,然后把导杆气缸固定到导杆气缸安装板上。完成抓取机械手装置的装配。

(3) 完成输送单元的装配。

把抓取机械手装置固定到直线运动组件的大溜板上,如图 3-68 所示。然后,检查摆台上的导杆气缸、气动手指组件的回转位置是否满足在其余各工作站上抓取和放下工件的要求,进行适当的调整。装配完成的输送单元如图 3-69 所示。

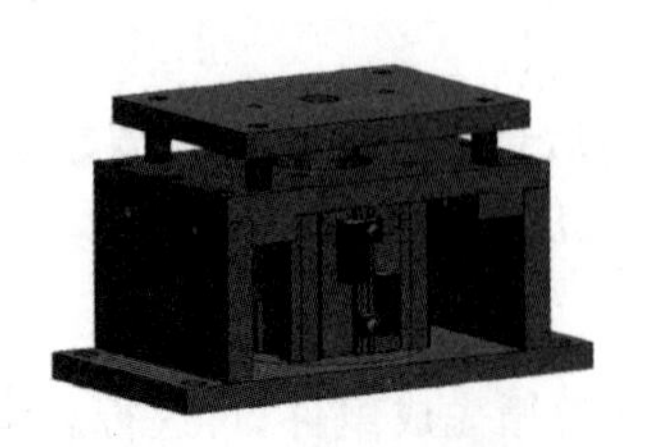

图 3-67 提升机构组装

图 3-68 装配完成的抓取机械手装置

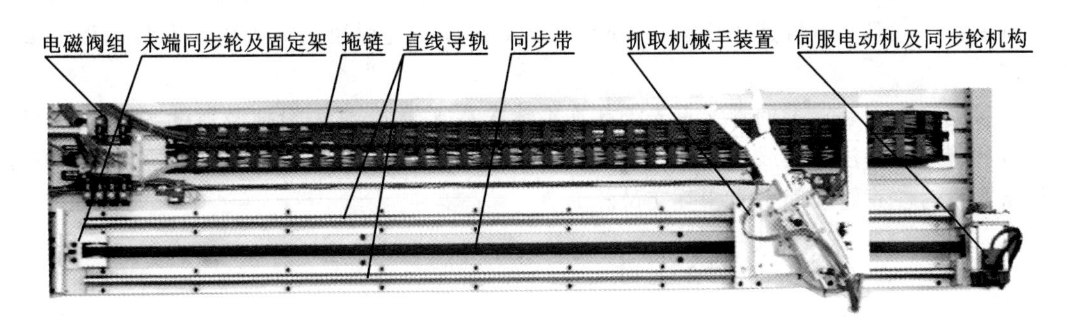

图 3-69　装配完成的输送单元装配侧

3.5.2　输送单元气路设计与连接

输送单元的抓取机械手装置上的所有气缸连接的气管沿拖链敷设，插接到电磁阀组上，其气动控制回路如图 3-70 所示。

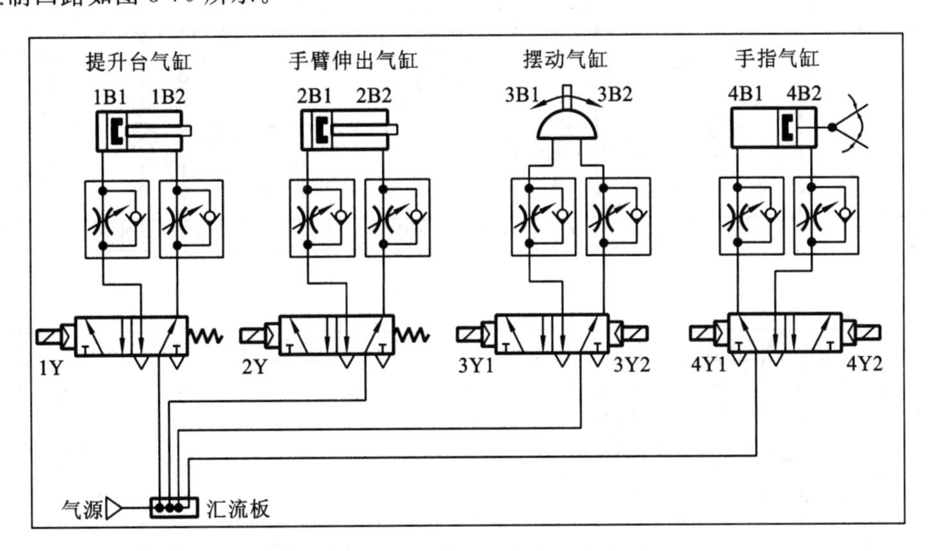

图 3-70　输送单元气动控制回路原理图

在气动控制回路中，驱动摆动气缸和气动手指气缸的电磁阀采用的是二位五通双电控电磁阀，电磁阀外形如图 3-71 所示。

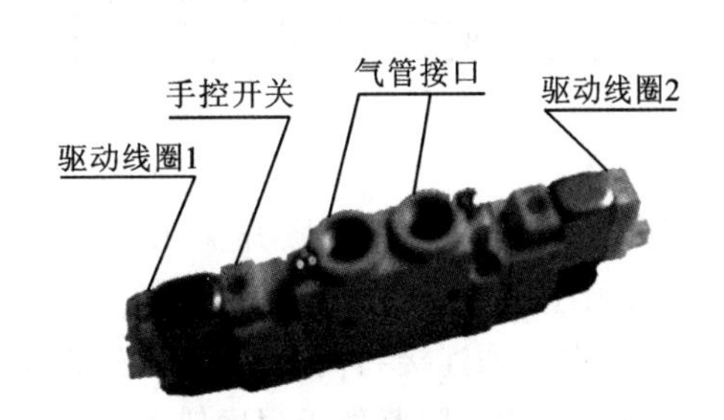

图 3-71　双电控气阀示意图

双电控电磁阀与单电控电磁阀的区别在于，对于单电控电磁阀，在无电控信号时，阀芯在弹簧力的作用下会被复位，而对于双电控电磁阀，在两端都无电控信号时，阀芯的位置取决于前一个电控信号。

注意：双电控电磁阀的两个电控信号不能同时为“1”，即在控制过程中不允许两个线圈同时得电；否则，可能会造成电磁线圈烧毁，当然，在这种情况下阀芯的位置是不确定的。

当抓取机械手装置作往复运动时,连接到机械手装置上的气管和电气连接线也会随之运动。确保这些气管和电气连接线运动顺畅,不至于在移动过程拉伤或脱落是安装过程中重要的一环。

连接到机械手装置上的管线首先绑扎在拖链安装支架上,然后沿拖链敷设,进入管线线槽中。绑扎管线时要注意管线引出端到绑扎处保持足够长度,以免机构运动时被拉紧造成脱落。沿拖链敷设时注意管线间不要相互交叉。

3.5.3 输送单元电路设计

3.5.3.1 输送单元 PLC 接线原理

输送单元 PLC 接线原理图如图 3-72 所示。

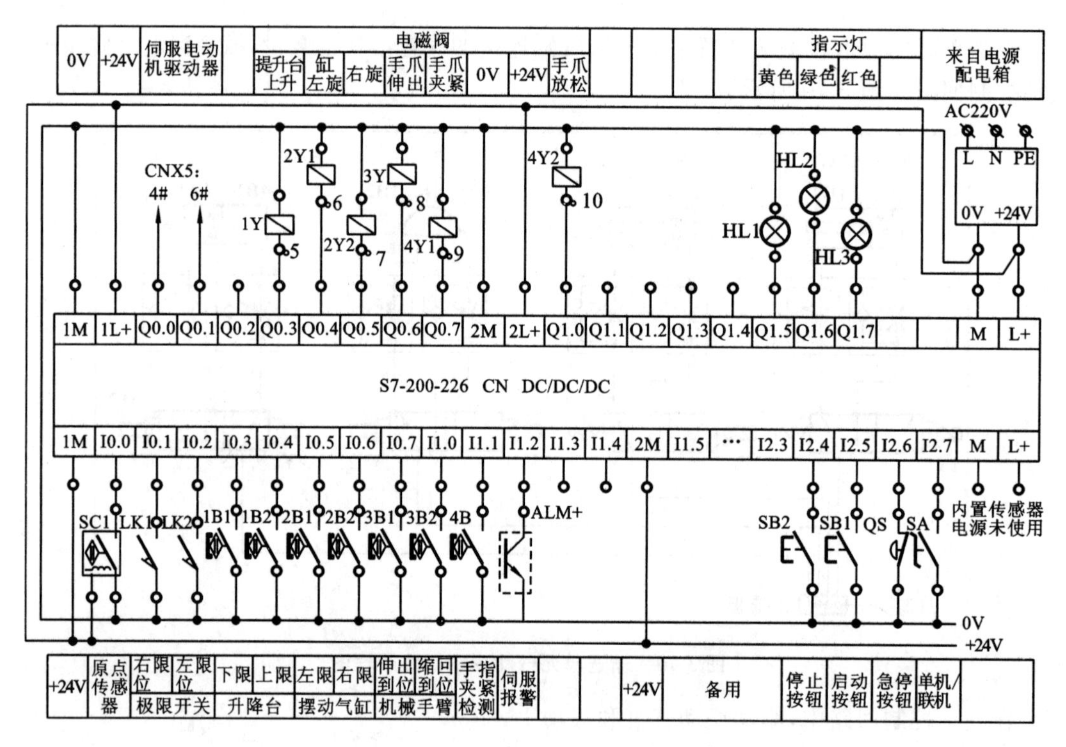

图 3-72 输送单元 PLC 接线原理图

图 3-72 中,左右两极限开关 LK2 和 LK1 的动合触点分别连接到 PLC 输入点 I0.2 和 I0.1。必须注意的是,LK2、LK1 均提供一对转换触点,它们的静触点应连接到公共点 COM,而动断触点必须连接到伺服驱动器的控制端口 CNX5 的 CCWL(9 脚)和 CWL(8 脚)作为硬连锁保护,目的是防范由于程序错误引起冲击极限故障而造成设备损坏。

接线时请注意:晶体管输出的 S5-200 系列 PLC,供电电源采用 DC 24 V 的直流电源,与前面各工作单元的继电器输出的 PLC 不同;千万不要把 AC 220 V 电源连接到其电源输入端。

3.5.3.2　输送单元伺服驱动器接线原理

输送单元中，伺服电动机驱动抓取机械手装置沿直线导轨作往复运动，伺服驱动器的外观和面板如图 3-73 所示。

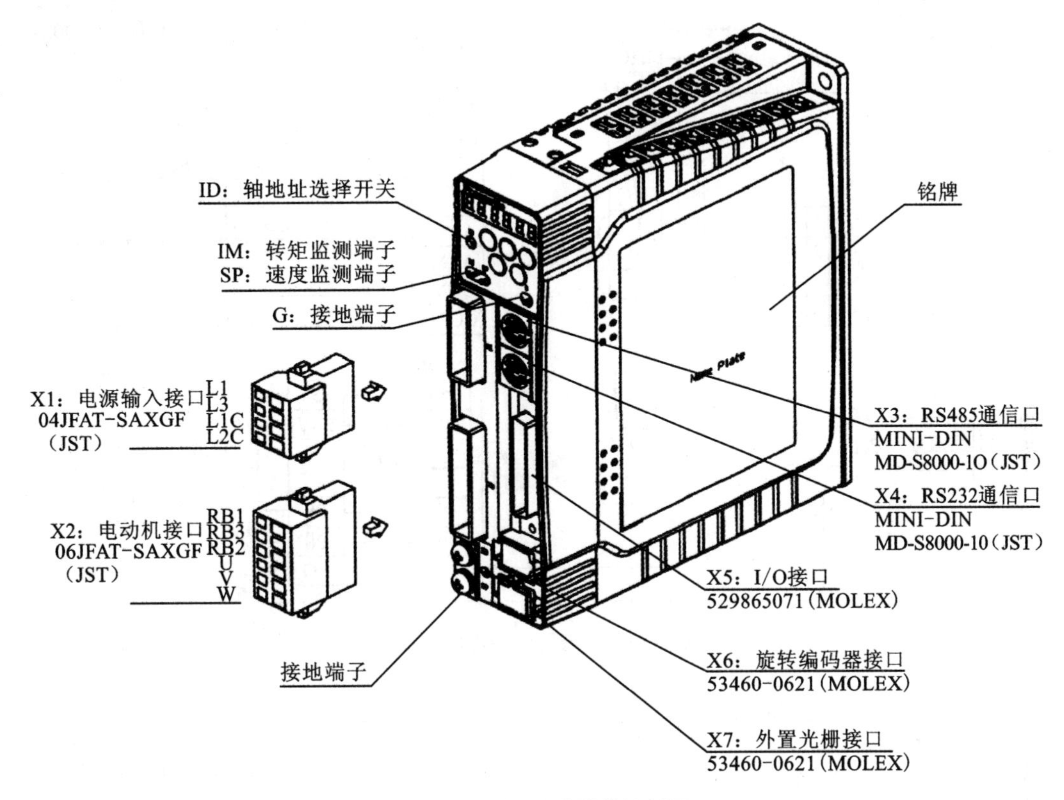

图 3-73　伺服驱动器的面板图

MADDT1207003 伺服驱动器面板上有多个接线端口。

X1：电源输入接口，AC 220 V 电源连接到 L1、L3 主电源端子，同时连接到控制电源端子 L1C、L2C 上。

X2：电动机接口和外置再生放电电阻器接口。U、V、W 端子用于连接电动机。必须注意，电源电压务必按照驱动器铭牌上的指示，电动机接线端子（U、V、W）不可以接地或短路，交流伺服电动机的旋转方向不像感应电动机可以通过交换三相相序来改变，必须保证驱动器上的 U、V、W、E 接线端子与电动机主回路接线端子按规定的次序一一对应，否则可能造成驱动器的损坏。电动机的接线端子和驱动器的接地端子以及滤波器的接地端子必须保证可靠的连接到同一个接地点上。机身也必须接地。RB1、RB2、RB3 端子是外接放电电阻，MADDT1207003 的规格为 100 Ω/10 W，YL-335B 没有使用外接放电电阻。

X6：连接到电动机编码器信号接口，连接电缆应选用带有屏蔽层的双绞电缆，屏蔽层应接到电动机侧的接地端子上，并且应确保将编码器电缆屏蔽层连接到插头的外壳（FG）上。

X5：I/O 控制信号端口，其部分引脚信号定义与选择的控制模式有关，不同模式下的接线请参考《松下 A 系列伺服电动机手册》。YL-335B 输送单元中，伺服电动机用于定位控制，选用位置控制模式。所采用的是简化接线方式，如图 3-74 所示。

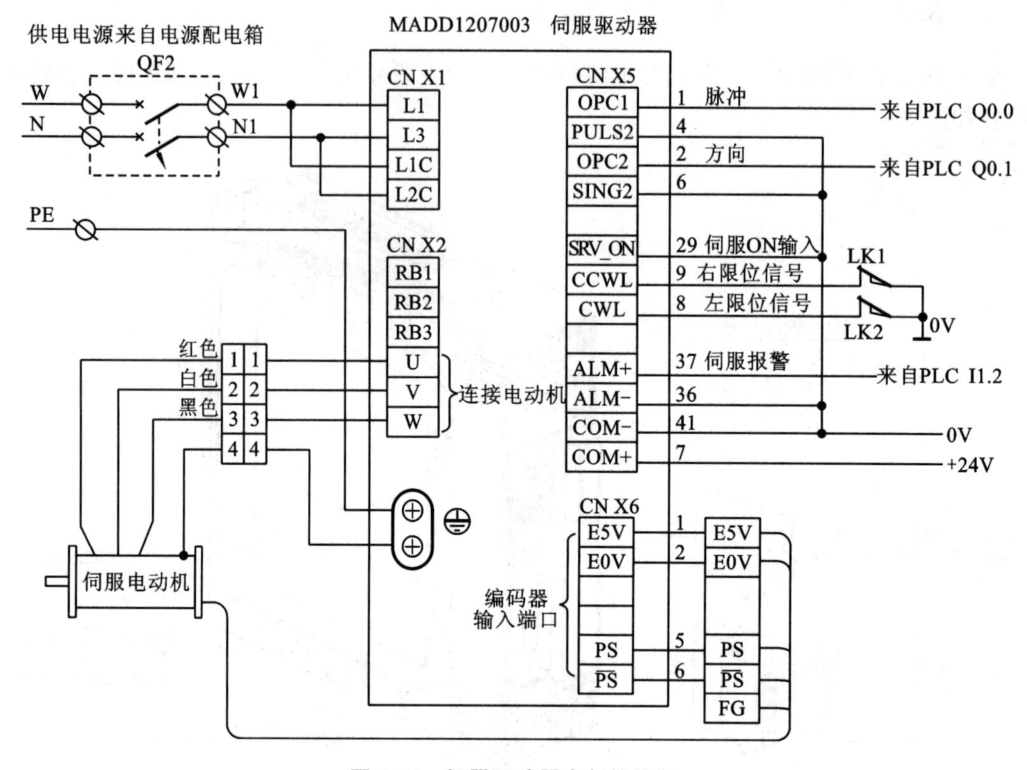

图 3-74 伺服驱动器电气接线图

3.5.3.3 输送单元伺服驱动器的参数设置与调整

MADDT1207003 伺服驱动器的参数共有 128 个,Pr00-Pr7F,可以通过与计算机连接后在专门的调试软件上进行设置,也可以在驱动器面板上进行设置。

在计算机上安装,通过与伺服驱动器建立起通信,就可将伺服驱动器的参数状态读出或写入,非常方便(见图 3-75)。当现场条件不允许,或修改少量参数时,也可通过驱动器上的操作面板来完成。操作面板如图 3-76 所示。各个按钮的说明如表 3-10 所示。

File F Edit E Display D Input setting I Window W Help H

Read Save Cmnt Rcv Trans Trans s Prnt Exit

All of parameters | Extracted parameter

Extract	No.	Parameter title	Setting range	Setting value
	00	Axis address	0 - 15	1
	01	Initial LED status	0 - 2	1
	02	Control mode set-up	0 - 5	1
	03	Analog torque limit inhibit	0 - 1	1
	04	Overtravel input inhibit	0 - 1	1
	05	Internal speed switching	0 - 2	0
	06	ZEROSPD input selection	0 - 1	0
	07	Speed monitor(SP) selection	0 - 9	3

Change of the setting value

You can change the set-up value by pressing the Enter-key or clicking the <Change of the setting value> button, after entering the set-up value.

RSW(ID) of the front panel is displayed at the control power entry.

图 3-75 驱动器参数设置软件

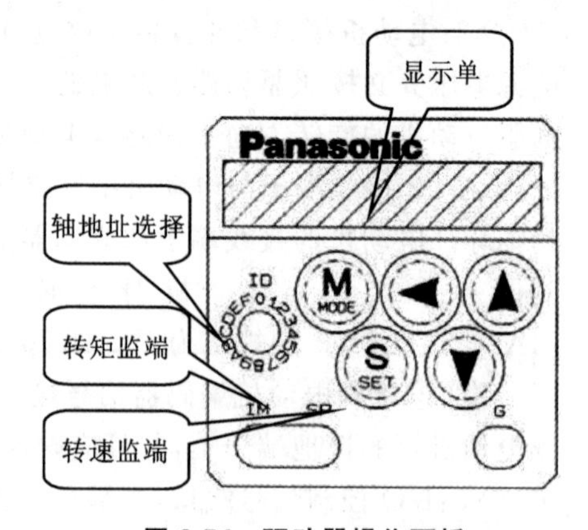

图 3-76 驱动器操作面板

表 3-10　伺服驱动器面板按钮的说明

按键说明	激活条件	功　　能
MODE	在模式显示时有效	在以下 5 种模式之间切换： ①监视器模式； ②参数设置模式； ③EEPROM 写入模式； ④自动调整模式； ⑤辅助功能模式
SET	一直有效	用来在模式显示和执行显示之间切换
▲　▼	仅对小数点闪烁的那一位数据位有效	改变模式里的显示内容、更改参数、选择参数或执行选中的操作
◀		把移动的小数点移动到更高位数

面板操作说明：

(1) 参数设置，先按“Set”键，再按“Mode”键选择到“Pr00”后，按向上、下或向左的方向键选择通用参数的项目，按“Set”键进入。然后按向上、下或向左的方向键调整参数，调整完后，按“S”键返回。选择其他项再调整。

(2) 参数保存，按“M”键选择到“EE-SET”后按“Set”键确认，出现“EEP-”，然后按向上键 3 s，出现“FINISH”或“reset”，然后重新上电即保存。

(3) 手动 JOG 运行，按“Mode”键选择到“AF-ACL”，然后按向上、下键选择到“AF-JOG”。

按“Set”键一次，显示“JOG-”，然后按向上键 3 s，显示“ready”，再按向左键 3 s，出现“sur-on”锁紧轴，按向上、下键，点击正反转。注意先将 S-ON 断开。

(4) 部分参数说明。

在 YL-335B 上，伺服驱动装置工作于位置控制模式，S5-226 的 Q0.0 输出脉冲作为伺服驱动器的位置指令，脉冲的数量决定伺服电动机的旋转位移，即机械手的直线位移，脉冲的频率决定了伺服电动机的旋转速度，即机械手的运动速度，S5-226 的 Q0.1 输出脉冲作为伺服驱动器的方向指令。对于控制要求较为简单，伺服驱动器可采用自动增益调整模式。根据上述要求，伺服驱动器参数设置如表 3-11 所示。

表 3-11　伺服驱动器参数设置

参　　数		设置数值	功能和含义
参数编号	参数名称		
Pr01	LED 初始状态	1	显示电动机转速
Pr02	控制模式	0	位置控制(相关代码 P)

续表

参数		设置数值	功能和含义
参数编号	参数名称		
Pr04	行程限位禁止输入无效设置	2	当左或右限位动作,则会发生 Err38 行程限位禁止输入信号出错报警。设置此参数值必须在控制电源断电重启之后才能修改、写入成功
Pr20	惯量比	1678	
Pr21	实时自动增益设置	1	实时自动调整为常规模式,运行时负载惯量的变化情况很小
Pr22	实时自动增益的机械刚性选择	1	此参数值设得越大,响应越快
Pr41	指令脉冲旋转方向设置	0	指令脉冲+指令方向。设置此参数值必须在控制电源断电重启之后才能修改、写入成功
Pr42	指令脉冲输入方式	3	
Pr48	指令脉冲分倍频第1分子	10000	
Pr49	指令脉冲分倍频第2分子	0	
Pr4A	指令脉冲分倍频分子倍率	0	
Pr4B	指令脉冲分倍频分母	6000	

注:其他参数的说明及设置请参看松下 Ninas A4 系列伺服电动机、驱动器使用说明书。

3.5.4 输送单元PLC程序

3.5.4.1 S7-200 PLC 的脉冲输出功能及位控编程

S7-200 有两个内置 PTO/PWM 发生器,用以建立高速脉冲串(PTO)或脉宽调节(PWM)信号波形。一个发生器指定给数字输出点 Q0.0,另一个发生器指定给数字输出点 Q0.1。当组态一个输出为 PTO 操作时,生成一个 50%占空比脉冲串用于步进电动机或伺服电动机的速度和位置的开环控制。内置 PTO 功能提供了脉冲串输出,脉冲周期和数量可由用户控制。但应用程序必须通过 PLC 内置 I/O 提供方向和限位控制。

为了简化用户应用程序中位控功能的使用,STEP5-Micro/WIN 提供的位控向导可以帮助用户在很短的时间内全部完成 PWM、PTO 或位控模块的组态。向导可以生成位置指令,用户可以用这些指令在其应用程序中为速度和位置提供动态控制。

1. 开环位控用于伺服电动机的基本信息

借助位控向导组态 PTO 输出时,需要用户提供一些基本信息,逐项介绍如下。

(1) 大速度(MAX_SPEED)和启动/停止速度(SS_SPEED)图 3-77 是这两个概念的示意图。MAX_SPEED 是允许的操作速度的大值,它应在电动机力矩能力的范围内。驱动负载所需的力矩由摩擦力、惯性以及加速/减速时间决定。

SS_SPEED 的数值应满足电动机在低速时驱动负载的能力,如果 SS_SPEED 的数值过低,电动机和负载在运动的开始和结束时可能会摇摆或颤动。如果 SS_SPEED 的数值过高,电动机会在启动时丢失脉冲,并且负载在试图停止时会使电动机超速。通常,SS_SPEED 的值是 MAX_SPEED 的值的 5%至 15%。

(2) 加速和减速时间。

加速时间 ACCEL_TIME:电动机从 SS_SPEED 速度加速到 MAX_SPEED 速度所需的时间。

减速时间 DECEL_TIME:电动机从 MAX_SPEED 速度减速到 SS_SPEED 速度所需要的时间。

加速时间和减速时间的缺省设置都是 1000 ms。通常,电动机可在小于 1000 ms 的时间内工作(见图 3-78)。这两个值设定时要以 ms 为单位。

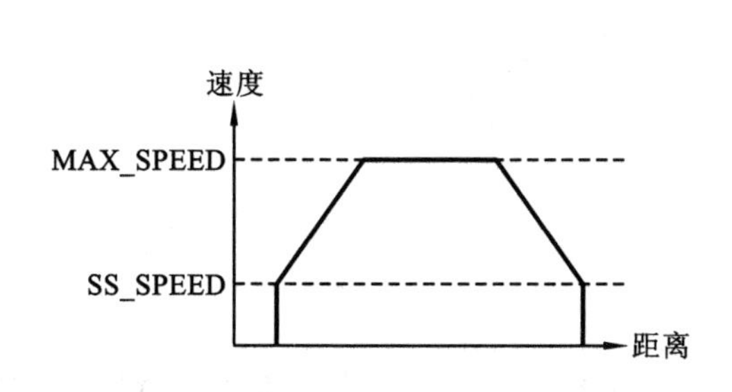

图 3-77　大速度和启动/停止速度

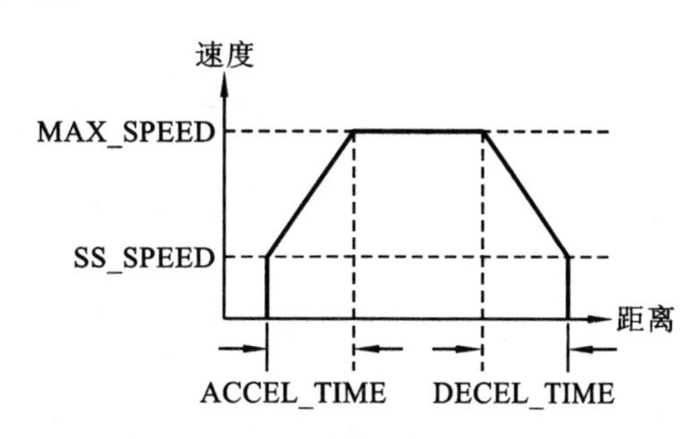

图 3-78　加速和减速时间

电动机的加速和失速时间通常要经过测试来确定。开始时,应输入一个较大的值。

逐渐减少这个时间值直至电动机开始失速,从而优化应用中的这些设置。

(3) 移动包络。

一个包络是一个预先定义的移动描述,它包括一个或多个速度,影响着从起点到终点的移动。一个包络由多段组成,每段包含一个达到目标速度的加速/减速过程和以目标速度运行的一串固定数量的脉冲。

位控向导提供移动包络定义界面,应用程序所需的每一个移动包络均可在这里定义。PTO 最多支持 100 个包络。

定义一个包络,包括如下几点:①选择操作模式;②为包络的各步定义指标;③为包络定义一个符号名。

选择包络的操作模式:PTO 支持相对位置和单一速度的连续转动两种模式,如图 3-79 所示,相对位置模式指的是运动的终点位置从起点侧开始计算的脉冲数量。单速连续转动则不需要提供终点位置,PTO 一直持续输出脉冲,直至有其他命令发出,例如到达原点要求停发脉冲。

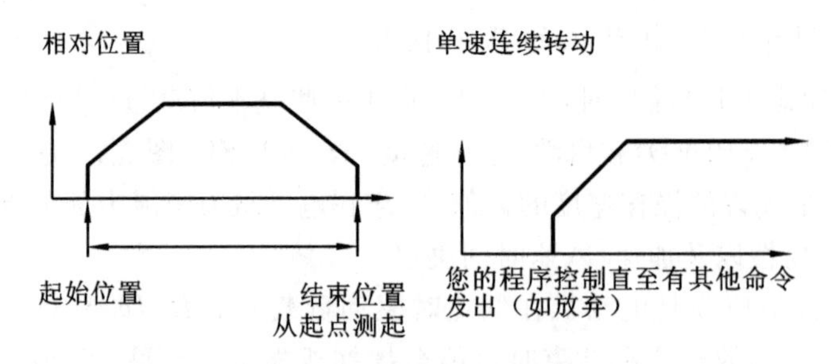

图 3-79　一个包络的操作模式

包络中的步:一个步是工件运动的一个固定距离,包括加速和减速时间内的距离。PTO每一包络允许 29 个步。

每一步包括目标速度和结束位置或脉冲数目等几个指标。图 3-80 所示为一步、两步、三步和四步包络。注意一步包络只有一个常速段,两步包络有两个常速段,依此类推。步的数目与包络中常速段的数目一致。

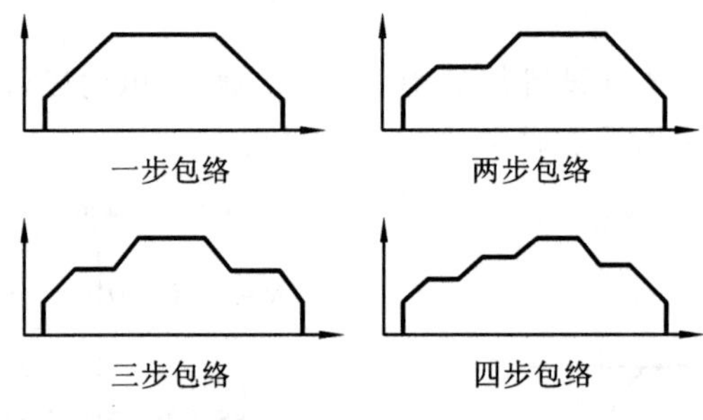

图 3-80　包络的步数示意图

2. 使用位控向导编程步骤

STEP7 V4.0 软件的位控向导能自动处理 PTO 脉冲的单段管线和多段管线、脉宽调制、SM 位置配置和创建包络表。

下面给出一个简单工作任务例子,阐述使用位控向导编程的方法和步骤。表 3-12 是这个例子中实现伺服电动机运行所需的运动包络。

表 3-12　伺服电动机运行的运动包络

运动包络	站　　点	脉冲量	移动方向
1	供料站→加工站　470 mm	85600	
2	加工站→装配站　286 mm	52000	
3	装配站→分解站　235 mm	42700	
4	分拣站→高速回零前　925 mm	168000	DIR
5	低速回零	单速返回	DIR

使用位控向导编程的步骤如下:

(1) 为 S5-200 PLC 选择选项组态内置 PTO 操作。

在 STEP7 V4.0 软件命令菜单中选择 工具→位置控制向导,即开始引导位置控制配置。在向导弹出的第 1 个界面,选择配置 S5-200 PLC 内置 PTO/PWM 操作。在第 2 个界面中选

择“Q0.0”作脉冲输出。接下来的第3个界面如图3-81所示，请选择“线性脉冲输出(PTO)”，并点选使用高速计数器HSC0(模式12)对PTO生成的脉冲进行自动计数的功能。单击“下一步”就开始了组态内置PTO操作。

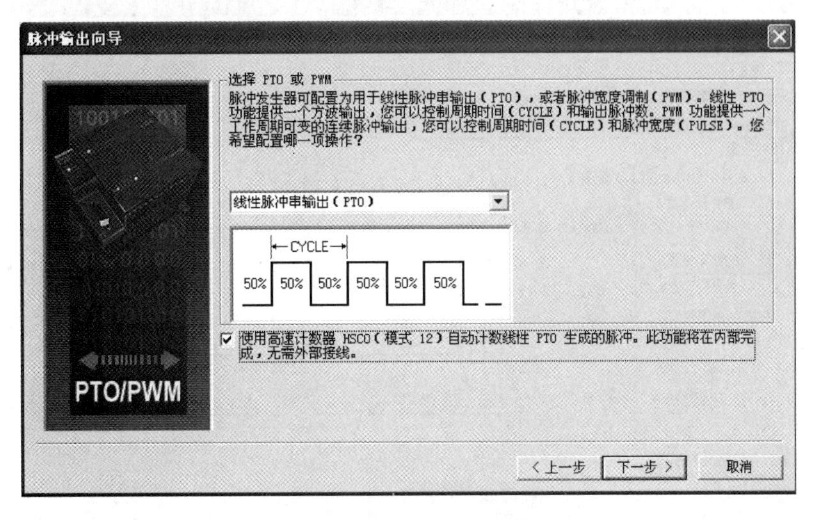

图3-81　组态内置PTO操作选择界面

(2) 要求设定电动机速度参数，包括前面所述的高电动机速度MAX_SPEED和电动机启动/停止速度SS_SPEED，以及加速时间ACCEL_TIME和减速时间DECEL_TIME。请在对应的编辑框中输入数值。例如，输入高电动机速度“90000”，把电动机启动/停止速度设定为“600”，加速时间ACCEL_TIME和减速时间DECEL_TIME分别为1000(ms)和200(ms)。完成给位控向导提供基本信息的工作。单击“下一步”，开始配置运动包络界面。

(3) 图3-82所示为配置运动包络的界面。该界面要求设定操作模式、1个步的目标速度、结束位置等步的指标，以及定义这一包络的符号名(从第0个包络第0步开始)。

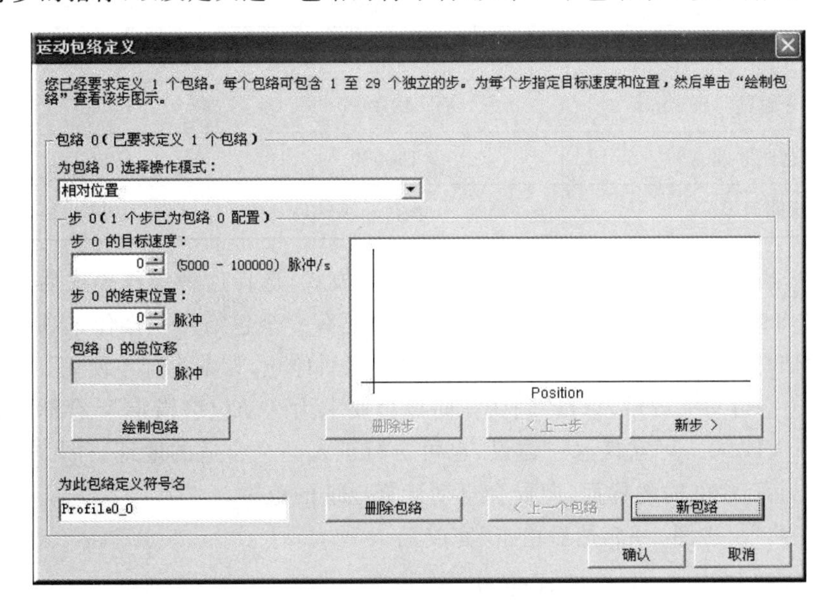

图3-82　配置运动包络界面

在操作模式选项中选择相对位置控制,填写包络“0”中数据目标速度“60000”,结束位置“85600”,点击“绘制包络”,如图3-83所示,注意,这个包络只有1步。

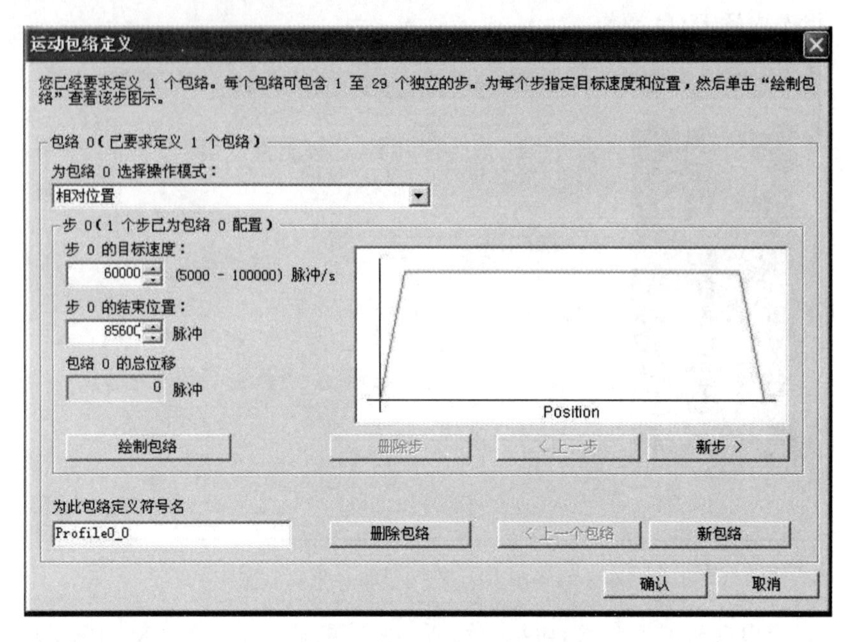

图3-83 设置第0个包络

包络的符号名按默认定义(Profile0_0)。这样,第0个包络的设置,即从供料站→加工站的运动包络设置就完成了。现在可以设置下一个包络,点击“新包络”,按上述方法将表3-13中前3个位置数据输入包络中去。

表3-13 包络表的位置数据

站　　点	位移脉冲量	目标速度	移动方向
加工站→装配站　286 mm	52000	60000	
装配站→分解站　235 mm	42700	60000	
分拣站→高速回零前　925 mm	168000	57000	DIR
低速回零	单速返回	20000	DIR

表3-13中,最后一行低速回零,是单速连续运行模式,选择这种操作模式后,在所出现的界面中(见图3-84),写入目标速度“20000”。界面中还有一个包络停止操作选项,作用是当停止信号输入时依然会向运动方向按设定的脉冲数走完后停止,在本系统不使用。

(4) 运动包络编写完成后,单击“确认”,向导会要求为运动包络指定V存储区地址(建议地址为VB75～VB300),可默认这一建议,也可自行键入一个合适的地址。图3-85是指定V存储区首地址为VB400时的界面,向导会自动计算地址的范围。

单击“下一步”出现图3-86,然后单击“完成”。

3. 使用位控向导生成的项目组件

运动包络组态完成后,向导会为所选的配置生成四个项目组件(子程序),分别是:

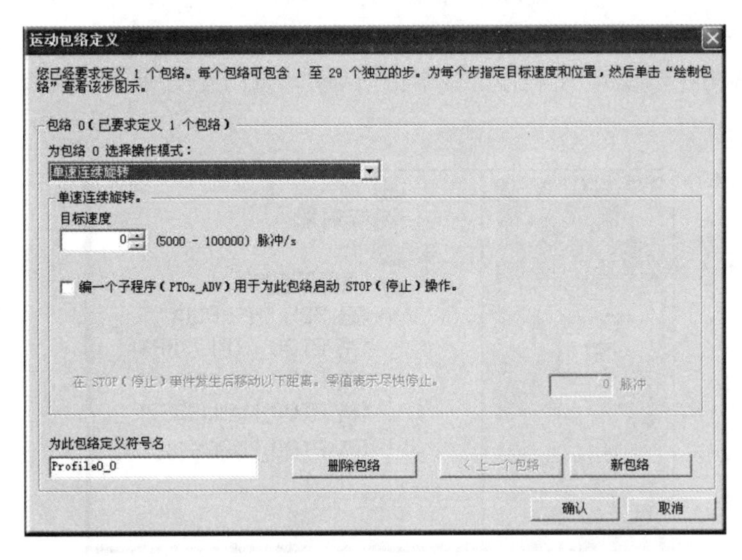

图 3-84　设置第 4 个包络

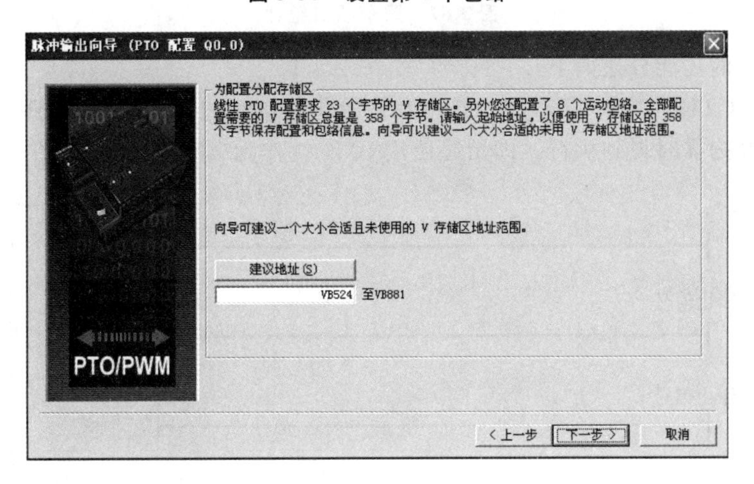

图 3-85　为运动包络指定 V 存储区地址

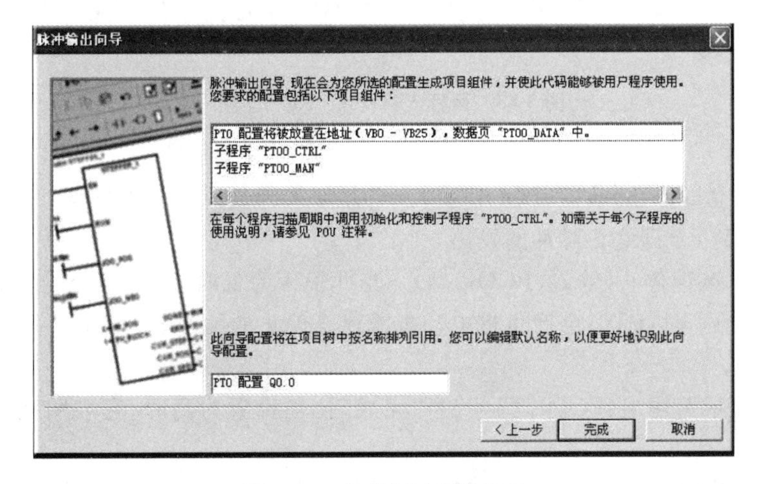

图 3-86　生成项目组件提示

PTOx_CTRL(控制)子程序、PTOx_RUN(运行包络)子程序,PTOx_LDPOS(装载位置)子程序和 PTOx_MAN(手动模式)子程序。一个由向导产生的子程序就可以在程序中调用,如图 3-87 所示。

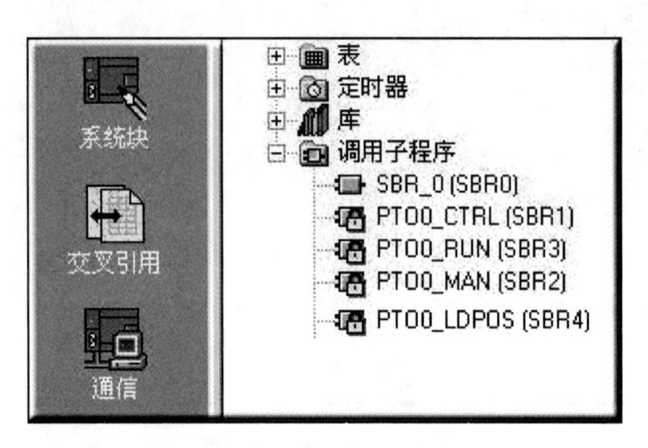

图 3-87　四个项目组件

四个子程序的功能分述如下。

(1) PTOx_CTRL(控制)子程序　启用和初始化 PTO 输出。在用户程序中只使用一次,并且确定在每次扫描时得到执行。即始终使用 SM0.0 作为 EN 的输入,如图 3-88 所示。

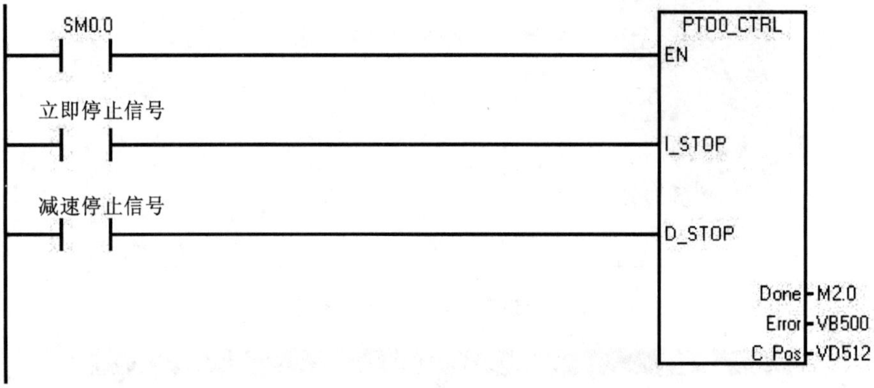

SM0.0
立即停止信号
减速停止信号
PTO0_CTRL
EN
I_STOP
D_STOP
Done - M2.0
Error - VB500
C_Pos - VD512

图 3-88　运行 PTOx_CTRL 子程序

① 输入参数。

■ I_STOP(立即停止)输入(BOOL 型)　当此输入为低时,PTO 功能会正常工作。当此输入变为高时,PTO 立即终止脉冲的发出。

■ D_STOP(减速停止)输入(BOOL 型)　当此输入为低时,PTO 功能会正常工作。当此输入变为高时,PTO 会产生将电动机减速至停止的脉冲串。

② 输出参数。

■ Done("完成")输出(BOOL 型)　当"完成"位被设置为高时,它表明上一个指令也已执行。

■ Error(错误)参数(BYTE 型)　包含本子程序的结果。当"完成"位为高时,错误字节会报告无错误或有错误代码的正常完成。

■ C_Pos(DWORD 型)　如果 PTO 向导的 HSC 计数器功能已启用,此参数包含以脉冲数表示的模块当前位置。否则,当前位置将一直为 0。

(2) PTOx_RUN(运行包络)子程序　命令 PLC 执行存储于配置/包络表的指定包络运动操作。运行这一子程序的梯形图如图 3-89 所示。

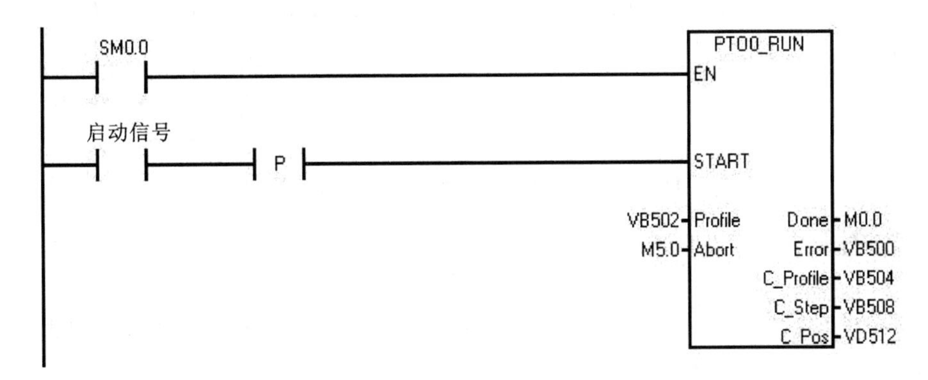

图 3-89　运行 PTOx_RUN 子程序

① 输入参数。

■ EN 位　子程序的使能位。在"完成"(Done)位发出子程序执行已经完成的信号前,应使 EN 位保持开启。

■ START 参数(BOOL 型)　包络的执行的启动信号。对于在 START 参数已开启,且 PTO 当前不活动时的每次扫描,此子程序会激活 PTO。为了确保仅发送一个命令,一般用上升沿以脉冲方式开启 START 参数。

■ Abort(终止)命令(BOOL 型)　命令为 ON 时位控模块停止当前包络,并减速至电动机停止。

■ Profile(包络)(BYTE 型)　输入为此运动包络指定的编号或符号名。

② 输出参数。

■ Done(完成)(BOOL 型)　本子程序执行完成时,输出 ON。

■ Error(错误)(BYTE 型)　输出本子程序执行的结果的错误信息,无错误时输出 0。

■ C_Profile(BYTE 型)　输出位控模块当前执行的包络。

■ C_Step(BYTE 型)　输出目前正在执行的包络步骤。

■ C_Pos(DINT 型)　如果 PTO 向导的 HSC 计数器功能已启用,则此参数包含以脉冲数作为模块的当前位置。否则,当前位置将一直为 0。

(3) PTOx_LDPOS(装载位置)子程序　改变 PTO 脉冲计数器的当前位置值为一个新值。可用该指令为任何一个运动命令建立一个新的零位置。图 3-90 是一个使用 PTO0_LDPOS 指令实现返回原点完成后清零功能的梯形图。

① 输入参数。

■ EN 位　子程序的使能位。在"完成"(Done)位发出子程序执行已经完成的信号前,应使 EN 位保持开启。

■ START(BOOL 型)　装载启动。接通此参数,以装载一个新的位置值到 PTO 脉冲计数器。在每一循环周期,只要 START 参数接通且 PTO 当前不忙,该指令装载一个新的位置

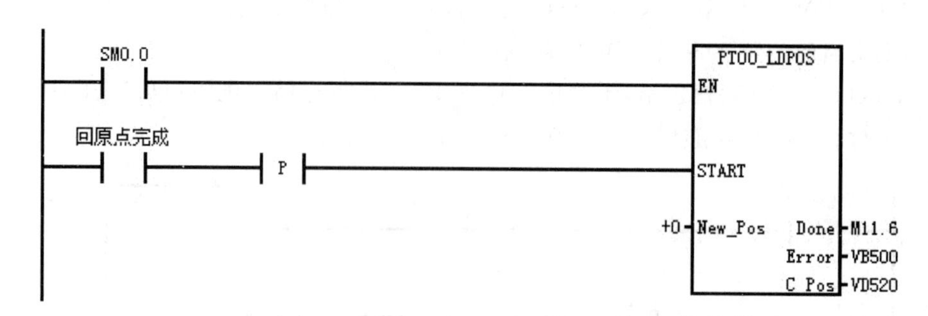

图 3-90　用 PTOx_LDPOS 指令实现返回原点后清零

给 PTO 脉冲计数器。若要保证该命令只发一次，使用边沿检测指令以脉冲触发 START 参数接通。

■ New_Pos 参数(DINT 型)　输入一个新的值替代 C_Pos 报告的当前位置值。位置值用脉冲数表示。

②输出参数。

■ Done(完成)(BOOL 型)　模块完成该指令时，参数 Done ON。

■ Error(错误)(BYTE 型)　输出本子程序执行的结果的错误信息。无错误时输出 0。

■ C_Pos(DINT 型)　此参数包含以脉冲数作为模块的当前位置。

(4) PTOx_MAN(手动模式)子程序　将 PTO 输出置于手动模式。执行这一子程序允许电动机启动、停止和按不同的速度运行。但当 PTOx_MAN 子程序已启用时，除 PTOx-CTRL 外，任何其他 PTO 子程序都无法执行。

运行这一子程序的梯形图如图 3-91 所示。

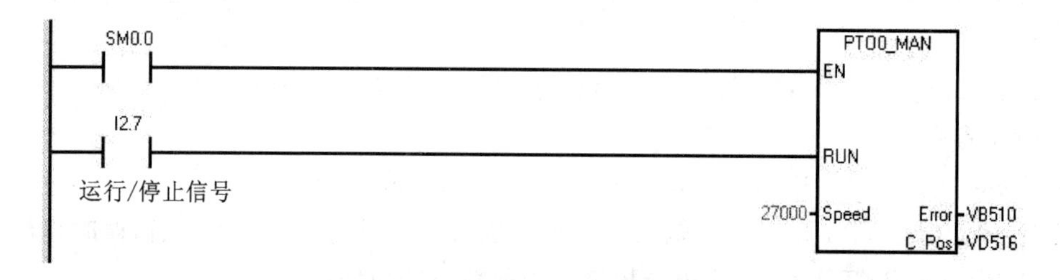

图 3-91　运行 PTOx_MAN 子程序

■ RUN(运行/停止)参数　命令 PTO 加速至指定速度(Speed(速度)参数)。从而允许在电动机运行中更改 Speed 参数的数值。停用 RUN 参数命令 PTO 减速至电动机停止。

当 RUN 已启用时，Speed 参数确定着速度。速度是一个用每秒脉冲数计算的 DINT(双整数)值。可以在电动机运行中更改此参数。

■ Error(错误)参数　输出本子程序的执行结果的错误信息，见错误时输出 0。

如果 PTO 向导的 HSC 计数器功能已启用，C_Pos 参数包含用脉冲数目表示的模块；否则此数值始终为零。

由上述四个子程序的梯形图可以看出，为了调用这些子程序。编程时应预置一个数据存储区，用于存储子程序执行时间参数，存储区所存储的信息可根据程序的需要调用。

3.5.4.2　输送单元 PLC 程序的编写思路

1. 工作任务

输送单元单站运行的目标是测试设备传送工件的功能。要求其他各工作单元已经就位(见图 3-92),并且在供料单元的出料台上放置了工件。具体测试要求如下:

(1) 输送单元在通电后,按下复位按钮 SB1,执行复位操作,使抓取机械手装置回到原点位置。在复位过程中,"正常工作"指示灯 HL1 以 1 Hz 的频率闪烁。

当抓取机械手装置回到原点位置,且输送单元各个气缸满足初始位置的要求,则复位完成,"正常工作"指示灯 HL1 常亮。按下启动按钮 SB2,设备启动,"设备运行"指示灯 HL2 也常亮,开始功能测试过程。

(2) 正常功能测试。

抓取机械手装置从供料站出料台抓取工件,抓取的顺序是:手爪伸出→手爪夹紧抓取工件→提升台上升→手爪缩回。

抓取动作完成后,伺服电动机驱动机械手装置向加工站移动,移动速度不小于 300 mm/s。

机械手装置移动到加工站物料台的正前方后,即把工件放到加工站物料台上。抓取机械手装置在加工站放下工件的顺序是:手爪伸出→提升台下降→手爪松开放下工件→手爪缩回。

放下工件动作完成 2 s 后,抓取机械手装置执行抓取加工站工件的操作。抓取的顺序与供料站抓取工件的顺序相同。

抓取动作完成后,伺服电动机驱动机械手装置移动到装配站物料台的正前方,然后把工件放到装配站物料台上。其动作顺序与加工站放下工件的顺序相同。

放下工件动作完成 2 s 后,抓取机械手装置执行抓取装配站工件的操作。抓取的顺序与供料站抓取工件的顺序相同。

机械手手爪缩回后,摆台逆时针旋转 90°,伺服电动机驱动机械手装置从装配站向分拣站运送工件,到达分拣站传送带上方入料口后把工件放下,动作顺序与加工站放下工件的顺序相同。

放下工件动作完成后,机械手手爪缩回,然后执行返回原点的操作。伺服电动机驱动机械手装置以 400 mm/s 的速度返回,返回 900 mm 后,摆台顺时针旋转 90°,然后以 100 mm/s 的速度低速返回原点停止。

当抓取机械手装置返回原点后,一个测试周期结束。当供料单元的出料台上放置了工件时,再按一次启动按钮 SB2,开始新一轮的测试。

(3) 非正常运行的功能测试。

若在工作过程中按下急停按钮 QS,则系统立即停止运行。在急停复位后,应从急停前的断点开始继续运行。但是若急停按钮按下时,输送站机械手装置正在向某一目标点移动,则急停复位后,输送站机械手装置应首先返回原点位置,然后再向原目标点运动。

在急停状态下,绿色指示灯 HL2 以 1 Hz 的频率闪烁,直到急停复位后恢复正常运行时,HL2 才恢复常亮。

2. PLC 的 I/O 分配

输送单元选用西门子 S7-226 DC/DC/DC 型 PLC,共 24 点输入,16 点晶体管输出(见表 3-14)。

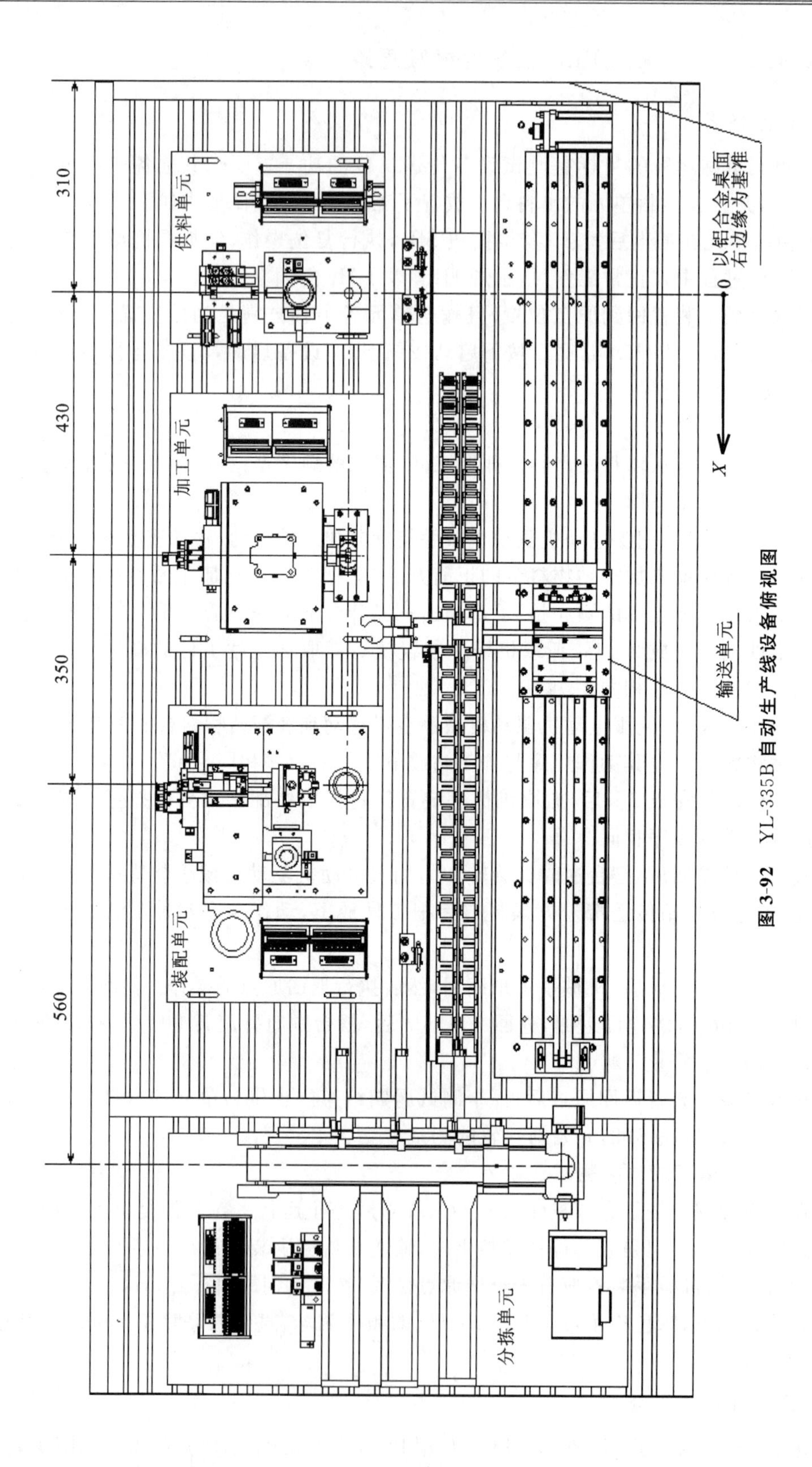

图 3-92 YL-335B 自动生产线设备俯视图

表 3-14 PLC 的 I/O 信号表

I0.0	原点检测	V1000.5	系统复位中	M6.3	HMI 联机
I0.1	左限位	V1001.4	允许装配	M7.0	通信正常
I0.2	右限位	M10.4	包络 4 完成	M7.1	通信故障
I0.3	提升上限	M0.0	HMI 就绪	M10.0	包络 0 完成
I0.4	提升下限	M0.7	越程故障	M10.1	包络 1 完成
I0.5	左旋到位	M1.0	运行状态	M10.2	包络 2 完成
I0.6	右旋到位	M1.1	停止指令	M10.3	包络 3 完成
I0.7	伸出到位	M2.0	主控标志	M14.1	通信诊断
I1.0	缩回到位	M2.1	前往加工	V1000.0	运行信号
I1.1	夹紧检测	M2.2	前往装配	V1000.2	急停信号
I2.4	启动按钮	M2.3	前往分拣	V1000.4	从站复位
I2.5	单站复位	M2.4	急停返回	V1000.7	联机指令
I2.6	急停按钮	M2.5	调整包络	V1001.2	请求供料
I2.7	方式切换	M3.4	联机方式	V1001.3	允许加工
Q0.1	方向控制	M3.5	全线联机	V1001.5	允许分拣
Q0.3	提升电磁阀	M3.6	测试完成	V1001.6	供料不足
Q0.4	左旋电磁阀	M4.0	抓取完成	V1001.7	供料有无
Q0.5	右旋电磁阀	M5.0	初态检查	V1020.0	供料就绪
Q0.6	伸出电磁阀	M5.1	初始位置	V1020.1	供料信号
Q0.7	夹紧电磁阀	M5.2	主站就绪	V1020.4	供料联机
Q1.0	放松电磁阀	M5.3	系统就绪	V1020.6	工件不足
Q1.5	HL1_Y	M6.0	HMI 复位	V1020.7	工件没有
Q1.6	HL2_G	M6.1	HMI 停止	V1030.0	加工就绪
Q1.7	HL3_R	M6.2	HMI 启动	V1030.1	加工完成
				V1030.4	加工联机
				V1040.0	装配就绪
				V1040.1	装配完成
				V1040.4	装配联机
				V1040.7	零件没有
				V1050.0	分拣就绪
				V1050.4	分拣联机

搬运单元 PTO 定义如图 3-93 所示。

			符号	地址	注释
1			回原点	SBR0	
2			PTO0_CTRL	SBR2	此指令由 PTO/PWM 向导生成，用于输出点 Q0.0
3			PTO0_RUN	SBR3	此指令由 PTO/PWM 向导生成，用于输出点 Q0.0。PTOx_RUN (运行包络)子程序用于命令线性 PTO 操作执行在向导配置中指定的运动包络
4			PTO0_MAN	SBR4	此指令由 PTO/PWM 向导生成，用于输出点 Q0.0。PTOx_MAN (手动模式)子程序用于以手动模式控制线性 PTO。在手动模式中，可用不同的速度操作 PTO。使能 PTOx_MAN 指令时，只允许使用 PTOx_CTRL 指令
5			PTO0_LDPOS	SBR5	此指令由 PTO/PWM 向导生成，用于输出点 Q0.0。PTOx_LDPOS (装载位置)子程序用于为线性 PTO 操作改动当前位置参数
6			初态检查复位	SBR6	
7			急停处理	SBR7	子程序注释
8			运行控制	SBR8	子程序注释
9			抓取工件	SBR10	子程序注释
10			放下工件	SBR11	子程序注释
11			INT_0	INT0	中断程序注释
12			主程序	OB1	程序注释

图 3-93　搬运单元 PTO 定义

搬运单元 PTO 向导如图 3-94 所示。

			符号	地址	注释
1			PTO_INT_ENO_ERROR	133	PTO 执行 D_STOP 指令处理 STOP (停止)事件时得到 ENO 错误
2			PLS_HC_ENO_ERROR	132	HSC、PLS或PTO 指令导致一个 ENO 错误
3			PTO_ENO_ERROR	131	PTO 指令导致一个 ENO 错误
4			PTO_STOP	130	PTO 指令目前正被命令 STOP (停止)
5			ISTOP_DSTOP_EN	129	I_STOP 和 D_STOP 命令被同时使能
6			PTO_BUSY	128	PTO 指令正在忙于执行另一项指令
7			DSTOP_SUCCESS	2	D_STOP 在运动中有效。STOP (停止)命令成功完成
8			ISTOP_SUCCESS	1	I_STOP 在运动中有效。STOP (停止)命令成功完成
9			格式0_7_0	7	这是用于包络 7的符号名
10			格式0_6_0	6	这是用于包络 6的符号名
11			格式0_5_0	5	这是用于包络 5的符号名
12			格式0_4_0	4	这是用于包络 4的符号名
13			格式0_3_0	3	这是用于包络 3的符号名
14			格式0_2_0	2	这是用于包络 2的符号名
15			格式0_1_0	1	这是用于包络 1的符号名
16			格式0_0_0	0	这是用于包络 0的符号名

图 3-94　搬运单元 PTO 向导

3. 编写和调试 PLC 控制程序

1) 主程序编写的思路

从前面所述的传送工件功能测试任务可以看出，整个功能测试过程应包括上电后复位、传送功能测试、紧急停止处理和状态指示等部分，传送功能测试是一个步进顺序控制过程。在子程序中可采用步进指令驱动实现。

紧急停止处理过程也要编写一个子程序单独处理。这是因为，当抓取机械手装置正在向某一目标点移动时按下急停按钮，PTOx_CTRL 子程序的 D _STOP 输入端变成高位，停止启

用 PTO，PTOx_RUN 子程序使能位 OFF，使抓取机械手装置停止运动。急停复位后，原来运行的包络已经终止，为了使机械手继续往目标点移动。可让它首先返回原点，然后运行从原点到原目标点的包络。这样当急停复位后，程序不能马上回到原来的顺控过程，而是要经过使机械手装置返回原点的一个过渡过程。

输送单元程序控制的关键点是伺服电动机的定位控制，在编写程序时，应预先规划好各段的包络，然后借助位置控制向导组态 PTO 输出。表 3-15 的伺服电动机运行的运动包络数据是根据工作任务的要求和图 3-93 所示的各工作单元的位置确定的。表中的包络 5 和包络 6 用于急停复位，是经急停处理返回原点后重新运行的运动包络。

表 3-15　伺服电动机运行的运动包络

运动包络	站　　点	脉冲量	移动方向
0	低速回零	单速返回	DIR
1	供料站→加工站　430 mm	43000	
2	加工站→装配站　350 mm	35000	
3	装配站→分拣站　260 mm	26000	
4	分拣站→高速回零前　900 mm	90000	DIR
5	供料站→装配站　780 mm	78000	
6	供料站→分拣站　1040 mm	104000	

当运动包络编写完成后，位置控制向导会要求为运动包络指定 V 存储区地址，为了与“YL-335B 的整体控制”的工作任务相适应，V 存储区地址的起始地址指定为 VB524。

综上所述，主程序应包括上电初始化、复位过程（子程序）、准备就绪后投入运行等阶段。主程序梯形图如图 3-95 所示。

2）初态检查复位子程序和回原点子程序

系统上电且按下复位按钮后，就调用初态检查复位子程序，进入初始状态检查和复位操作阶段，目标是确定系统是否准备就绪，若未准备就绪，则系统不能启动进入运行状态。

该子程序的内容是检查各气动执行元件是否处在初始位置，抓取机械手装置是否在原点位置，否则进行相应的复位操作，直至准备就绪。子程序中，除调用回原点子程序外，主要是完成简单的逻辑运算，这里就不再详述了。

抓取机械手装置返回原点的操作，在输送单元的整个工作过程中，都会频繁地进行。因此编写一个子程序供需要时调用是必要的。回原点子程序是一个带形式参数的子程序，在其局部变量表中定义了一个 BOOL 输入参数 START，当使能输入和 START 输入为 ON 时，启动子程序调用，如图 3-96(a)所示。子程序的梯形图则如图 3-96(b)所示，当 START(即局部变量 L0.0)输入为 ON 时，置位 PLC 的方向控制输出 Q0.0，并且这一操作放在 PTO0_RUN 指令之后，这就确保了方向控制输出的下一个扫描周期才开始脉冲输出。

带形式参数的子程序是西门子系列 PLC 的优异功能之一，输送单元程序中的好几个子程序均使用了这种编程方法。关于带参数调用子程序的详细介绍，请参阅 S5-200 可编程控制器系统手册。

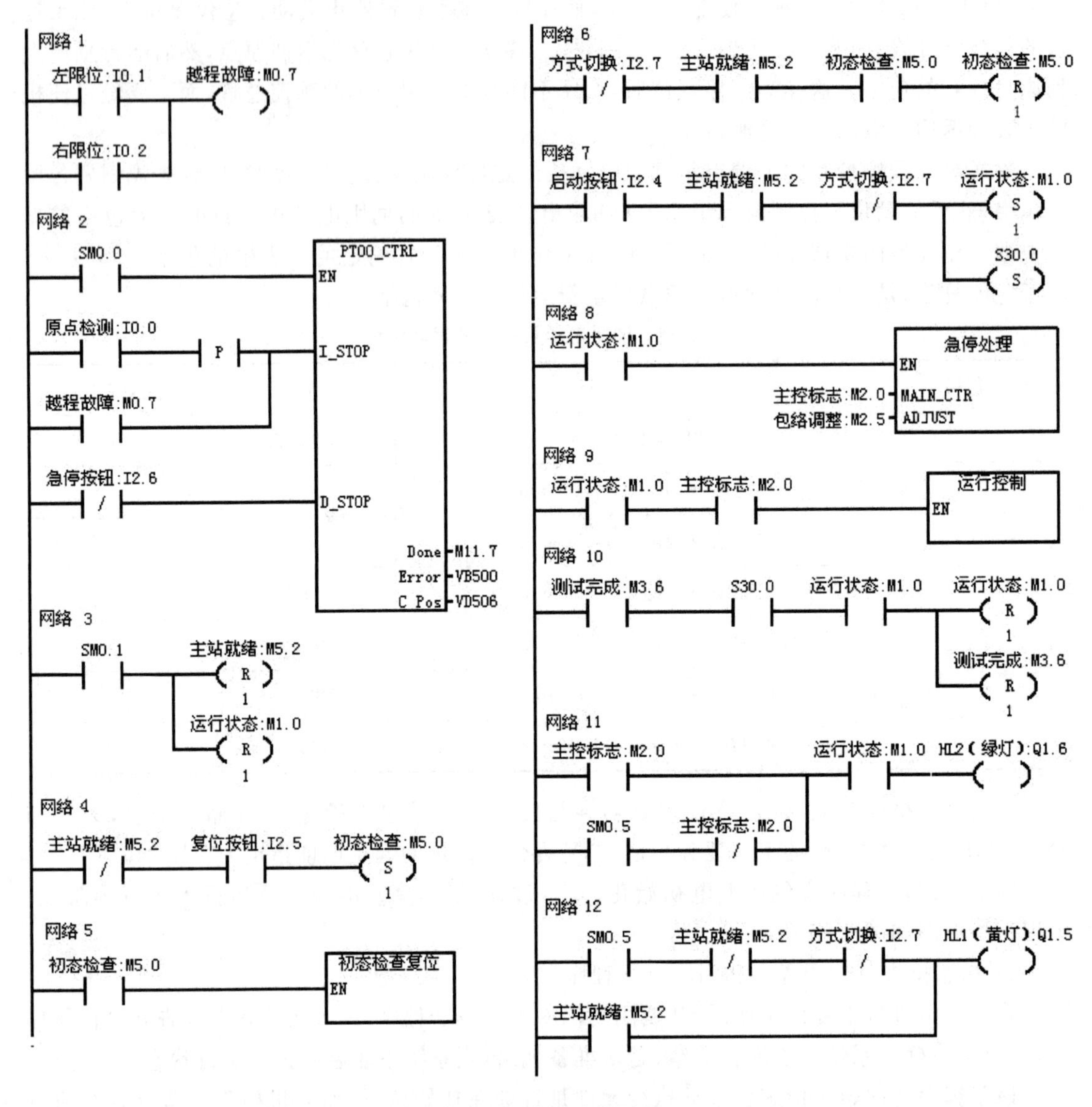

图 3-95　主程序梯形图

3）急停处理子程序

当系统进入运行状态后，在每一扫描周期都调用急停处理子程序。该子程序也带形式参数，在其局部变量表中定义了两个 BOOL 型的输入/输出参数 ADJUST 和 MAIN_CTR，参数 MAIN_CTR 传递给全局变量主控标志 M2.0，并由 M2.0 当前状态维持，此变量的状态决定了系统在运行状态下能否执行正常的传送功能测试过程。参数 ADJUST 传递给全局变量包络调整标志 M2.5，并由 M2.5 当前状态维持，此变量的状态决定了系统在移动机械手的工序中，是否需要调整运动包络号。

急停处理子程序梯形图如图 3-97 所示，说明如下：

① 当急停按钮被按下时，MAIN_CTR 置 0，M2.0 置 0，传送功能测试过程停止。

② 若急停前抓取机械手正在前进中(从供料往加工，或从加工往装配，或从装配往分拣)，

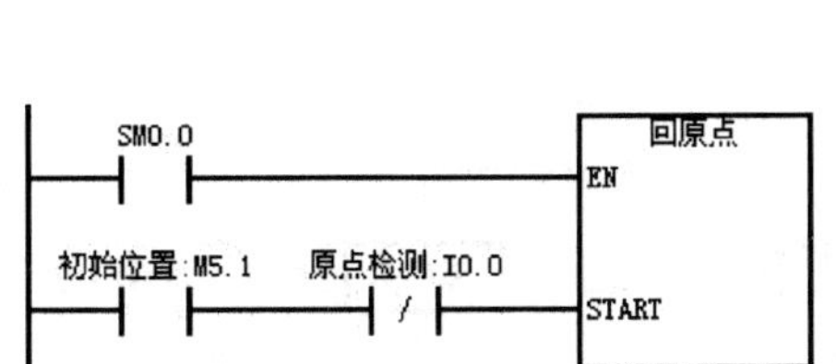

(a) 回原点子程序的调用

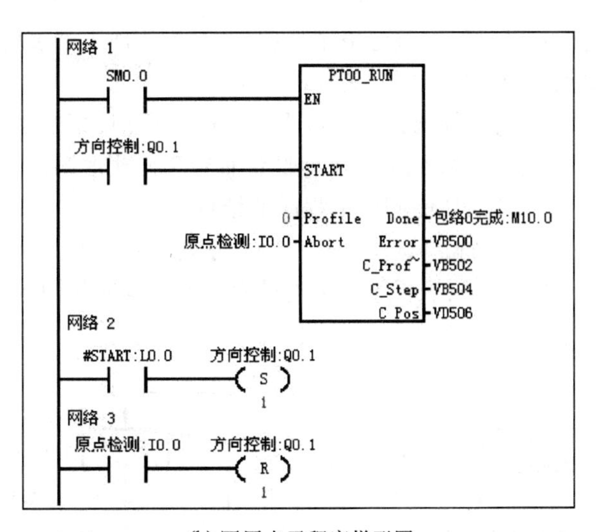

(b) 回原点子程序梯形图

图 3-96　回原点子程序

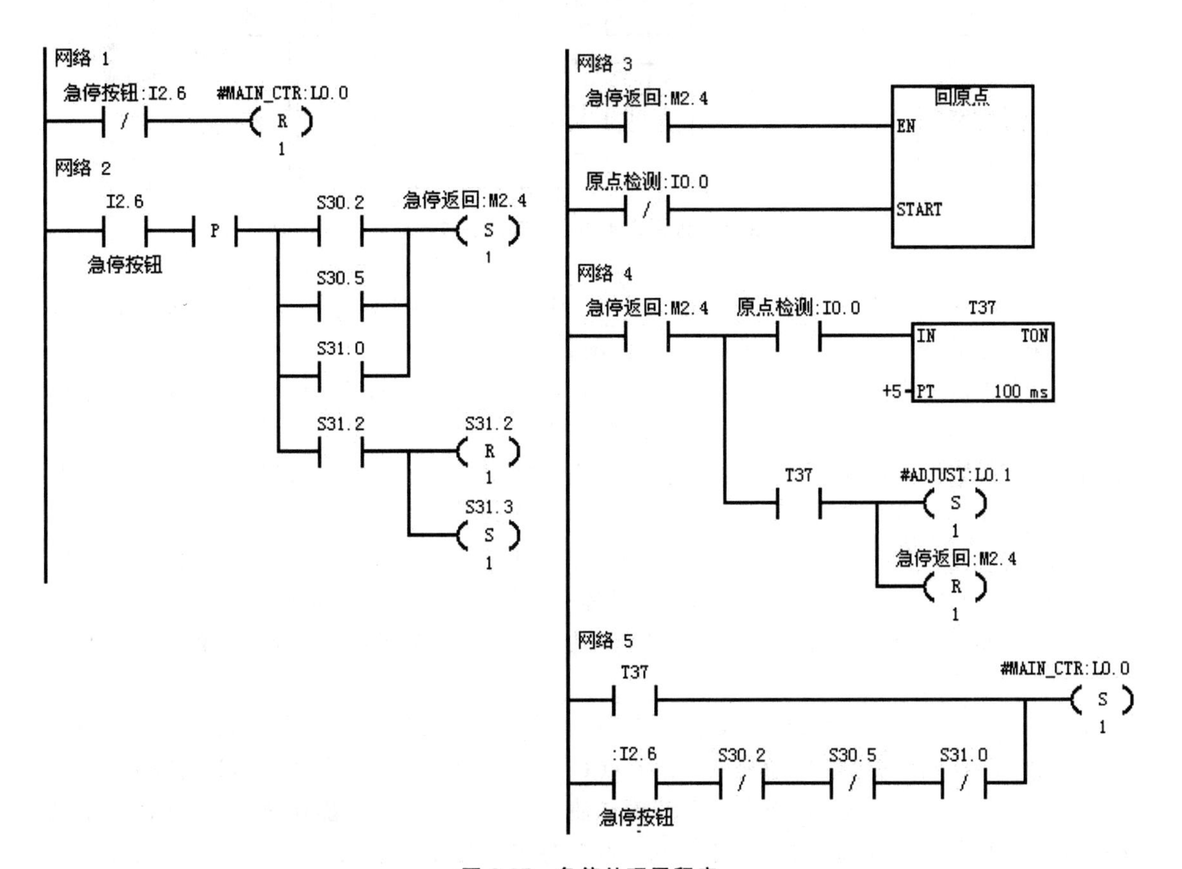

图 3-97　急停处理子程序

则当急停复位的上升沿到来时,需要启动使机械手低速回原点的过程。到达原点后,置位ADJUST输出,传递给包络调整标志M2.5,以便在传送功能测试过程重新运行后,给处于前进工步的过程调整包络用。例如,对于从加工到装配的过程,急停复位重新运行后,将执行从原点(供料单元处)到装配的包络。

③ 若急停前抓取机械手正在高速返回中,则当急停复位的上升沿到来时,使机械手高速返回并复位,转到下一步即摆台右转和低速返回。

4) 传送功能测试子程序的结构

传送功能测试过程是一个单序列的步进顺序控制。在运行状态下,若主控标志M2.0为ON,则调用该子程序。步进过程的流程说明如图3-98所示。

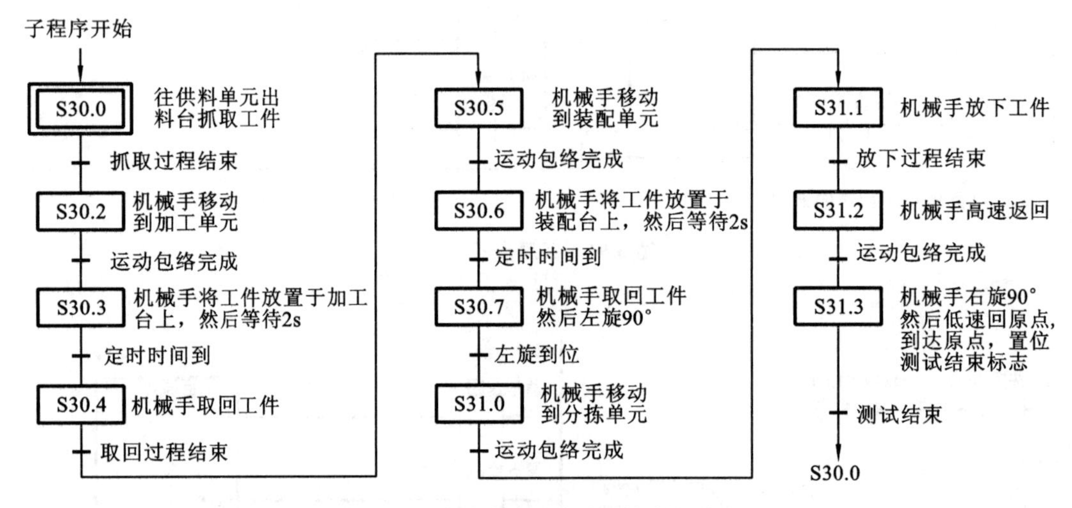

图3-98　传送功能测试过程的流程说明

下面从机械手将工件放置于加工台上开始,到机械手移动到装配单元为止,以这个过程为例说明编程思路。梯形图如图3-99所示。由图可见:

(1) 在机械手执行放下工件的工作步中,调用“放下工件”子程序,在执行抓取工件的工作步中,调用“抓取工件”子程序。这两个子程序都带有BOOL输出参数,当抓取或放下工件完成时,输出参数为ON,传递给相应的“放料完成”标志M4.1或“抓取完成”标志M4.0,作为顺序控制程序中步转移的条件。

机械手在不同的阶段抓取工件或放下工件的动作顺序是相同的。抓取工件的动作顺序为:手爪伸出→手爪夹紧→提升台上升→手爪缩回。放下工件的动作顺序为:手爪伸出→提升台下降→手爪松开→手爪缩回。采用子程序调用的方法来实现抓取和放下工件的动作控制使程序编写得以简化。

(2) 在S30.5步,执行机械手装置从加工单元往装配单元运动的操作,运行的包络有两种情况,正常情况下使用包络2,急停复位回原点后再运行的情况则使用包络5,选择依据是“调整包络标志”M2.5的状态,包络完成后请记住使M2.5复位。这一操作过程,同样适用于机械手装置从供料单元往加工单元或装配单元往分拣单元运动的情况,只是从供料单元往加工单元时不需要调整包络,但包络过程完成后使M2.5复位仍然是必须的。事实上,其他各工步

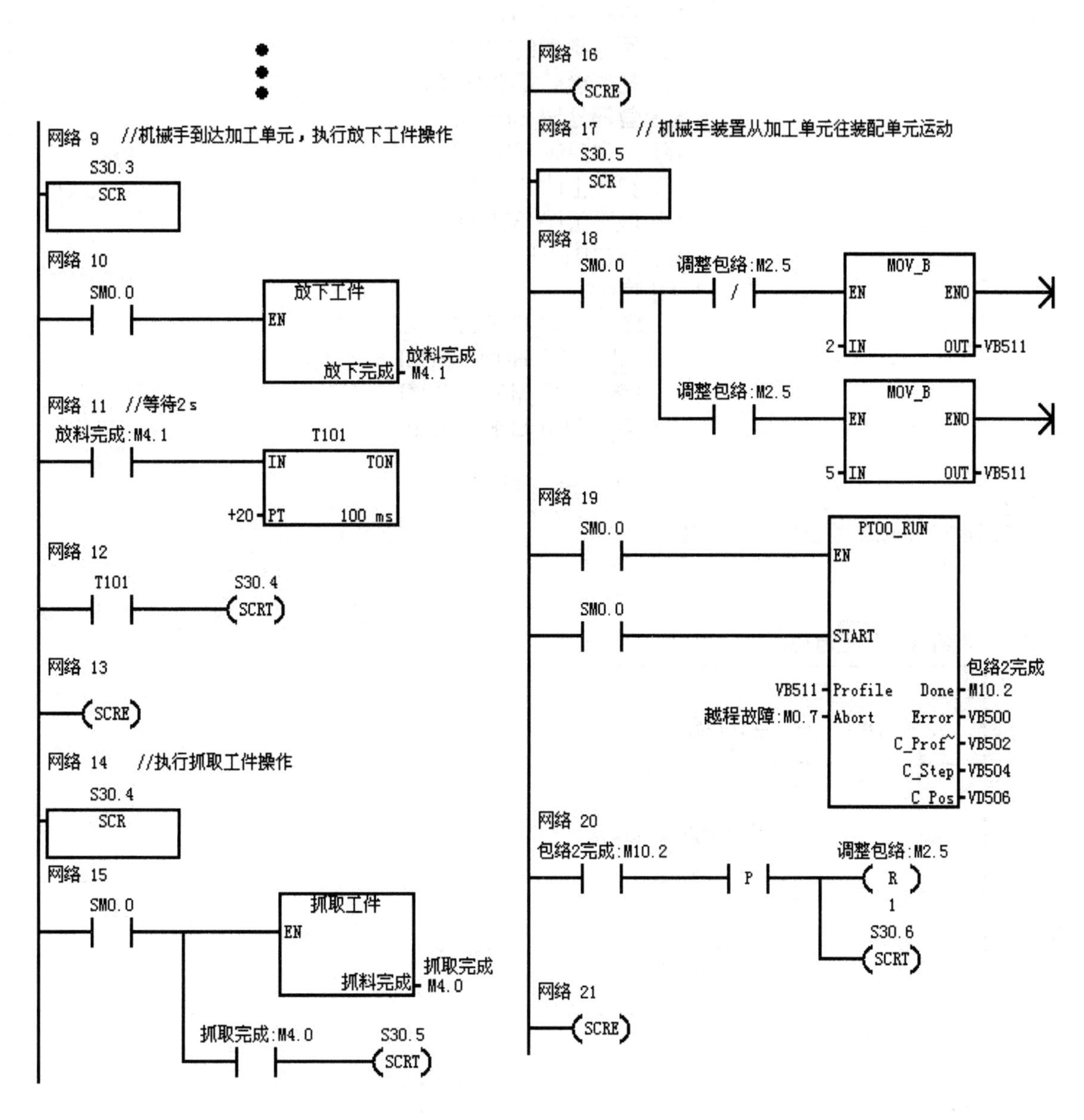

图 3-99　从加工站向装配站的梯形图

编程中运用的思路和方法，基本上与上述三步类似。按此，读者不难编制出传送功能测试过程的整个程序。

“抓取工件”和“放下工件”子程序较为简单，此处不再详述。

搬运单元的程序包含主程序、回原点、初态检查复位、急停处理、运行控制、抓取工件、放下工件等子程序（见图 3-100）。

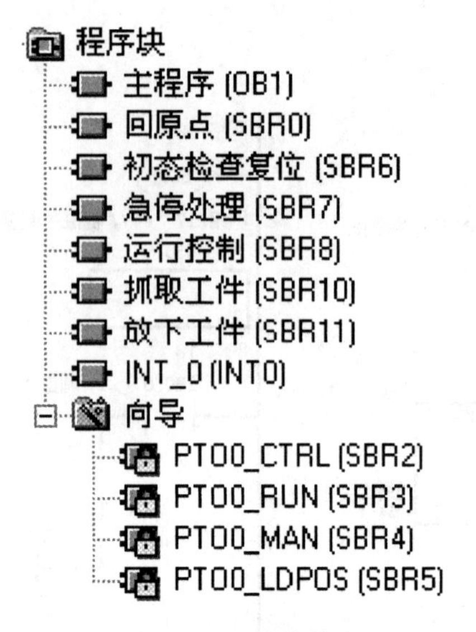

图 3-100　程序块

搬运单元的参考程序如下所述。

(1) 主程序。

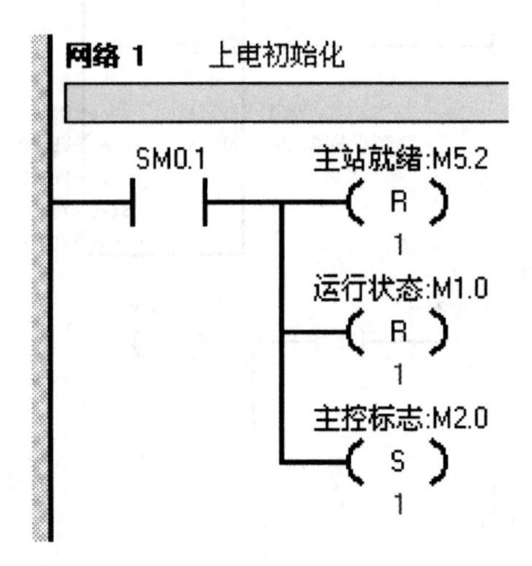

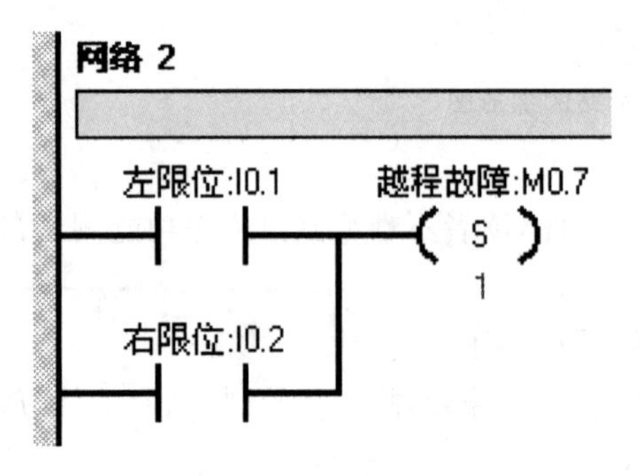

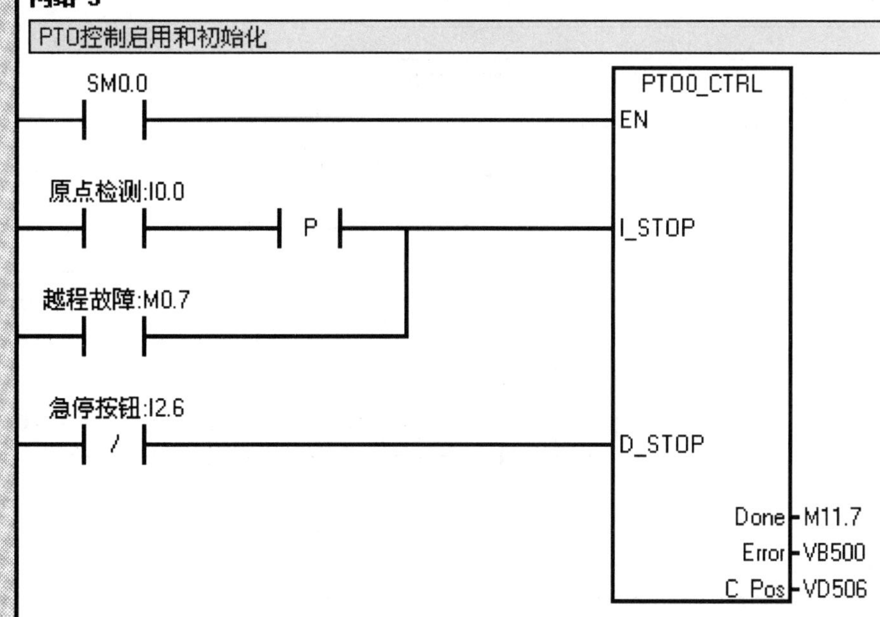

网络 4

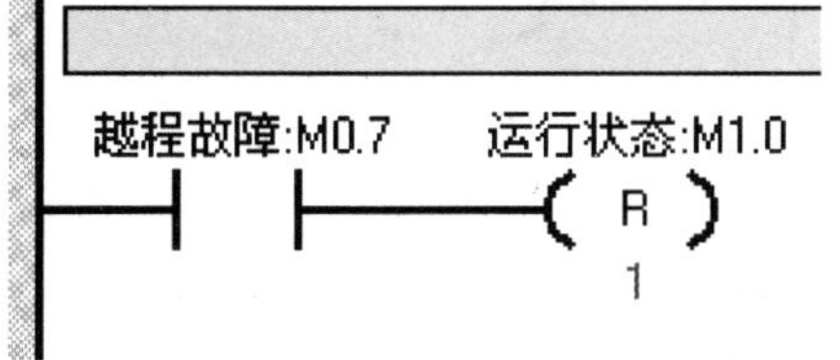

网络 5　网络标题

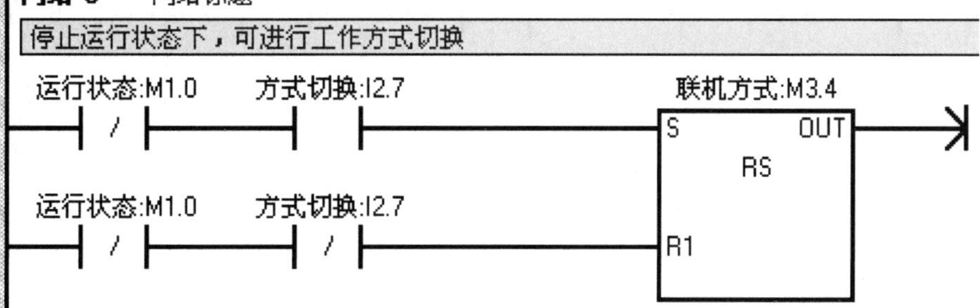

网络 6

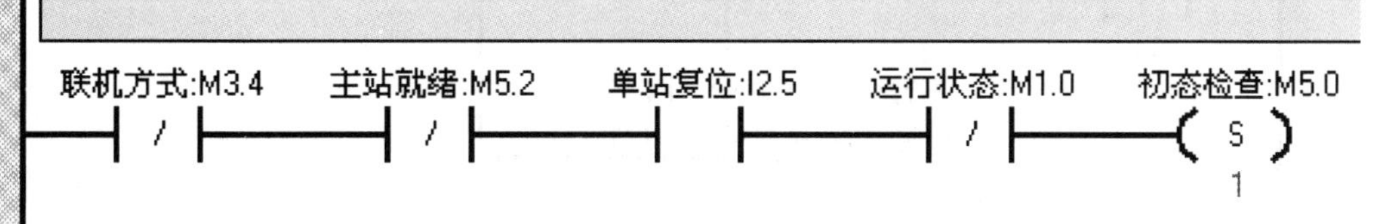

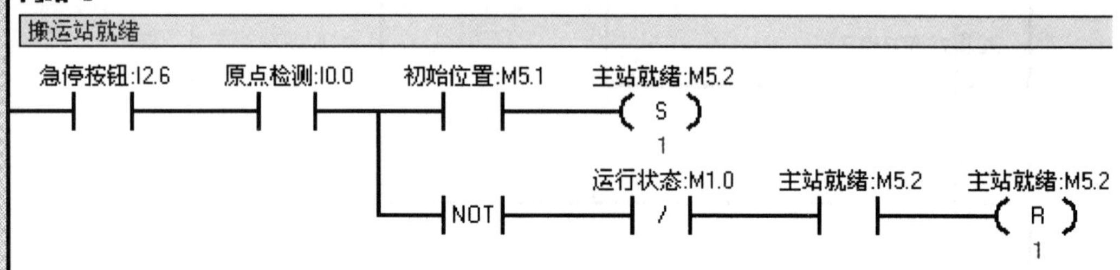
网络 7
初态检查:M5.0
初态检查复位
EN

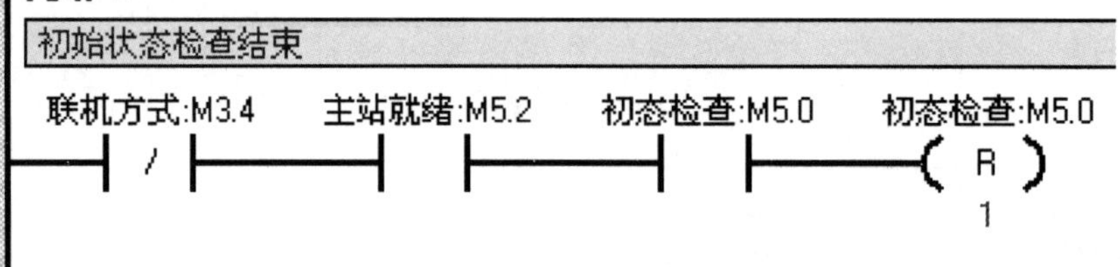
网络 8
搬运站就绪
急停按钮:I2.6
原点检测:I0.0
初始位置:M5.1
主站就绪:M5.2
S
1
NOT
运行状态:M1.0
主站就绪:M5.2
主站就绪:M5.2
R
1

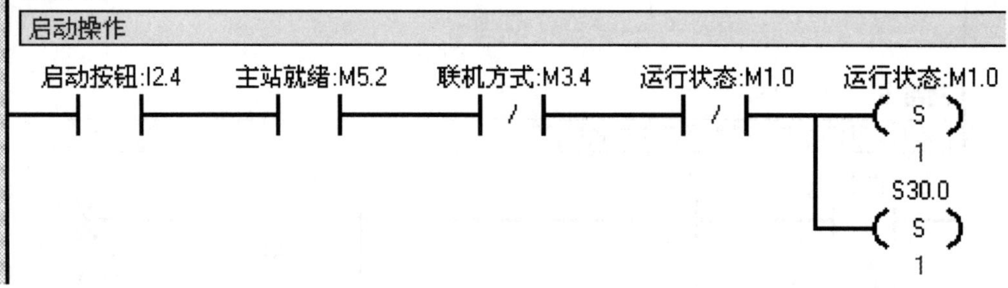
网络 9
初始状态检查结束
联机方式:M3.4
主站就绪:M5.2
初态检查:M5.0
初态检查:M5.0
R
1
网络 10
启动操作
启动按钮:I2.4
主站就绪:M5.2
联机方式:M3.4
运行状态:M1.0
运行状态:M1.0
S
1
S30.0
S
1

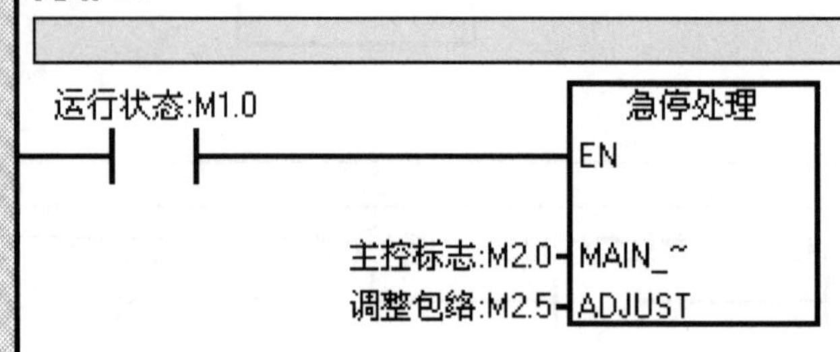
网络 11
运行状态:M1.0
急停处理
EN
主控标志:M2.0
MAIN_~
调整包络:M2.5
ADJUST

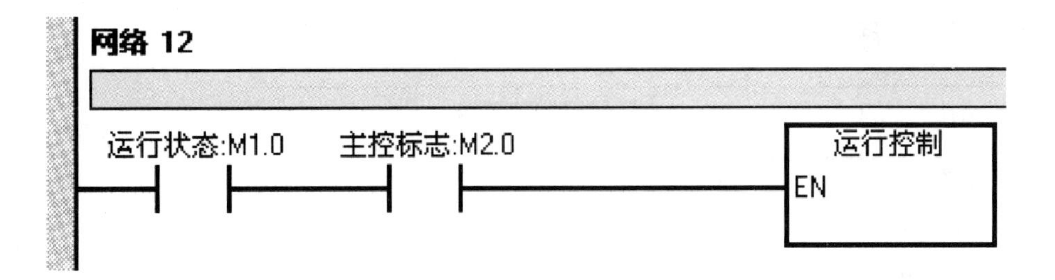

网络 12
运行状态:M1.0
主控标志:M2.0
运行控制
EN

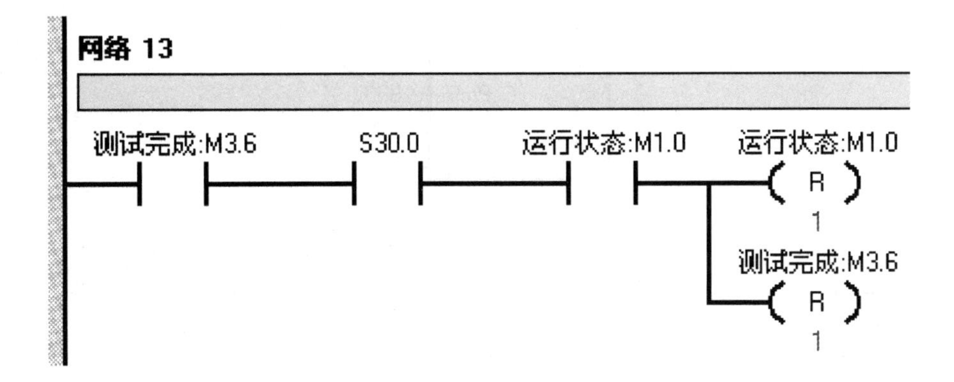

网络 13
测试完成:M3.6
S30.0
运行状态:M1.0
运行状态:M1.0
R
1
测试完成:M3.6
R
1

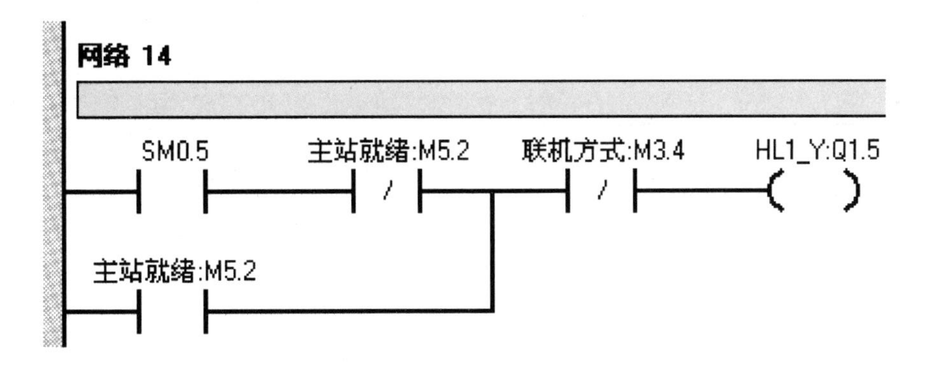

网络 14
SM0.5
主站就绪:M5.2
联机方式:M3.4
HL1_Y:Q1.5
主站就绪:M5.2

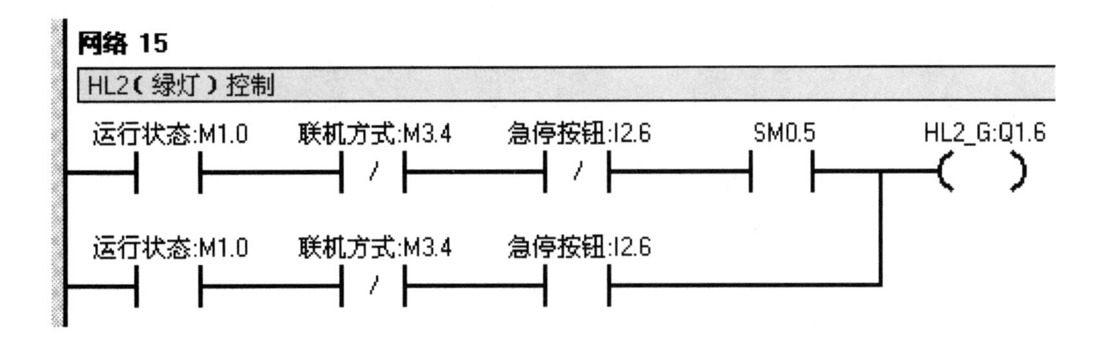

网络 15
HL2(绿灯)控制
运行状态:M1.0
联机方式:M3.4
急停按钮:I2.6
SM0.5
HL2_G:Q1.6
运行状态:M1.0
联机方式:M3.4
急停按钮:I2.6

(2) 子程序(回原点)。

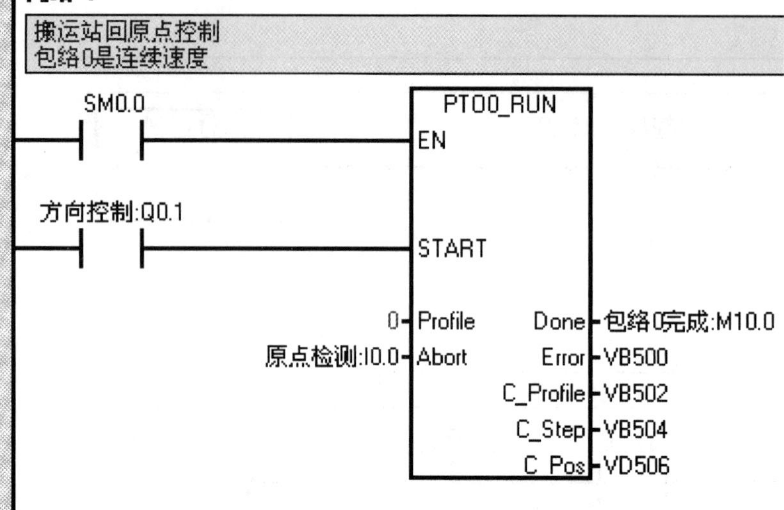

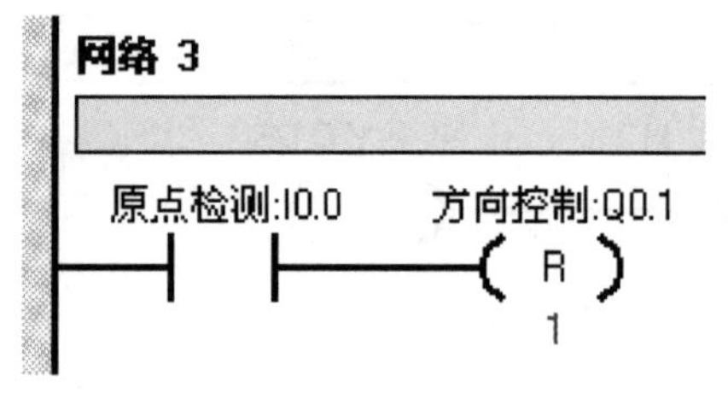

网络 3

原点检测:I0.0　　方向控制:Q0.1

R

1

(3) 子程序(初态检查复位)。

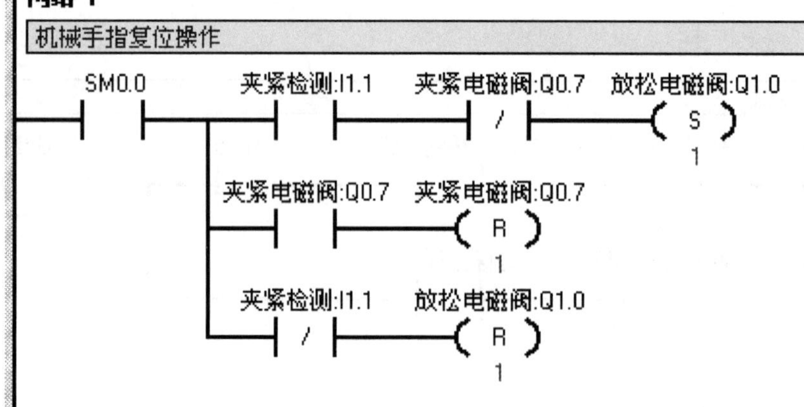

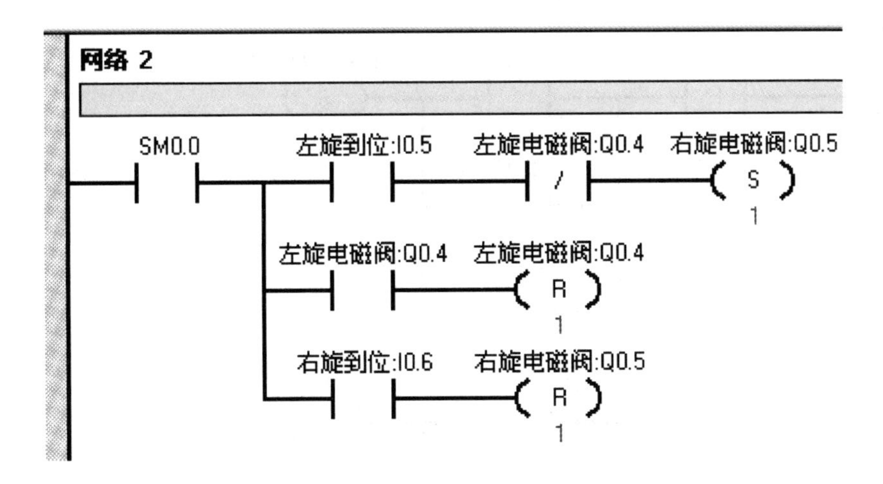
网络 2
SM0.0
左旋到位:I0.5
左旋电磁阀:Q0.4
右旋电磁阀:Q0.5
S
1
左旋电磁阀:Q0.4
左旋电磁阀:Q0.4
R
1
右旋到位:I0.6
右旋电磁阀:Q0.5
R
1

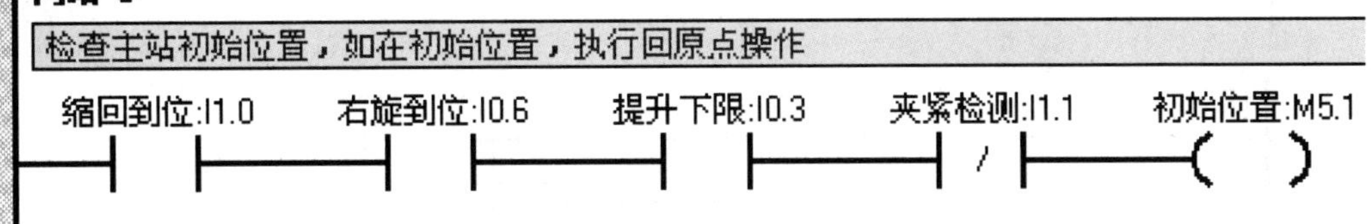
网络 3
检查主站初始位置，如在初始位置，执行回原点操作
缩回到位:I1.0
右旋到位:I0.6
提升下限:I0.3
夹紧检测:I1.1
初始位置:M5.1

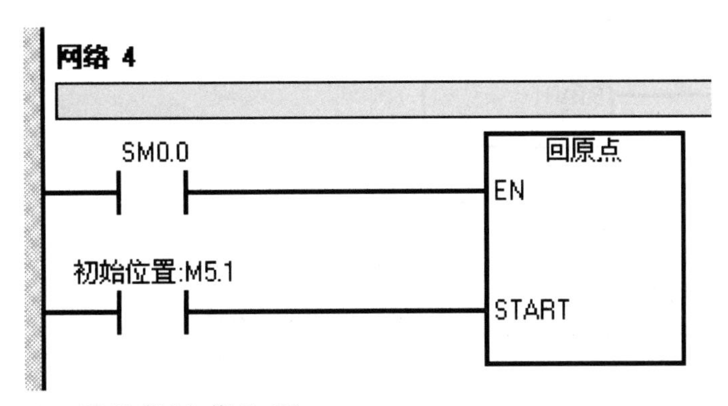
网络 4
SM0.0
回原点
EN
初始位置:M5.1
START

(4) 子程序(急停处理)。

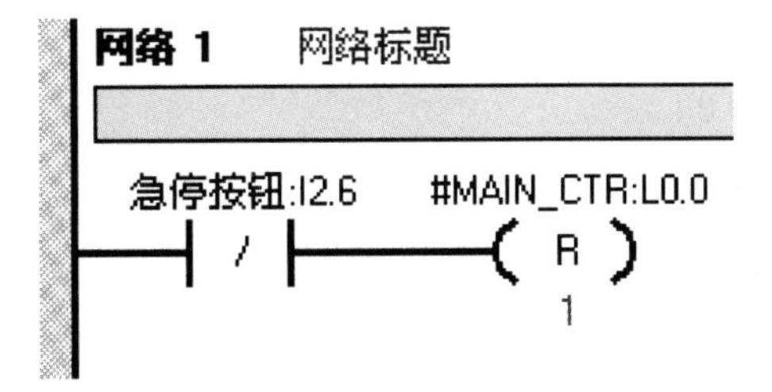
网络 1　网络标题
急停按钮:I2.6
#MAIN_CTR:L0.0
R
1

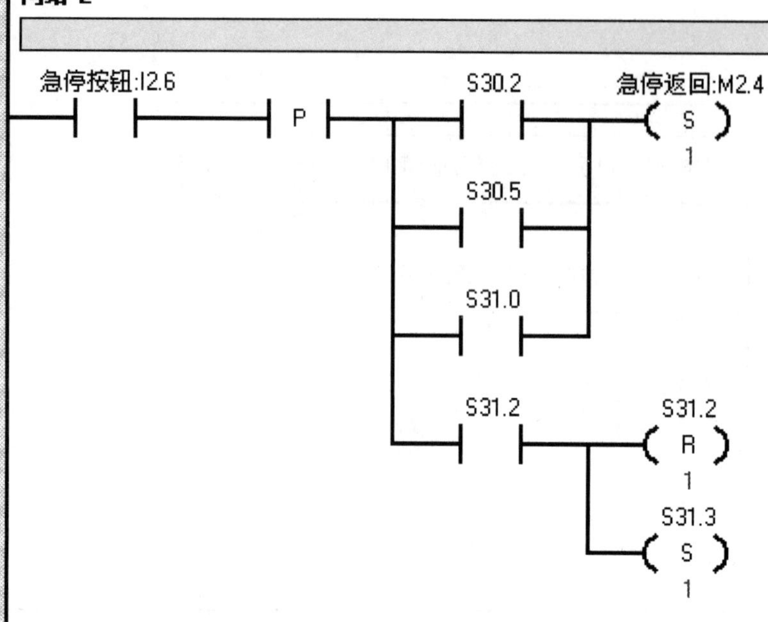

网络 3

急停返回:M2.4

回原点

EN

原点检测:I0.0

/

START

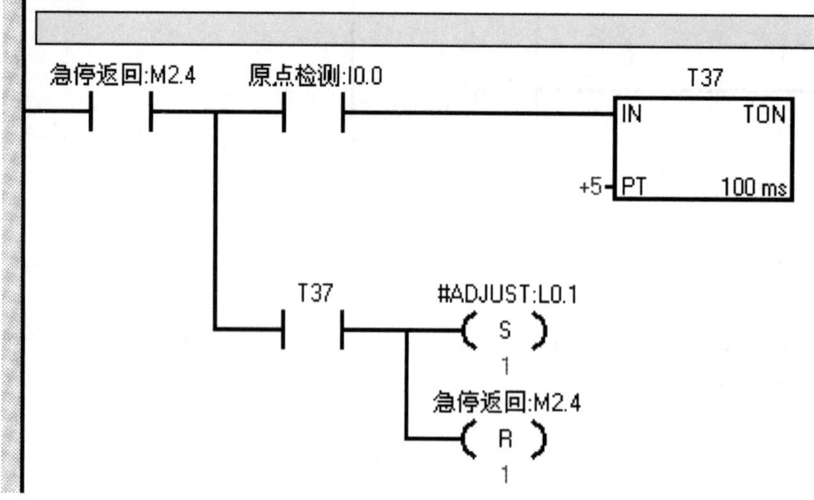

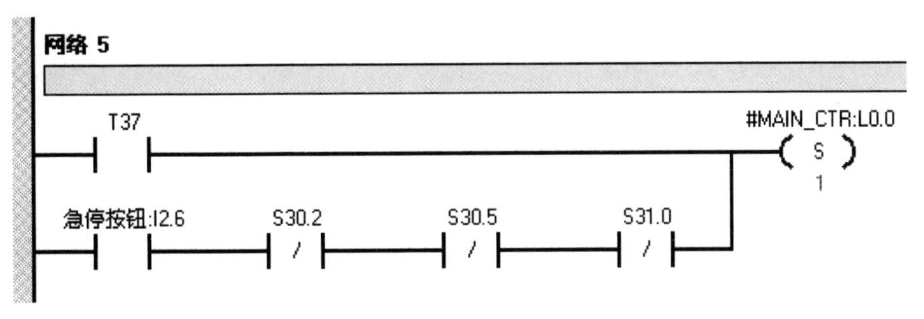
网络 5
T37
#MAIN_CTR:L0.0
S
1
急停按钮:I2.6
S30.2
S30.5
S31.0

(5) 子程序(运行控制)。

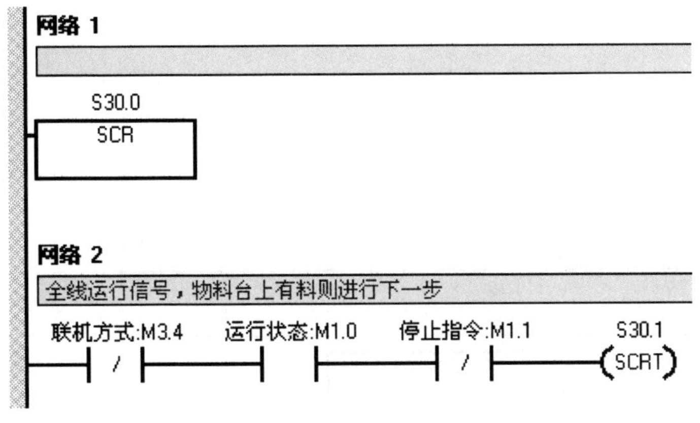
网络 1
S30.0
SCR
网络 2
全线运行信号，物料台上有料则进行下一步
联机方式:M3.4
运行状态:M1.0
停止指令:M1.1
S30.1
SCRT

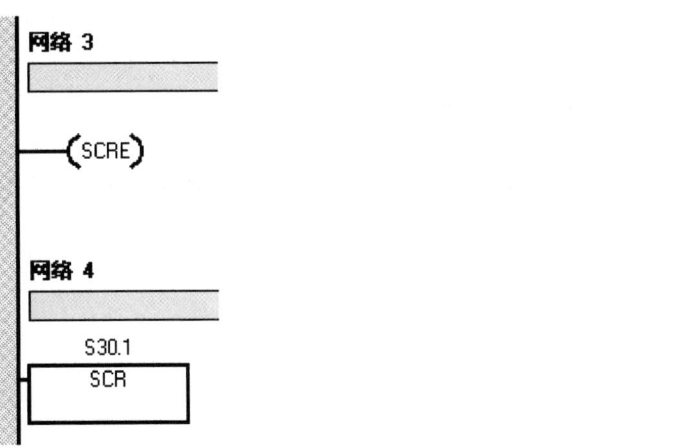
网络 3
SCRE
网络 4
S30.1
SCR

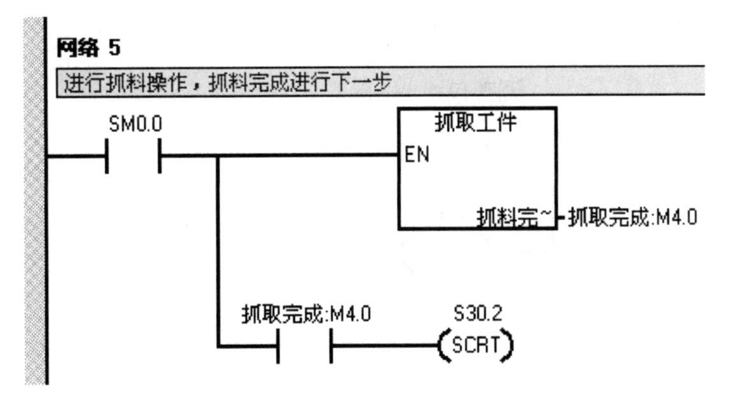
网络 5
进行抓料操作，抓料完成进行下一步
SM0.0
抓取工件
EN
抓料完~
抓取完成:M4.0
抓取完成:M4.0
S30.2
SCRT

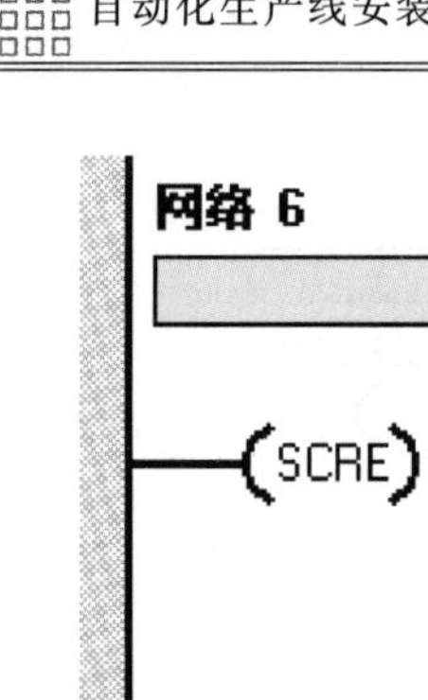
网络 6
SCRE
网络 7
S30.2
SCR

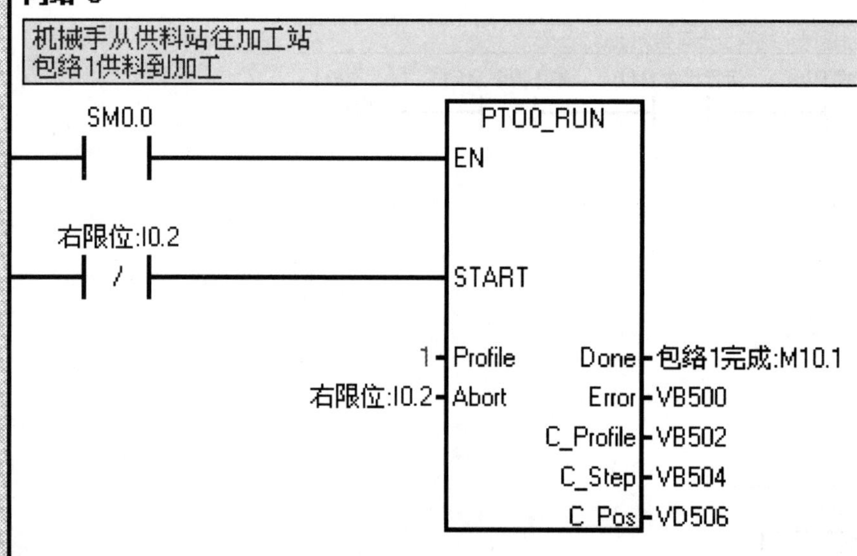
网络 8
机械手从供料站往加工站
包络1供料到加工
SM0.0
PTO0_RUN
EN
右限位:I0.2
START
1
Profile
Done
包络1完成:M10.1
右限位:I0.2
Abort
Error
VB500
C_Profile
VB502
C_Step
VB504
C_Pos
VD506

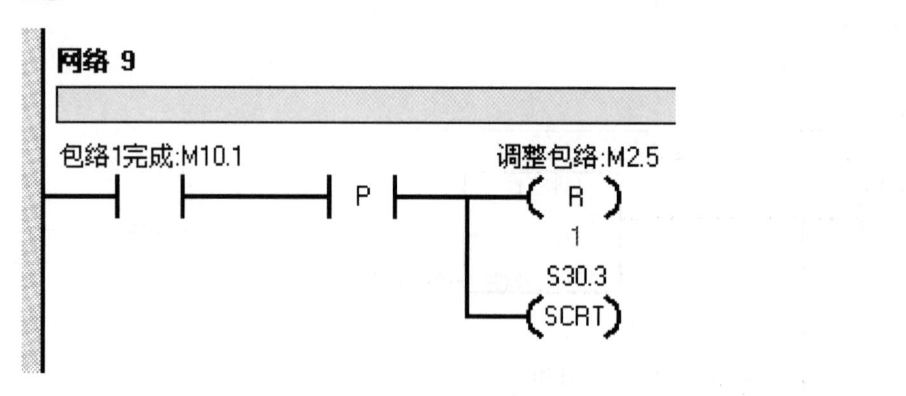
网络 9
包络1完成:M10.1
P
调整包络:M2.5
R
1
S30.3
SCRT

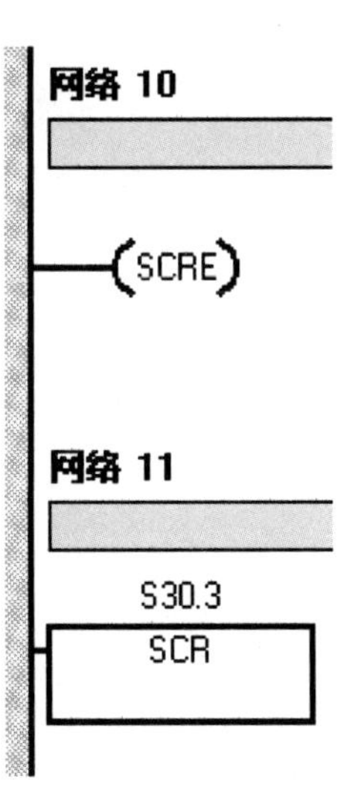

网络 12

进行放料操作

SM0.0
放下工件
EN
放料完~
放料完成:M4.1
放料完成:M4.1
T101
IN
TON
+20
PT
100 ms

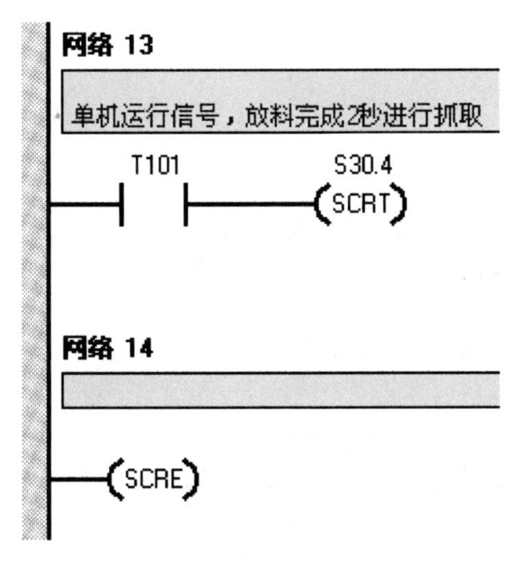

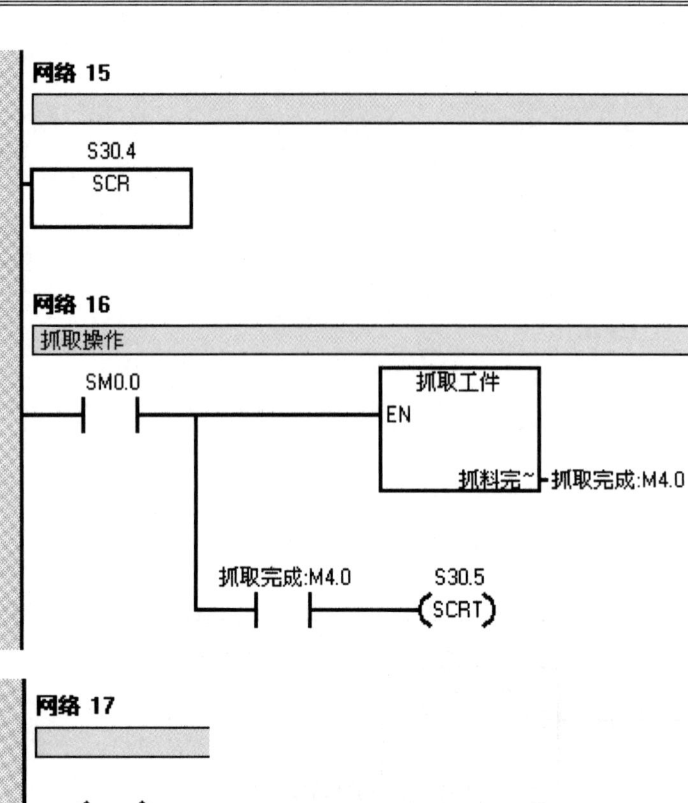

网络 15
S30.4
SCR
网络 16
抓取操作
SM0.0
抓取工件
EN
抓料完~
抓取完成:M4.0
抓取完成:M4.0
S30.5
SCRT

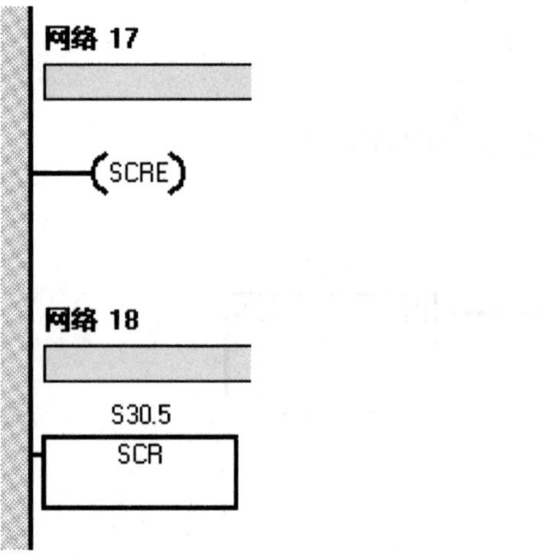

网络 17
SCRE
网络 18
S30.5
SCR

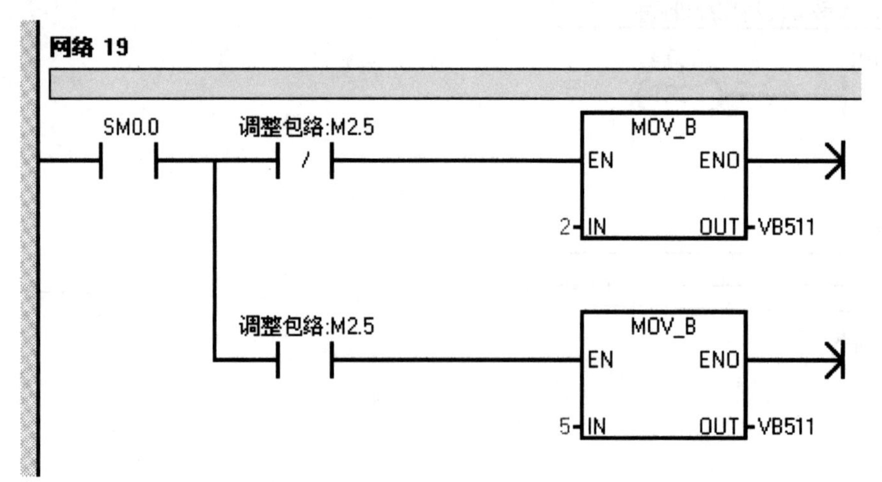

网络 19
SM0.0
调整包络:M2.5
MOV_B
EN
ENO
2
IN
OUT
VB511
调整包络:M2.5
MOV_B
EN
ENO
5
IN
OUT
VB511

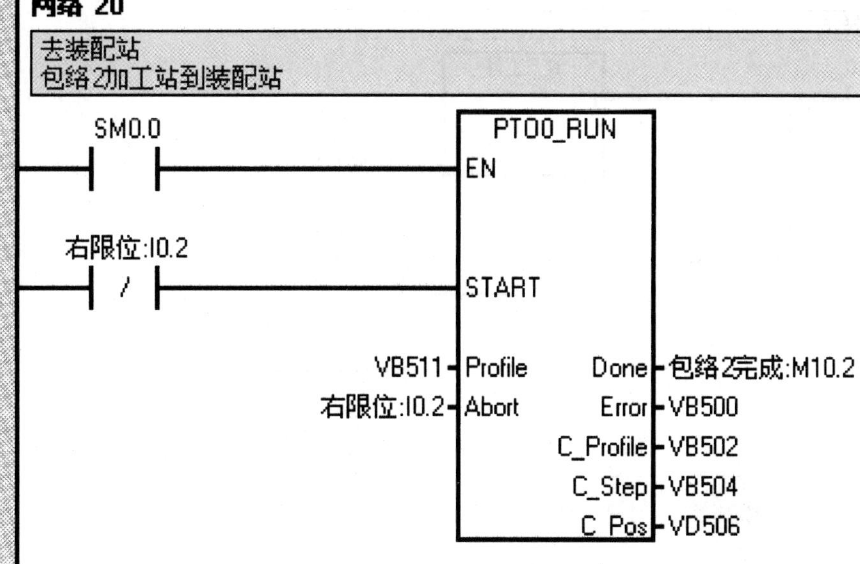
网络 20
去装配站
包络2加工站到装配站
SM0.0
PTO0_RUN
EN
右限位:I0.2
START
VB511
Profile
Done
包络2完成:M10.2
右限位:I0.2
Abort
Error
VB500
C_Profile
VB502
C_Step
VB504
C_Pos
VD506

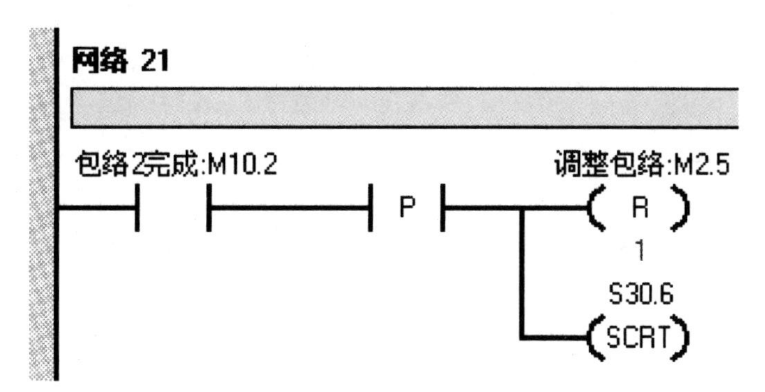
网络 21
包络2完成:M10.2
P
调整包络:M2.5
R
1
S30.6
SCRT

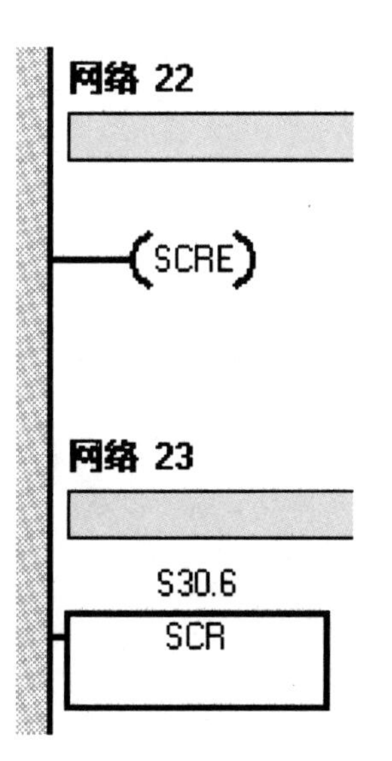
网络 22
SCRE
网络 23
S30.6
SCR

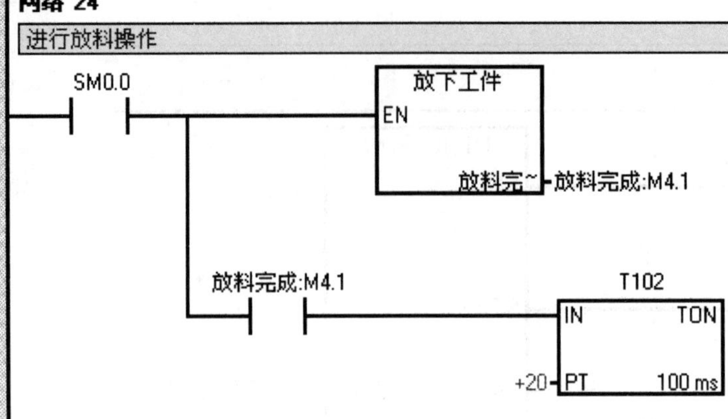

网络 25

单站运行信号，放料完成2秒进行抓取

T102 — S30.7 (SCRT)

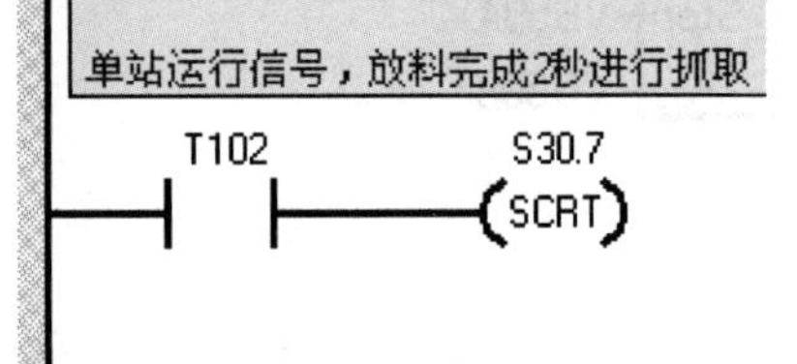

网络 27

S30.7 SCR

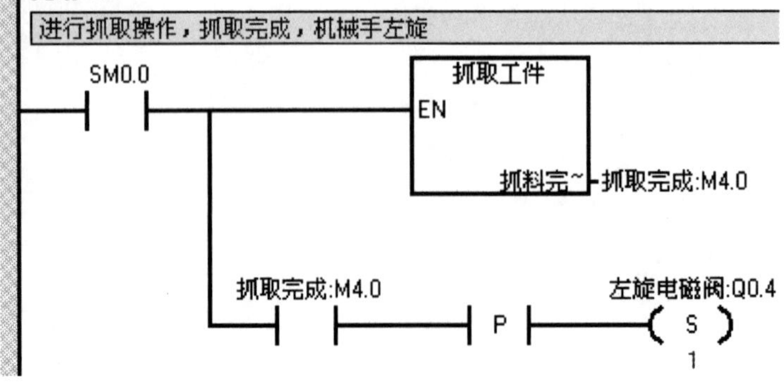

网络 29

左旋到位:I0.5　左旋电磁阀:Q0.4

(R)

1

S31.0

(SCRT)

网络 30

(SCRE)

网络 31

S31.0

SCR

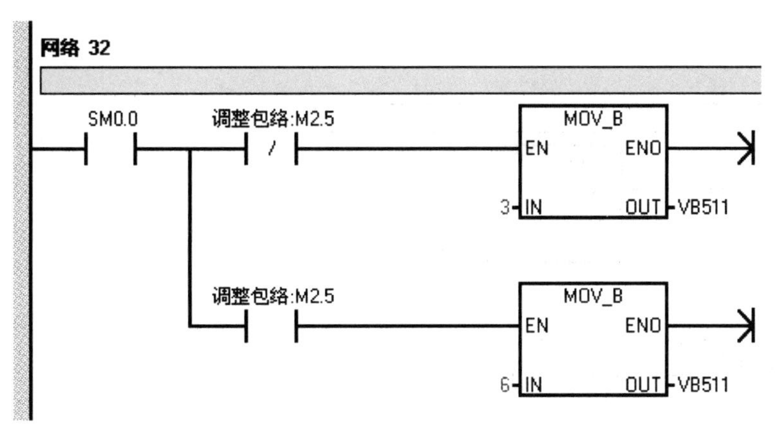

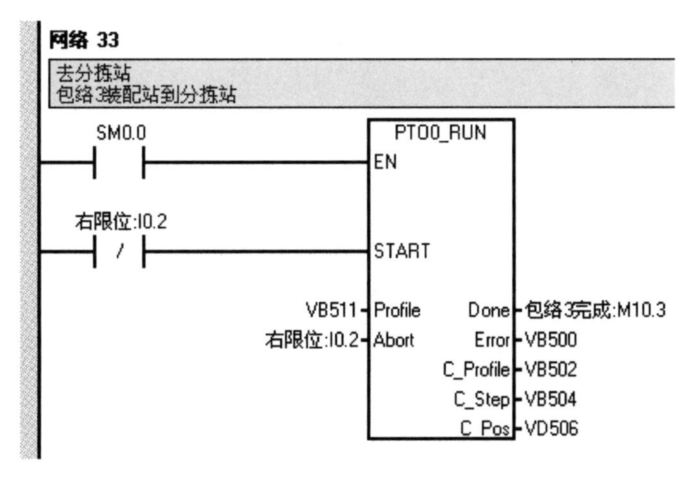

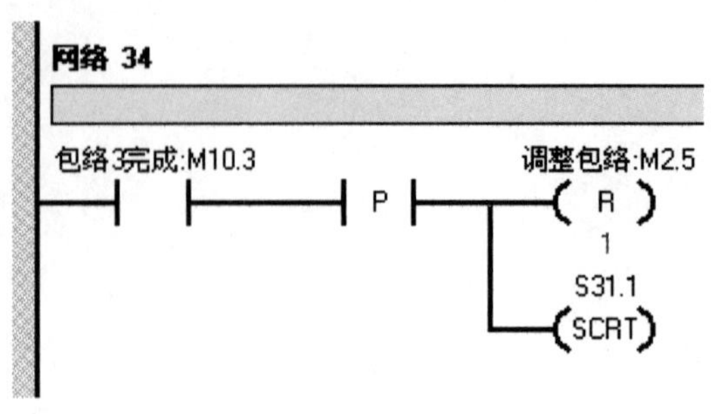
网络 34
包络3完成:M10.3
P
调整包络:M2.5
R
1
S31.1
SCRT

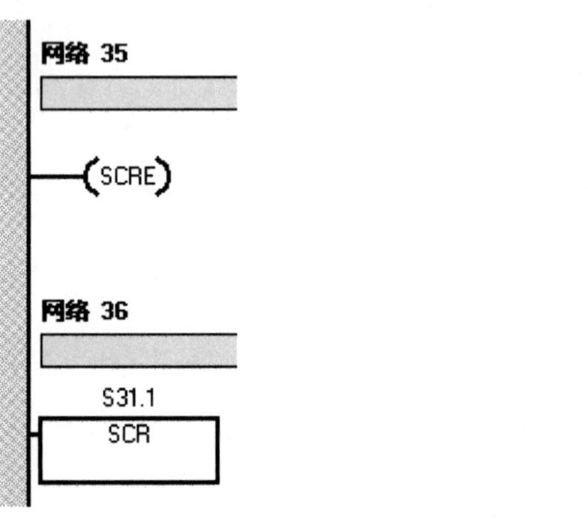
网络 35
SCRE
网络 36
S31.1
SCR

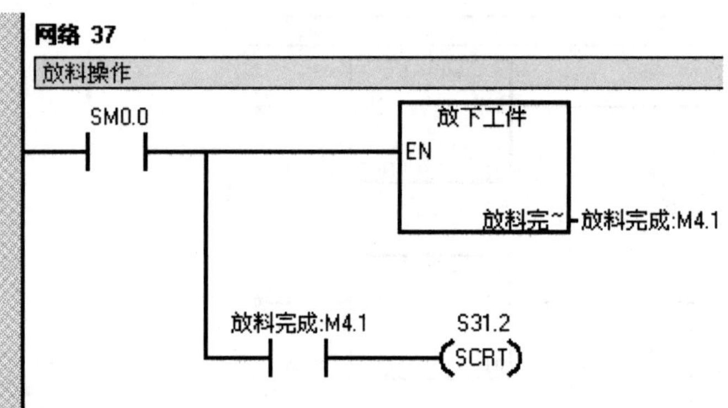
网络 37
放料操作
SM0.0
放下工件
EN
放料完~
放料完成:M4.1
放料完成:M4.1
S31.2
SCRT

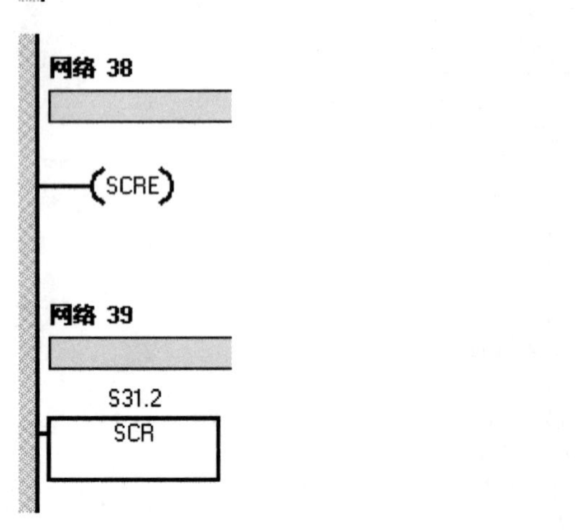
网络 38
SCRE
网络 39
S31.2
SCR

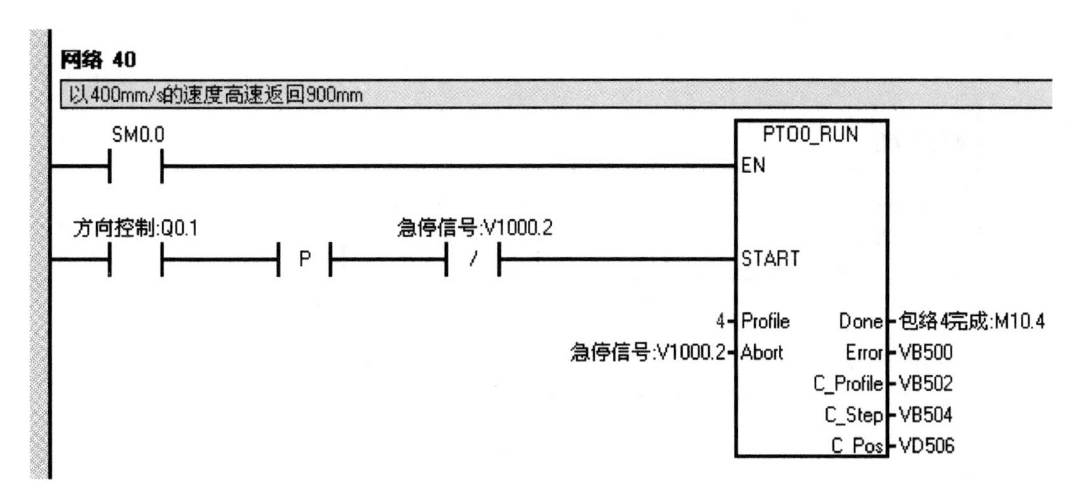
网络 40
以400mm/s的速度高速返回900mm
SM0.0
PTO0_RUN
EN
方向控制:Q0.1
P
急停信号:V1000.2
/
START
4
Profile
Done
包络4完成:M10.4
急停信号:V1000.2
Abort
Error
VB500
C_Profile
VB502
C_Step
VB504
C_Pos
VD506

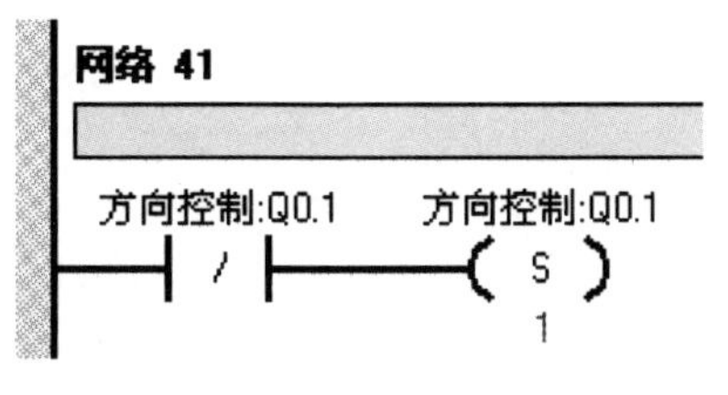
网络 41
方向控制:Q0.1
/
方向控制:Q0.1
S
1

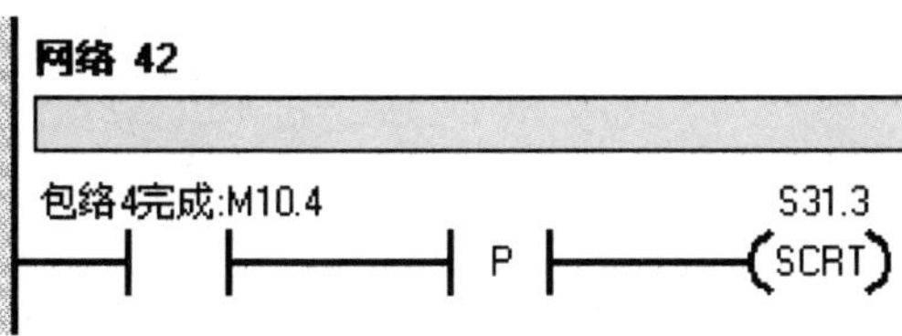
网络 42
包络4完成:M10.4
P
S31.3
SCRT

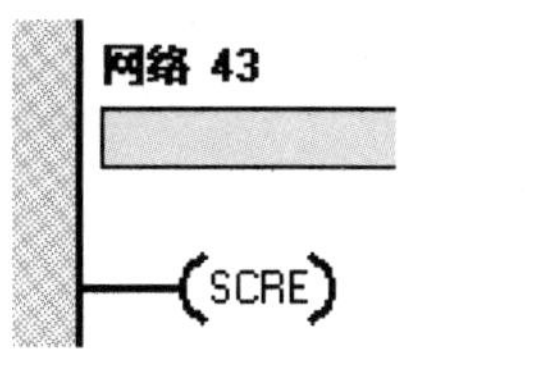
网络 43
SCRE

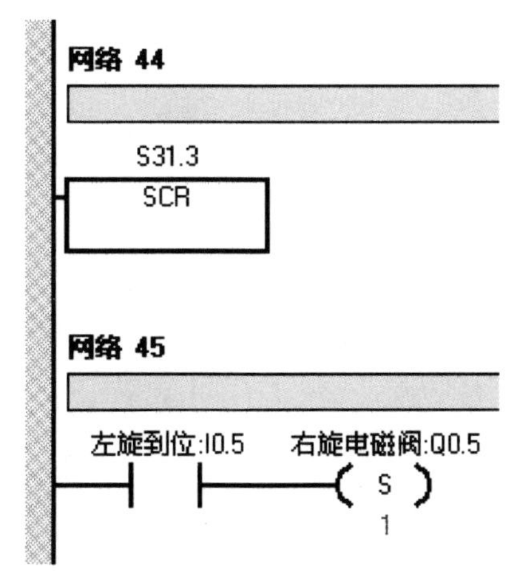
网络 44
S31.3
SCR
网络 45
左旋到位:I0.5
右旋电磁阀:Q0.5
S
1

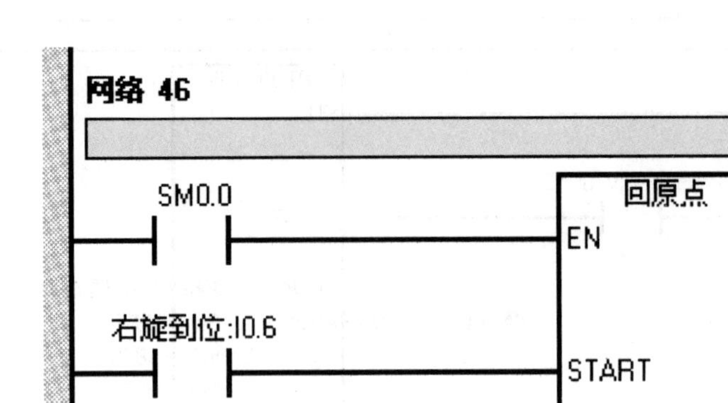
网络 46
SM0.0
回原点
EN
右旋到位:I0.6
START

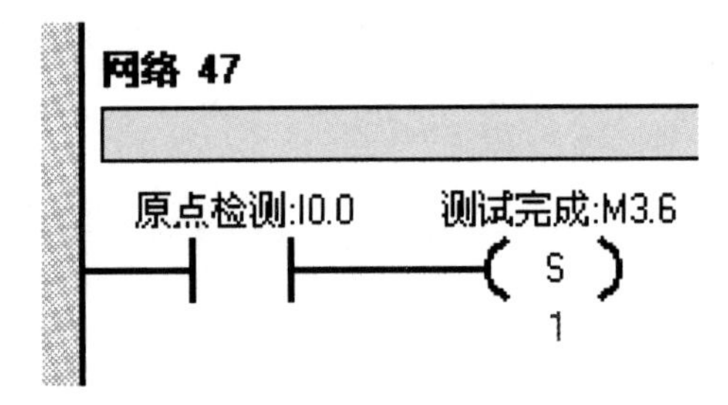
网络 47
原点检测:I0.0
测试完成:M3.6
S
1

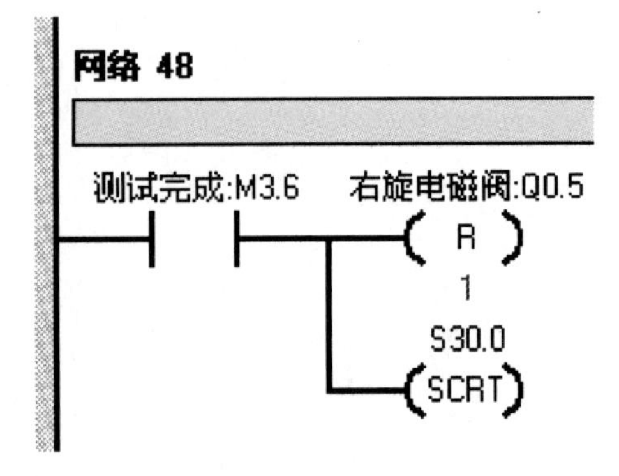
网络 48
测试完成:M3.6
右旋电磁阀:Q0.5
R
1
S30.0
SCRT

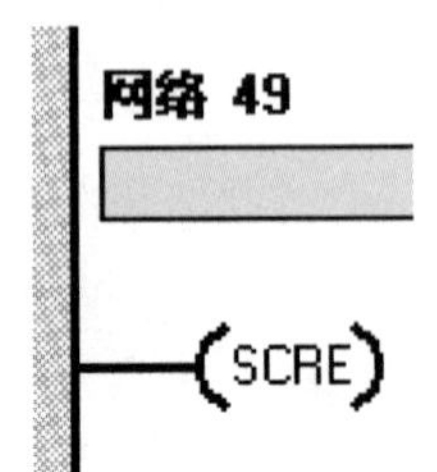
网络 49
SCRE

（6）子程序（抓取工件）。

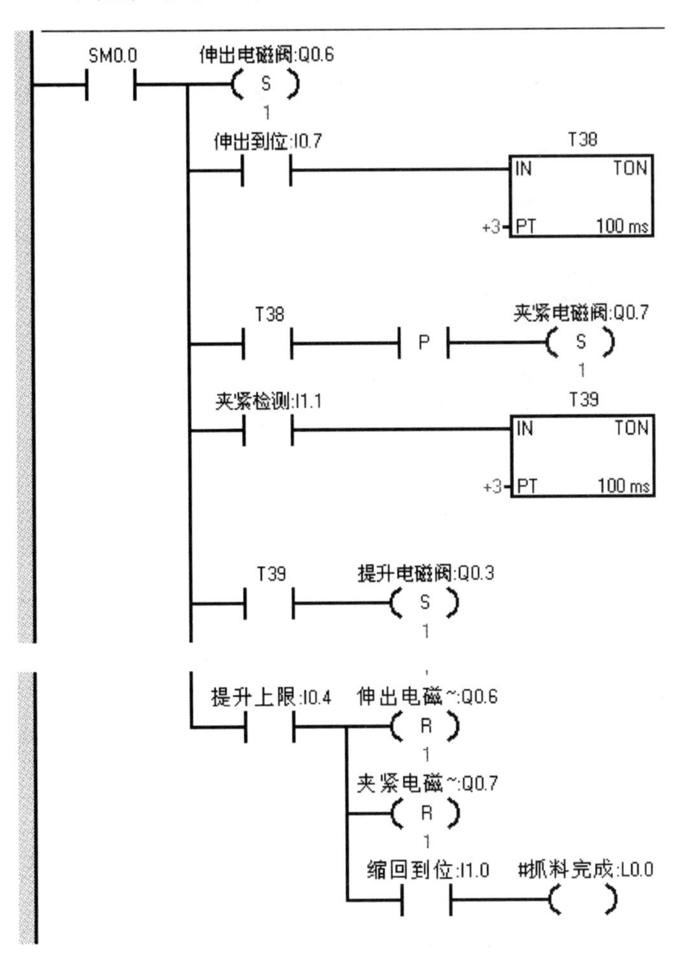

（7）子程序（放下工件）。

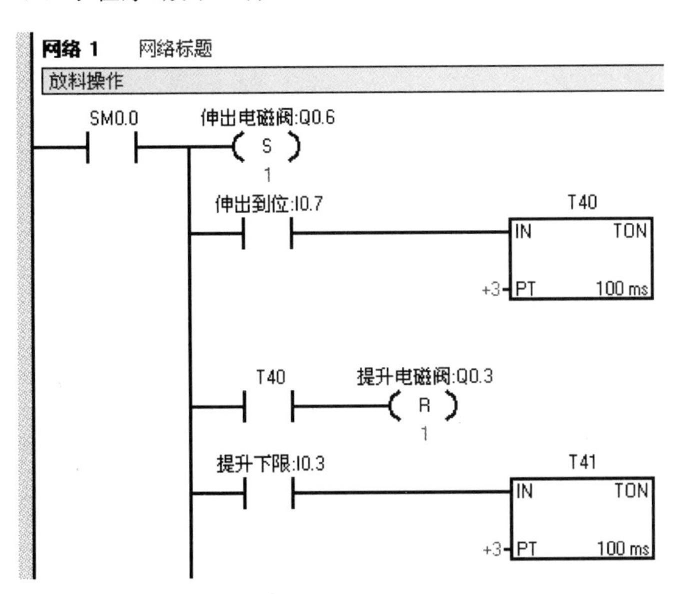

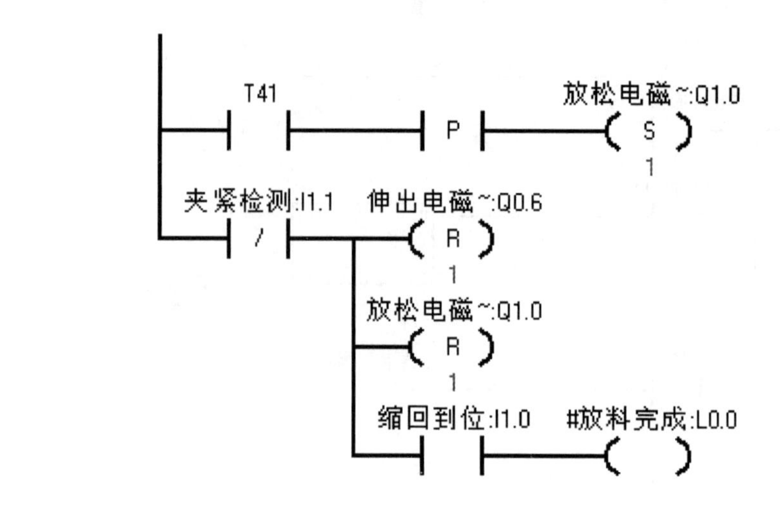

习　题　10

一、填空题

1. 生产线的输送单元所用的伺服控制器工作__________运行方式下,这时电动机转速由__________决定,电动机转动的角度(位移)与__________相关。

2. S7200 系列 PLC 有两个 PTO 发生器,分配给输出端__________和__________,其作用是用来产生__________。

二、问答题

1. 分析程序,简述机械手的动作过程。
2. 什么是包络?如何定义包络?
3. 什么是电子齿轮?如何设置伺服驱动器的电子齿轮?
4. 伺服驱动器的常用参数有哪些?

模块四　系统的整体控制

在前面的章节中，重点介绍了 YL-335B 的各个组成单元在作为独立设备工作时用 PLC 对其实现控制的基本操作，这相当于模拟了一个简单的单体设备的控制过程。本章节将以 YL-335B 为实例，进行自动化生产线整体的安装与调试。

YL-335B 系统的控制方式采用每一工作单元由一台 PLC 承担其控制任务，各 PLC 之间通过 RS485 串行通信实现互连的分布式控制方式。组建成网络后，系统中每一个工作单元也称为工作站。YL-335B 自动化生产线有供料站、加工站、装配站、分拣站和输送站，五个站的功能由生产线工作任务决定。

任务 4.1　自动化生产线的通信技术

【任务提要】

(1) 通信的基本概念。

(2) 西门子 PLC 的 PPI 通信接口协议及网络编程指令。

(3) PPI 通信网络的安装、编程与调试。

【技能目标】

(1) 掌握西门子 PLC 的 PPI 通信接口协议及网络编程指令。

(2) 掌握 PPI 通信网络的安装、编程与调试。

4.1.1　通信的基本概念

4.1.1.1　通信概述

近年来，计算机控制已被迅速地推广和普及，很多企业已经大量地使用了各式各样的可编程设备，如工业控制计算机、PLC、变频器、机器人、数控机床等。将不同厂家生产的这些设备连在一个网络中，相互之间进行数据通信，实现分散控制和集中管理，是计算机控制系统发展的大趋势，因此有必要了解有关工厂自动化通信网络和 PLC 通信方面的知识。

1. 并行数据通信与串行数据通信

并行数据通信是以字节或字为单位的数据传输方式，除了 8 根或 16 根数据线、1 根公共线外，还需要通信双方联络用的控制线。并行数据通信的传输速度快，但是传输线的根数多，成本高，一般用于近距离的数据传输，如打印机与计算机之间的数据传输，而工业控制一般使用串行数据通信。

串行数据通信是以二进制的位(bit)为单位的数据传输方式，每次只传送一位，除了公共线外,在一个数据传输方向上只需要一根数据线,这根线既作为数据线又作为通信联络控制线,数据信号和联络信号在这根线上按位进行传送。串行数据通信需要的信号线少,最少只需要 2 根线(双绞线),适用于距离较远的场合。

计算机和 PLC 都有通用的串行通信接口,如 RS-232C 和 RS-485,工业控制中一般使用串行数据通信。

2. 异步通信与同步通信

在串行数据通信中,应使发送过程和接收过程同步。按同步方式的不同,可以将串行通信分为异步通信和同步通信。异步通信发送的字符由一个起始位、7～8 个数据位、一个奇偶校验位(可以没有)、一个或两个停止位组成。在通信开始之前,通信的双方需要对所采用的信息格式和数据的传输速率做相同的约定。接收方检测到停止位和起始位之间的下降沿后,将它作为接收的起始点,在每一位的中点接收信息。由于一个字符中包含的位数不多,即使发送方和接收方的收发频率略有不同,也不会因为两台设备之间的时钟周期的积累误差而导致收发错位。异步通信传送附加的非有效信息较多,传输效率较低。

同步通信以字节为单位(一个字节由 8 位二进制数组成),每次传送 1～2 个同步字符、若干个数据字节和校验字符。可以通过调制解调方式在数据流中提取出同步信号,使接收方得到与发送方完全相同的接收时钟信号。由于同步通信方式不需要在每个数据字符中增加起始位、停止位和奇偶校验位,只需要在数据块(往往很长)之前加一两个同步字符,所以传输效率高,但是对硬件的要求较高,一般用于高速通信。

3. 单工与双工通信方式

单工通信方式只能沿单一方向发送或接收数据。双工通信方式的信息可以沿两个方向传送,每一个站点既可以发送数据,又可以接收数据。双工通信方式又分为全双工和半双工两种方式。

(1) 全双工方式　全双工方式数据的发送和接收分别使用两根或两组不同的数据线,通信的双方都能在同一时刻接收和发送信息。

(2) 半双工方式　半双工方式用同一组线(如双绞线)能发送数据或接收数据。通信的某一方在同一时刻只能发送数据或接收数据。

4. 传输速率

在串行数据通信中,传输速率(又称波特率)的单位是波特,即每秒传送的二进制位数,其单位为 bit/s。常用的标准波特率为 300～38400 bit/s(成倍增加)。不同的串行通信网络的传输速率差别极大,有的只有数百 bit/s,高速串行通信网络的传输速率可达 1 Gbit/s。

5. 通信协议

为了实现设备之间的通信,通信双方必须对通信方式和方法进行约定,否则双方无法接收和发送数据。接口的标准可以从两个方面进行理解:一是硬件方面,也就是规定了硬件接线的个数,信号电平的表示及通信接头的形状等;二是软件方面,也就是双方如何理解接收和发送数据的含义,如何要求对方传出数据等,一般把它称为通信协议。

S7-200 系列 PLC 自带通信端口所遵循的协议为西门子规定的 PPI 通信协议,而硬件接口为 RS-485 通信接口。

RS-485 只有一对平衡差分信号线用于发送和接收数据,是半双工通信方式。

使用RS-485通信接口和连接线路可以组成串行通信网络,实现分布式控制系统。网络中最多可以由32个子站(PLC)组成。为提高网络的抗干扰能力,在网络的两端要并联两个电阻,电阻值一般为120 Ω,其组网接线如图4-1所示。

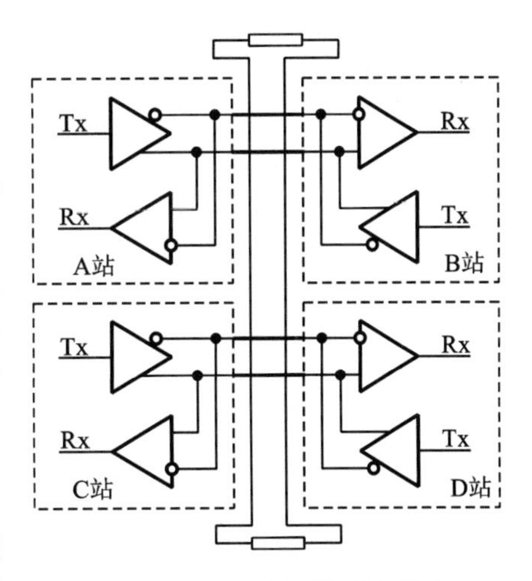

图4-1　RS-485组网接线示意图

RS-485的通信距离可以达1200 m。在RS-485通信网络中,为了区别每个设备,每个设备都有一个编号,称为地址。地址必须是唯一的,否则会引起通信混乱。

6. 通信参数

对于串行通信方式,在通信时双方必须约定好线路上通信数据的格式,否则接收方无法接收数据。同时,为提高传输数据的准确性,还应该设定检验位,当传输的数据出错时,可以指示错误。

通信格式设置的主要参数如下。

① 波特率　由于是以位为1200行传输数据,所以必须规定每位传输的时间,一般用每秒传输多少位(即bit/s)来表示。常用的有1200 kbit/s、2400 kbit/s、4800 kbit/s、9600 kbit/s、19200 kbit/s。

② 起始位个数　开始传输数据的位,称为起始位,在通信之前双方必须确定起始位的个数,以便协调一致。起始位数一般为1个。

③ 数据位数　一次传输数据的位数称为数据位数。当每次传输数据时,为提高数据传输的效率,一次不仅仅传输1 bit,而是传输多位,一般为8 bit,正好1个字节。常见的还有7 bit,用于传输ASCII码。

④ 检验位　为了提高传输的可靠性,一般要设定检验位,以指示在传输过程中是否出错,一般单独占用1 bit。常用的检验方式有偶检验、奇检验。当然也可以不用检验位。

偶检验规定传输的数据和检验位中"1"(二进制)的个数必须是偶数,当个数不是偶数时,说明数据传输出错。

奇检验规定传输的数据和检验位中"1"(二进制)的个数必须是奇数,当个数不是奇数时,说明数据传输出错。

⑤ 停止位　当一次数据位数传输完毕后,必须发出传输完成的信号,即停止位。停止位一般有1 bit、1.5 bit和2 bit的形式。

⑥ 站号　在通信网络中,为了标示不同的站,必须给每个站一个唯一的表示符,称为站号。站号也可以称为地址。同一个网络中所有的站的站号不能相同,否则会出现通信混乱。

4.1.1.2　S7-200通信协议介绍

S7-200系统有强大而灵活的通信能力。通过各种通信方式,S7-200和西门子S7-200、S7-400等PLC和各种人机界面产品及其他智能控制模块及驱动装置等紧密地联系起来。

S7-200的接口定义如图4-2所示,S7-200在通信时连接RS-485信号B和RS-485信号A,多个PLC可以组成网络。

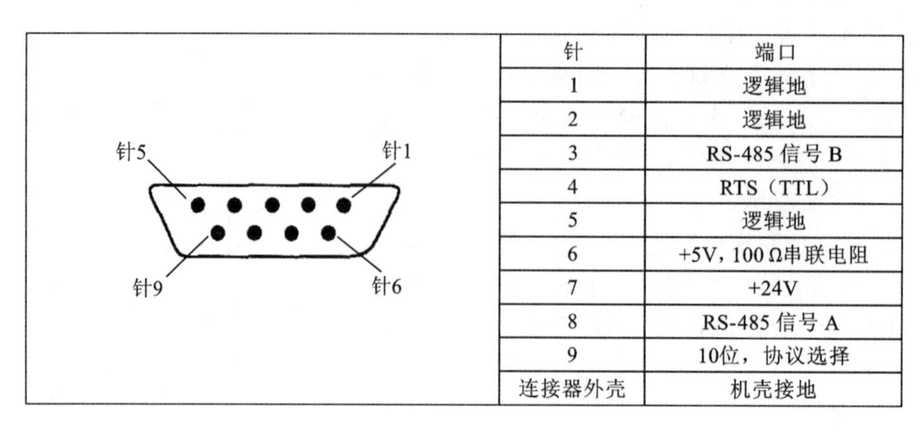

针	端口
1	逻辑地
2	逻辑地
3	RS-485 信号 B
4	RTS（TTL）
5	逻辑地
6	+5V，100 Ω串联电阻
7	+24V
8	RS-485 信号 A
9	10位，协议选择
连接器外壳	机壳接地

图 4-2　S7-200 通信接口定义

S7-200 的通信接口为 RS-485,通信协议可以使用 PLC 自带标准的 PPI 协议或 Modbus 协议,也可以通过 S7-200 的通信指令使用自定义的通信协议进行数据通信。

在使用 PPI 协议进行通信时,只能有一台 PLC 或其他设备作为通信发起方,我们称为主站,其他的 PLC 或设备只能被动地传输或接收数据,称为从站。网络中的设备不能同时发数据,这样做会引起网络通信错误。

PPI 通信协议格式在此不做介绍,只给出其通信参数:8 位数据位、1 位偶检验、1 位停止位、1 位起始位,通信速率和站地址根据实际情况可以更改。

设置 S7-200 PPI 通信参数如下。

S7-200 的默认通信参数为:地址是 2,波特率是 9600 kbit/s,8 位数据位,1 位偶检验、1 位停止位、1 位起始位。其地址和波特率可以根据实际情况进行更改,其他的数据格式是不能更改的。要设置 PLC 的通信参数,选择“系统块”的“通信端口”命令,出现如图 4-3 所示的窗口后设置地址和波特率。

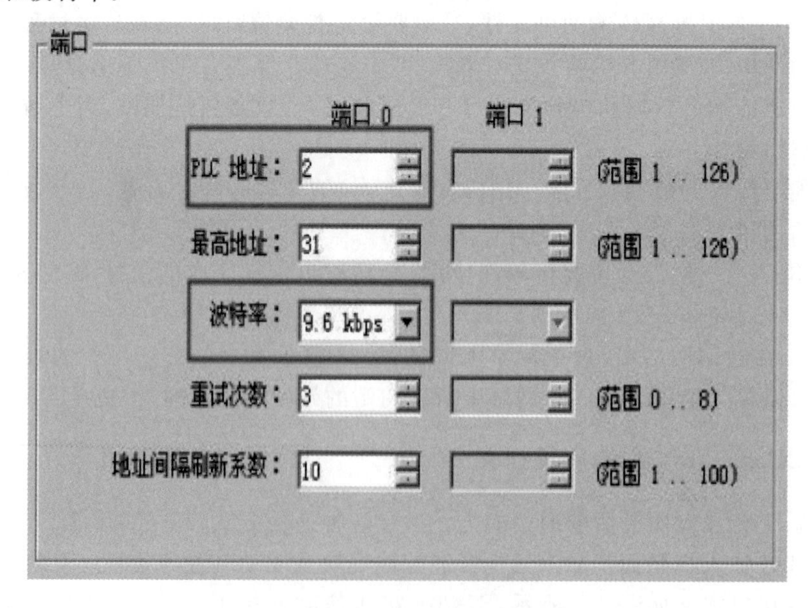

图 4-3　PLC 地址和波特率设置

参数设置完成后必须将其下载到PLC中，在下载时选中“系统块”选项，否则设置的参数在PLC中没有生效，如图4-4所示。

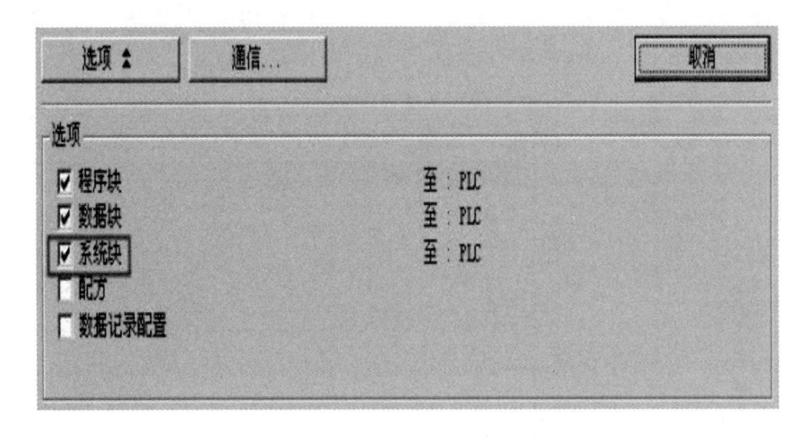

图4-4 通信数据下载

4.1.2 PPI通信方式实现自动化生产线联机调试

现代的自动化生产线中，不同的工作站控制设备并不是独立运行的，就像YL-335B中的五个站是通过通信手段相互之间交换信息，形成一个整体，从而提高设备的控制能力和可靠性。

PLC网络的具体通信模式，取决于所选厂家的PLC类型。YL-335B的标准配置：若PLC选用S7-200系列，通信方式则采用PPI协议通信。

PPI协议是S7-200 CPU最基本的通信方式，通过原来自身的端口(PORT0或PORT1)就可以实现通信，是S7-200默认的通信方式。

PPI是一种主-从协议通信，主-从站在一个令牌环网中，主站发送要求到从站器件，从站器件响应；从站器件不发信息，只是等待主站的要求并对要求作出响应。如果在用户程序中使能PPI主站模式，就可以在主站程序中使用网络读写指令来读写从站信息，而从站程序没有必要使用网络读写指令。

4.1.2.1 实现PPI通信的步骤

下面以YL-335B各工作站PLC实现PPI通信的操作步骤为例，说明使用PPI协议实现通信的步骤。

(1) 对网络上每一台PLC，设置其系统块中的通信端口参数，对用作PPI通信的端口(PORT0或PORT1)，指定其地址(站号)和波特率。设置后把系统块下载到该PLC。具体操作如下：运行个人计算机上的STEP7 V4.0(SP5)程序，打开设置端口对话框，如图4-5所示。利用PPI/RS485编程电缆单独地把输送单元CPU系统块里的端口0设置为1号站，波特率为19.2 kbit/s，如图4-6所示。同样的方法设置：供料单元CPU端口0为2号站，波特率为19.2 kbit/s；加工单元CPU端口0为3号站，波特率为19.2 kbit/s；装配单元CPU端口0为4号站，波特率为19.2 kbit/s；最后设置分拣单元CPU端口0为5号站，波特率为19.2 kbit/s。分别把系统块下载到相应的CPU中。

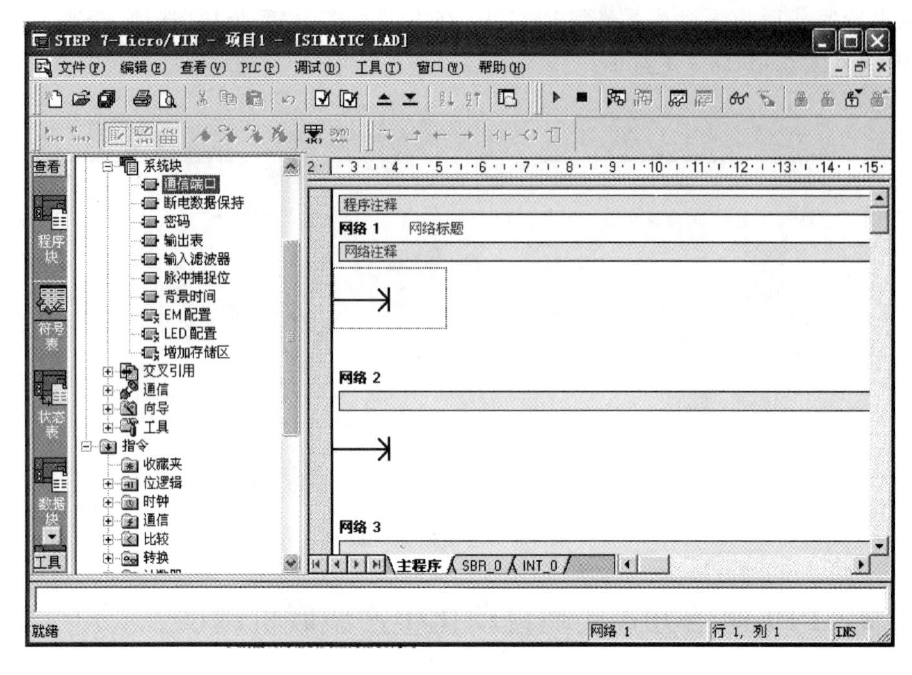

图 4-5　打开设置端口对话框

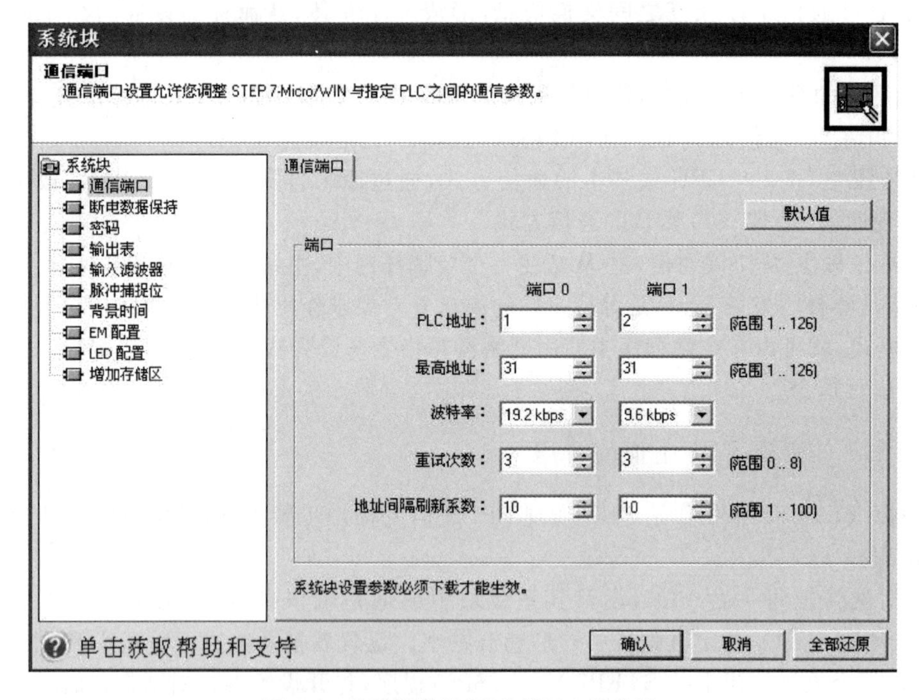

图 4-6　设置输送站 PLC 端口 0 的参数

(2) 利用网络接头和网络线把各台 PLC 中用作 PPI 通信的端口 0 连接，所使用的网络接头中，2～5 号站用的是标准网络连接器，1 号站用的是带编程接口的连接器，该编程口通过 RS-232/PPI 多主站电缆与个人计算机连接，然后利用 STEP7 V4.0 软件和 PPI/RS485 编程电缆搜索出 PPI 网络上的 5 个站，如图 4-7 所示。

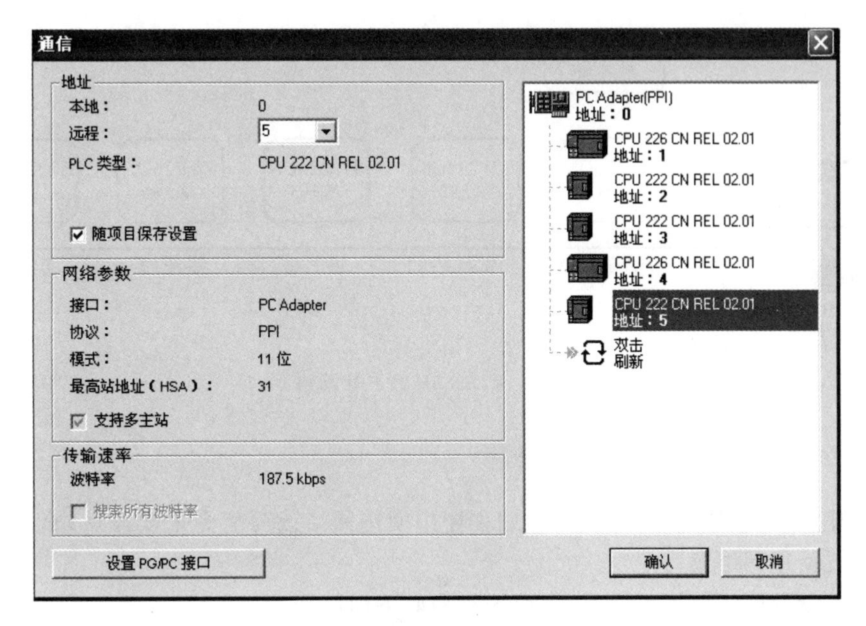

图 4-7　PPI **网络上的** 5 **个站**

图 4-7 表明，5 个站已经完成了 PPI 网络连接。

(3) PPI 网络主站(输送站)PLC 程序中，必须在上电的第 1 个扫描周期，用特殊存储器 SMB30 指定其主站属性。SMB30 是 S7-200 PLC PORT0 自由通信口的控制字节，各位表达的意义如表 4-1 所示。

表 4-1　SMB30 **各位表达的意义**

<table>
<tr><td>bit7</td><td>bit6</td><td>bit5</td><td>bit4</td><td>bit3</td><td>bit2</td><td>bit1</td><td>bit0</td></tr>
<tr><td>p</td><td>p</td><td>d</td><td>b</td><td>b</td><td>b</td><td>m</td><td>m</td></tr>
<tr><td colspan="3">pp：校验选择</td><td colspan="3">d：每个字符的数据位</td><td colspan="2">mm：协议选择</td></tr>
<tr><td colspan="3">00＝不校验</td><td colspan="3">0＝8 位</td><td colspan="2">00＝PPI/从站模式</td></tr>
<tr><td colspan="3">01＝偶校验</td><td colspan="3">1＝7 位</td><td colspan="2">01＝自由口模式</td></tr>
<tr><td colspan="3">10＝不校验</td><td colspan="3" rowspan="2"></td><td colspan="2">10＝PPI/主站模式</td></tr>
<tr><td colspan="3">11＝奇校验</td><td colspan="2">11＝保留(未用)</td></tr>
<tr><td colspan="8">bbb：自由口波特率(单位：波特)</td></tr>
<tr><td colspan="3">000＝38400</td><td colspan="3">011＝4800</td><td colspan="2">110＝115.2k</td></tr>
<tr><td colspan="3">001＝19200</td><td colspan="3">100＝2400</td><td colspan="2">111＝57.6k</td></tr>
<tr><td colspan="3">010＝9600</td><td colspan="3">101＝1200</td><td colspan="2"></td></tr>
</table>

在 PPI 模式下，控制字节的 2 到 7 位是被忽略的。即 SMB30＝0000 0010，定义 PPI 主站。SMB30 中协议选择缺省值是 00＝PPI 从站，因此，从站侧不需要初始化。

YL-335B 系统中，按钮及指示灯模块的按钮、开关信号连接到输送单元的 PLC(S7-226 CN)输入口，以提供系统的主令信号。因此在网络中的输送站被指定为主站，其余各站均被指定为从站。图 4-8 所示为 YL-335B 的 PPI 网络。

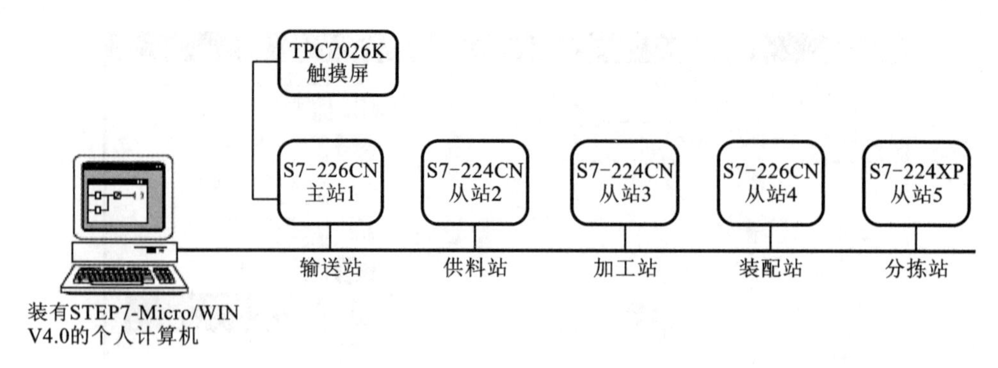

图 4-8 YL-335B 的 PPI 网络

4.1.2.2 编写主站网络读写程序

如前所述,在 PPI 网络中,只有在主站程序中使用网络读写指令来读写从站信息,而从站程序没有必要使用网络读写指令。

在编写主站的网络读写程序前,应预先规划好下列数据:

① 主站向各从站发送数据的长度(字节数)。

② 发送的数据位于主站的何处。

③ 数据发送到从站的何处。

④ 主站从各从站接收数据的长度(字节数)。

⑤ 主站从从站的何处读取数据。

⑥ 接收到的数据放在主站的何处。

以上数据,应根据系统工作要求、信息交换量等统一筹划。考虑 YL-335B 中,各工作站 PLC 所需交换的信息量不大,主站向各从站发送的数据只是主令信号,从从站读取的也只是各从站状态信息,发送和接收的数据均为 1 个字(2 个字节)已经足够。作为例子,所规划的数据如表 4-2 所示。

表 4-2 网络读写数据规划实例

输送站 1 号站(主站)	供料站 2 号站(从站)	加工站 3 号站(从站)	装配站 4 号站(从站)	分拣站 5 号站(从站)
发送数据的长度	2 字节	2 字节	2 字节	2 字节
从主站的何处发送	VB1000	VB1000	VB1000	VB1000
发往从站的何处	VB1000	VB1000	VB1000	VB1000
接收数据的长度	2 字节	2 字节	2 字节	2 字节
数据来自从站的何处	VB1010	VB1010	VB1010	VB1010
数据存到主站的何处	VB1200	VB1204	VB1208	VB1212

网络读写指令可以向远程站发送或接收 16 个字节的信息,在 CPU 内同一时间最多可以有 8 条指令被激活。YL-335B 有 4 个从站,因此考虑同时激活 4 条网络读指令和 4 条网络写指令。

根据上述数据，即可编制主站的网络读写程序。但更简便的方法是借助网络读写向导程序。这一向导程序可以快速简单地配置复杂的网络读写指令操作，为所需的功能提供一系列选项。一旦完成，向导将为所选配置生成程序代码，并初始化指定的 PLC 为 PPI 主站模式，同时使能网络读写操作。

要启动网络读写向导程序，在 STEP7 V4.0 软件命令菜单中选择工具→指令导向，并且在指令向导窗口中选择 NETR/NETW（网络读写），单击“下一步”后，就会出现 NETR/NETW 指令向导界面，如图 4-9 所示。

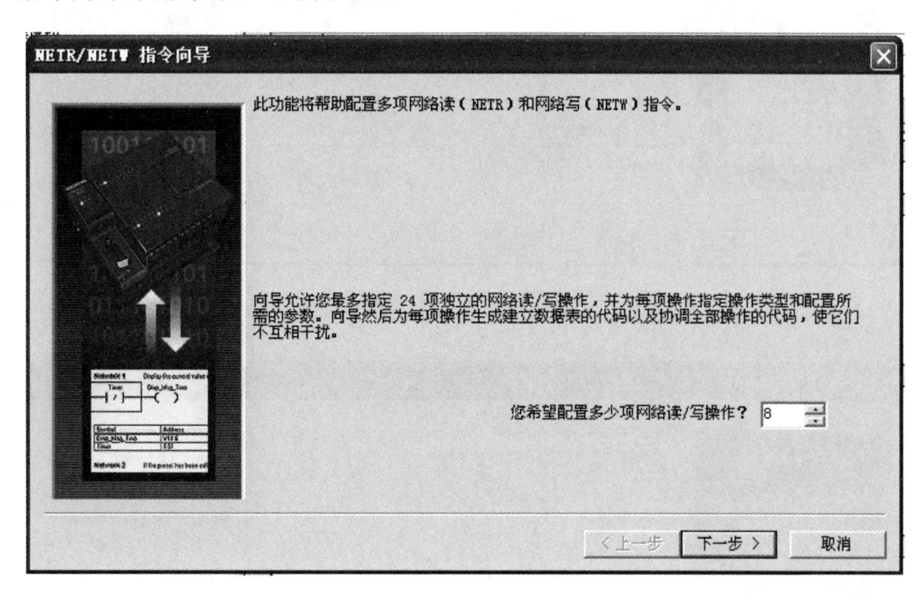

图 4-9　NETR/NETW **指令向导界面**

本界面和紧接着的下一个界面，将要求用户提供希望配置的网络读写操作总数、指定进行读写操作的通信端口、指定配置完成后生成的子程序名字，完成这些设置后，将进入对具体每一条网络读或写指令的参数进行配置的界面。

在此例中，8 项网络读写操作安排如下：第 1～4 项为网络写操作，主站向各从站发送数据，主站读取各从站数据；第 5～8 项为网络写操作，主站读取各从站数据。图 4-10 为第 1 项操作配置界面，选择 NETW 操作，按表 4-2 所示，主站（输送站）向各从站发送的数据都位于主站 PLC 的 VB1000～VB1001 处，所有从站都在其 PLC 的 VB1000～VB1001 处接收数据。所以前 4 项仅站号不一样，其余的填写内容都是相同的。

完成前 4 项数据填写后，再单击“下一项操作”，进入第 5 项配置，5～8 项都是选择网络读操作，按表 4-2 中各站规划逐项填写数据，直至第 8 项操作配置完成。图 4-11 是对 2 号从站（供料单元）的网络写操作配置。

8 项配置完成后，单击“下一步”，导向程序按要求指定一个 V 存储区的起始地址，以便将此配置放入 V 存储区（见图 4-12）。这时，若在选择框中填入一个 VB 值，或单击“建议地址”，程序自动建议一个大小合适且未使用的 V 存储区地址范围。

单击“下一步”，全部配置完成，向导将为所选的配置生成项目组件，如图 4-13 所示。修改或确认图中各栏目后，点击“完成”，借助网络读写向导程序配置网络读写操作的工作结束。这时，指令向导界面将消失，程序编辑器窗口将增加 NET_EXE 子程序标记。

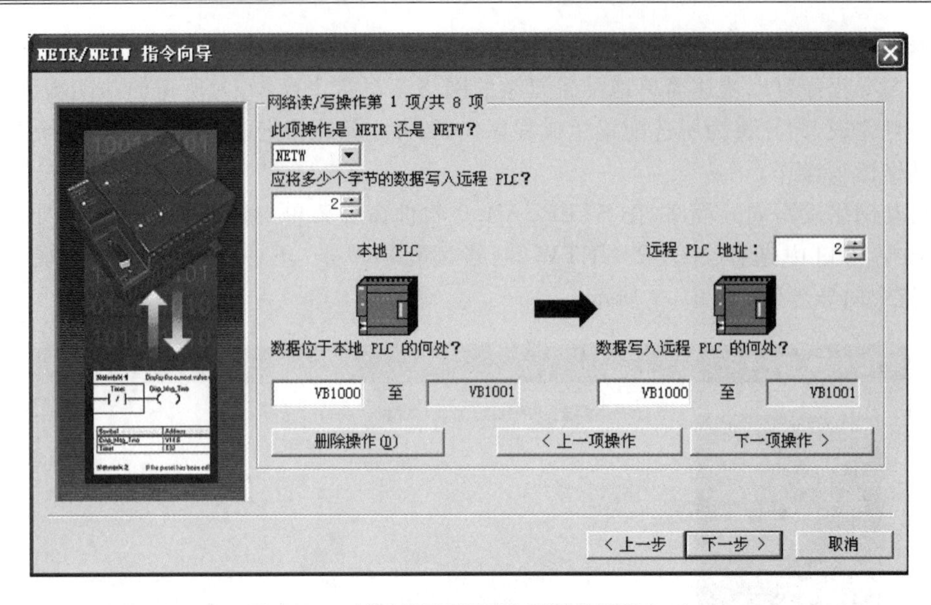

图 4-10 对供料单元的网络写操作配置(一)

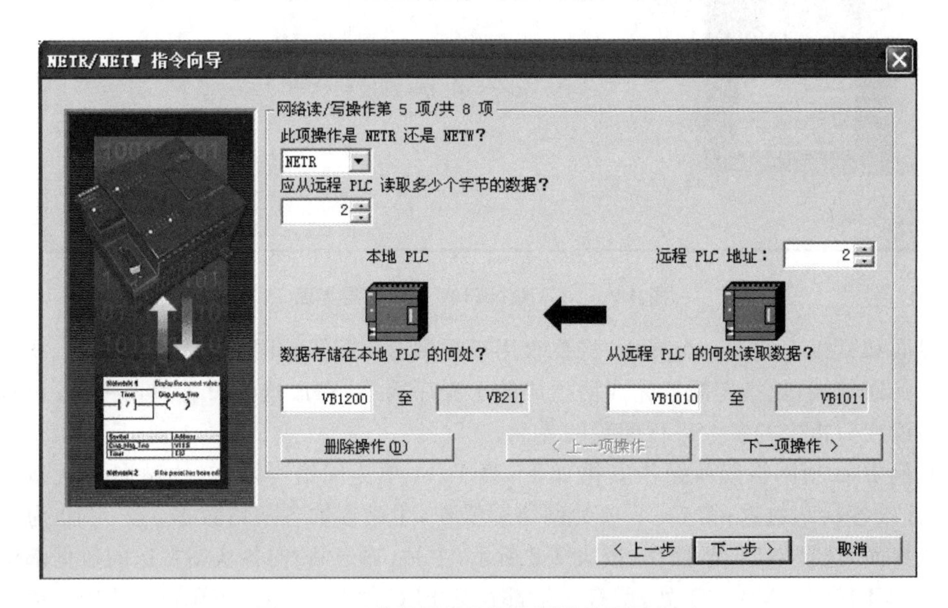

图 4-11 对供料单元的网络写操作配置(二)

要在程序中使用上面所完成的配置,须在主程序块中加入对子程序“NET_EXE”的调用。使用 SM0.0 在每个扫描周期内调用此子程序,这将开始执行配置的网络读/写操作。梯形图如图 4-14 所示。

由图可见,NET_EXE 有 Timeout、Cycle、Error 等几个参数,它们的含义如下:

Timeout 设定的通信超时时限,1～32767 s,若为 0,则不计时。

Cycle 输出开关量,所有网络读/写操作均完成一次切换状态。

Error 发生错误时报警输出。

本例中 Timeout 设定为 0,Cycle 输出到 Q1.6,故网络通信时,Q1.6 所连接的指示灯将闪烁。Error 输出到 Q1.7,当发生错误时,所连接的指示灯将亮。

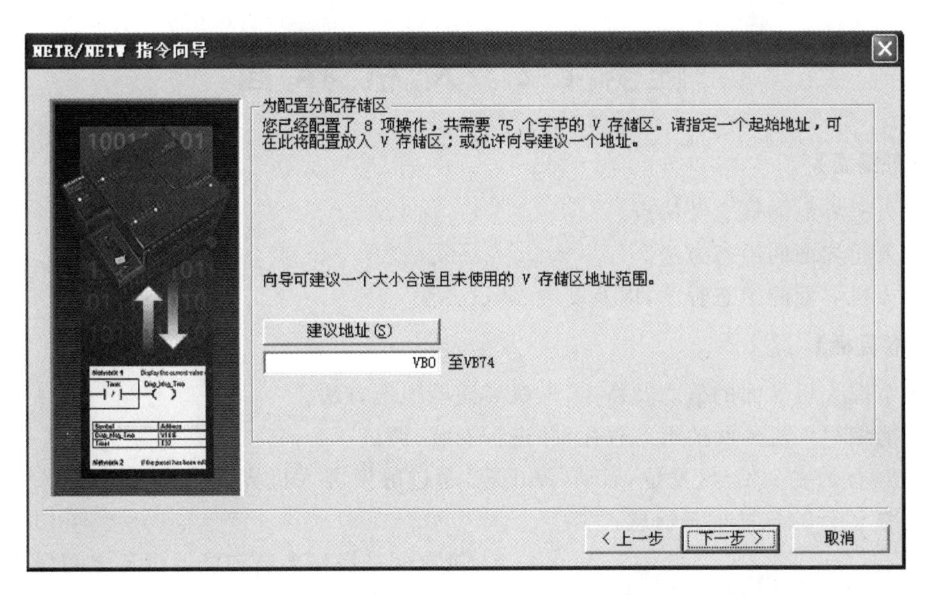

图 4-12　为配置分配存储区

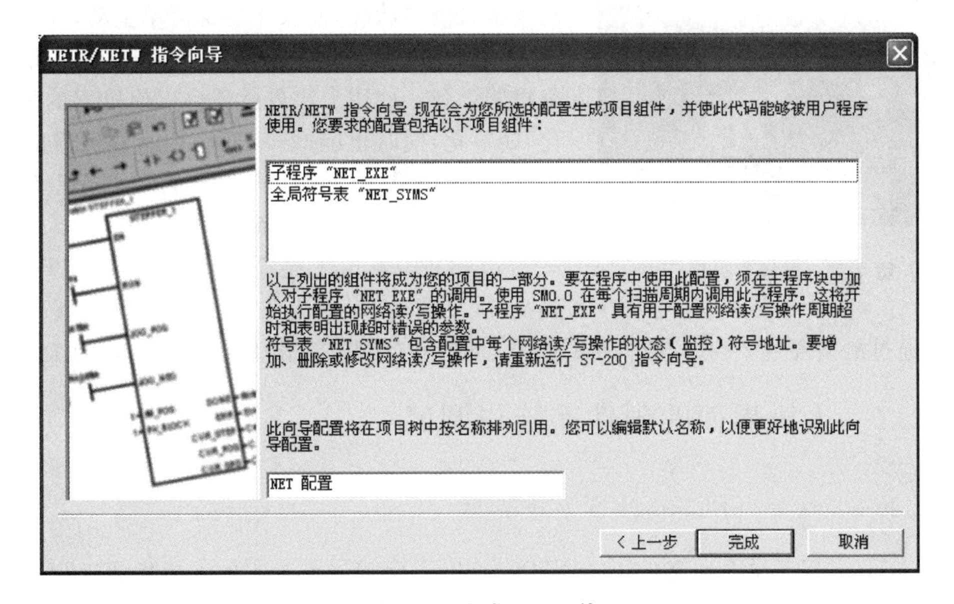

图 4-13　生成项目组件

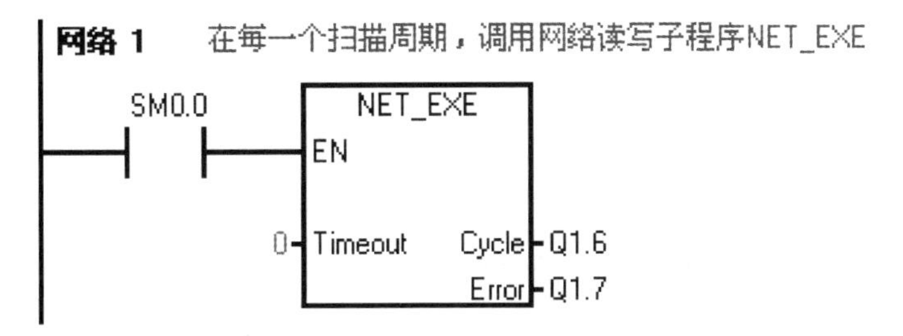

图 4-14　子程序 NET_EXE 的调用

任务 4.2 人 机 界 面

【任务提要】

(1) 人机界面的概念及特点。

(2) 人机界面的组态方法。

(3) 人机界面的组态程序,以及安装、调试方法。

【技能目标】

(1) 掌握人机界面的概念及特点,人机界面的组态方法。

(2) 能编写人机界面的组态程序,并进行安装、调试。

系统运行的主令信号(复位、启动、停止等)通过触模屏人机界面给出。同时,人机界面上也显示系统运行的各种状态信息。

图 4-15 触摸屏外形

人机界面是操作人员和机器设备之间做双向沟通的桥梁。使用人机界面能够明确指示并告知操作员机器设备目前的状况,使操作变得简单生动,并且可以减少操作上的失误,即使是新手也可以很轻松地操作整个机器设备。使用人机界面还可以使机器的配线标准化、简单化,同时也能减少 PLC 控制器所需的 I/O 点数,降低生产成本,同时由于面板控制的小型化及高性能,相对地提高了整套设备的附加价值。

YL-335B 采用了昆仑通态(MCGS) TPC7062KS 触摸屏(见图 4-15)作为它的人机界面,在 YL-335B 生产线中,通过触摸屏这个窗口,我们可以观察、掌握和控制自动化生产线及 PLC 的工作状况。

4.2.1 人机界面的硬件连接与调试

4.2.1.1 认知 TPC7062KS 人机界面

YL-335B 采用了昆仑通态(MCGS) TPC7062KS 触摸屏作为它的人机界面。TPC7062KS 是一款以嵌入式低功耗 CPU 为核心(主频 400 MHz)的高性能嵌入式一体化工控机。该产品设计采用了 7 in(17.78 cm)高亮度 TFT 液晶显示屏(分辨率 800×480),四线电阻式触摸屏(分辨率 4096×4096),同时还预装了微软嵌入式实时多任务操作系统 WinCE. NET(中文版)和 MCGS 嵌入式组态软件(运行版)。

4.2.1.2 人机界面的硬件连接

1. TPC7062KS 触摸屏的简单介绍

TPC7062KS 人机界面的电源进线、各种通信接口均在其背面进行,如图 4-16 所示。

其中:USB1 口用来连接鼠标和 U 盘等,USB2 口用作工程项目下载,COM(RS232)用来连接 PLC。下载线和通信线如图 4-17 所示,TPC7062KS 触摸屏接口的定义如图 4-18 所示。

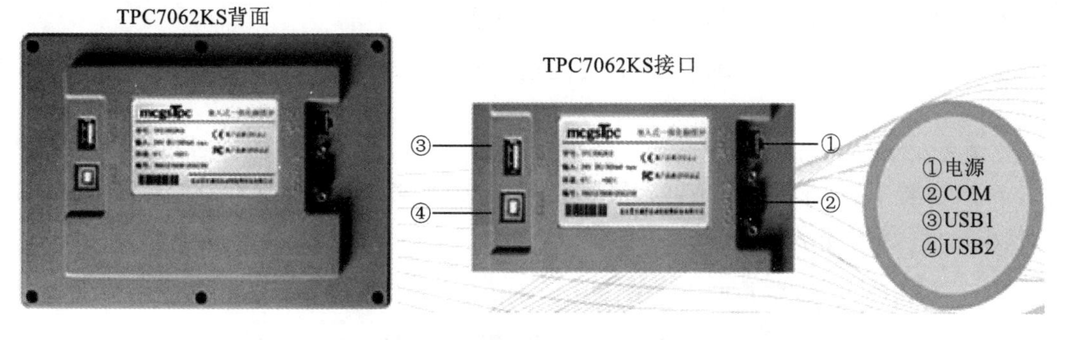

图 4-16　TPC7062KS 的接口

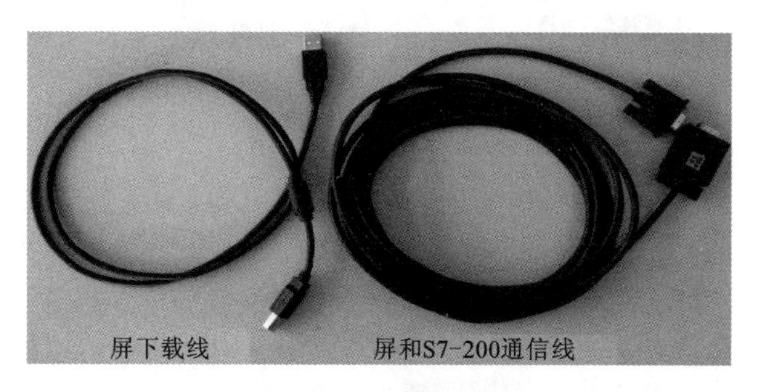

图 4-17　下载线和通信线

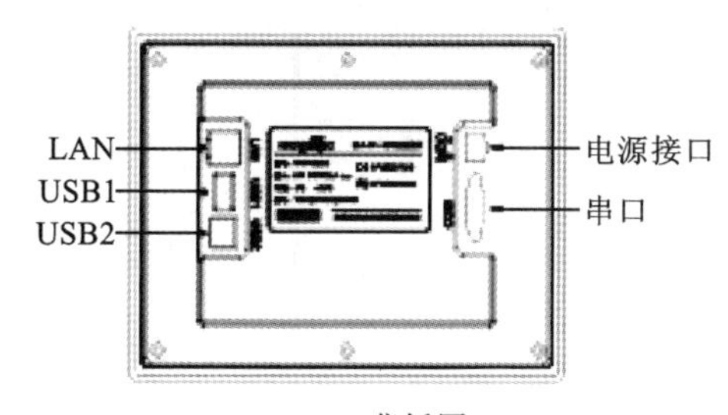

TPC7062K背板图

项目	TPC7062K
LAN（RJ45）	以太网接口
串口（DB9）	1×RS232，1×RS485
USB1	主口，USB1.1兼容
USB2	从口，用于下载工程
电源接口	24V　DC　±20%

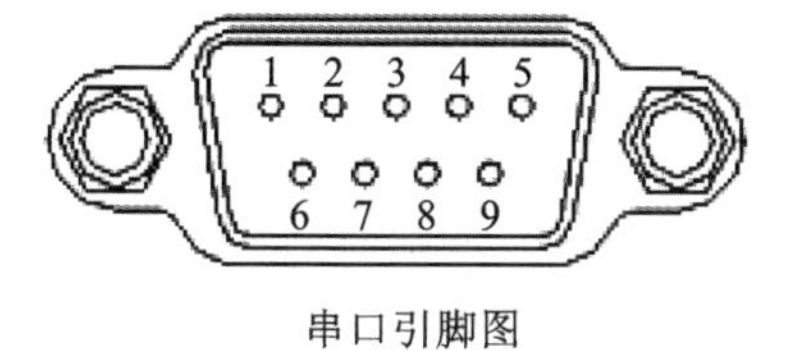

串口引脚图

接口	PIN	引脚定义
COM1	2	RS232 RXD
	3	RS232 TXD
	5	GND
COM2	7	RS485+
	8	RS485-

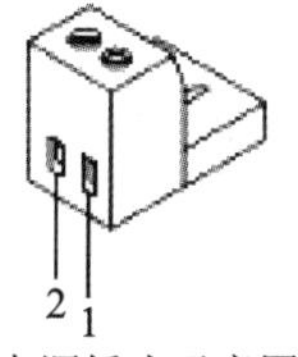

电源插头示意图

接口	PIN	引脚定义
COM1	2	RS232 RXD
	3	RS232 TXD
	5	GND
COM2	7	RS485+
	8	RS485-

图 4-18　TPC7062KS 触摸屏接口的定义

2. TPC7062KS 触摸屏与个人计算机的连接

在 YL-335B 上,TPC7062KS 触摸屏是通过 USB2 口与个人计算机连接的,连接以前,个人计算机应先安装 MCGS 组态软件。

当需要在 MCGS 组态软件上把资料下载到 HMI 时,只要在下载配置里,选择“连接运行”,单击“工程下载”即可进行下载,如图 4-19 所示。如果工程项目要在电脑模拟测试,则选择“模拟运行”,然后下载工程。

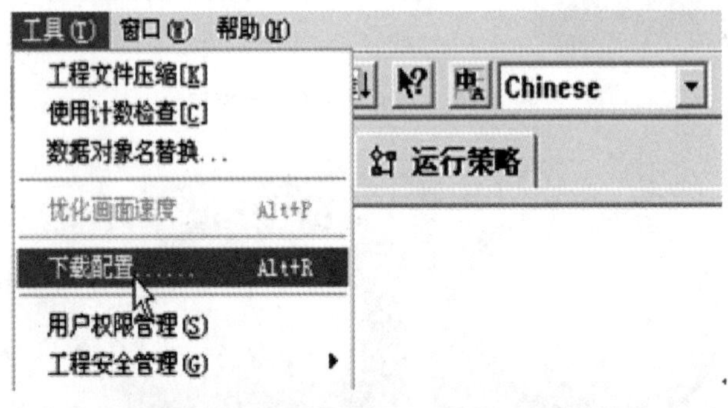

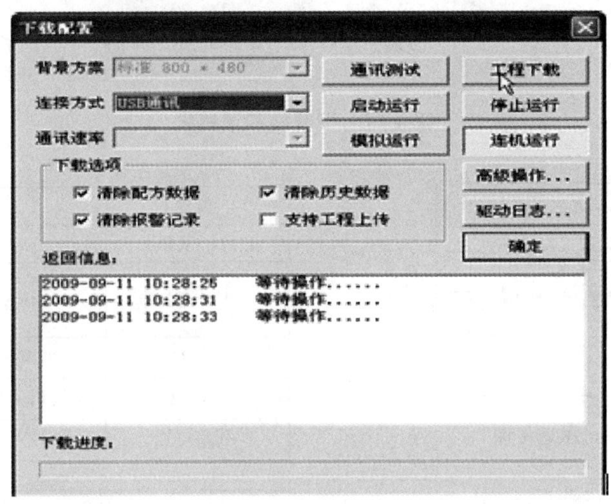

图 4-19 工程下载方法

3. TPC7062KS 触摸屏与 S7-200 PLC 的连接

在 YL-335B 中,触摸屏通过 COM 口直接与输送站的 PLC(PORT1)的编程口连接。所使用的通信线采用西门子 PC-PPI 电缆,PC-PPI 电缆把 RS232 转为 RS485。PC-PPI 电缆 9 针母头插在屏侧,9 针公头插在 PLC 侧。

为了实现正常通信,除了正确进行硬件连接,尚须对触摸屏的串行口 0 属性进行设置,这将在设备窗口组态中实现,设置方法将在后面的工作任务中详细说明。

4.2.2 触摸屏设备组态

为了通过触摸屏设备操作机器或系统,必须给触摸屏设备组态用户界面,该过程称为“组态阶段”。系统组态就是通过 PLC 以“变量”方式进行操作单元与机械设备或过程之间的通

信。变量值写入 PLC 上的存储区域(地址),由操作单元从该区域读取。

运行 MCGS 嵌入版组态环境软件,在出现的界面上,点击菜单中“文件”→“新建工程”,弹出图 4-20 所示界面。MCGS 嵌入版用“工作台”窗口来管理构成用户应用系统的五个部分,工作台上的五个标签:主控窗口、设备窗口、用户窗口、实时数据库和运行策略,对应于五个不同的窗口页面,每一个页面负责管理用户应用系统的一个部分,用鼠标单击不同的标签可选取不同的窗口页面,对应用系统的相应部分进行组态操作。

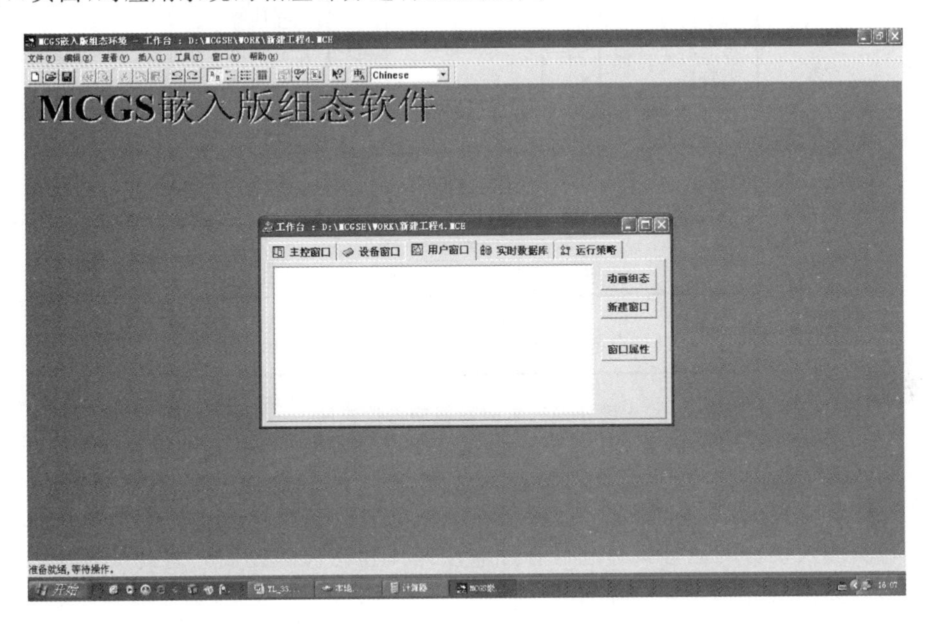

图 4-20　工作台

(1) 主控窗口。

MCGS 嵌入版的主控窗口是组态工程的主窗口,是所有设备窗口和用户窗口的父窗口,它相当于一个大的容器,可以放置一个设备窗口和多个用户窗口,负责这些窗口的管理和调度,并调度用户策略的运行。同时,主控窗口又是组态工程结构的主框架,可在主控窗口内设置系统运行流程及特征参数,方便用户的操作。

(2) 设备窗口。

设备窗口是 MCGS 嵌入版系统与作为测控对象的外部设备建立联系的后台作业环境,负责驱动外部设备,控制外部设备的工作状态。系统通过设备与数据之间的通道,把外部设备的运行数据采集进来,送入实时数据库,供系统其他部分调用,并且把实时数据库中的数据输出到外部设备,实现对外部设备的操作与控制。

(3) 用户窗口。

用户窗口本身是一个“容器”,用来放置各种图形对象(图元、图符和动画构件),不同的图形对象对应不同的功能。通过对用户窗口内的多个图形对象的组态,生成漂亮的图形界面,为实现动画显示效果做准备。

(4) 实时数据库。

在 MCGS 嵌入版中,用数据对象来描述系统中的实时数据,用对象变量代替传统意义上的值变量,把数据库技术管理的所有数据对象的集合称为实时数据库。

实时数据库是 MCGS 嵌入版系统的核心,是应用系统的数据处理中心。系统各个部分均以实时数据库为公用区交换数据,实现各个部分协调动作。

设备窗口通过设备构件驱动外部设备,将采集的数据送入实时数据库;由用户窗口组成的图形对象,与实时数据库中的数据对象建立连接关系,以动画形式实现数据的可视化;运行策略通过策略构件,对数据进行操作和处理,如图 4-21 所示。

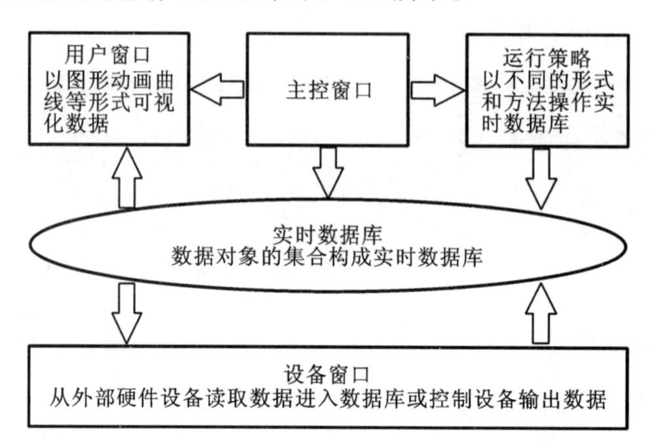

图 4-21　实时数据库数据流图

(5) 运行策略。

对于复杂的工程,监控系统必须设计成多分支、多层循环嵌套式结构,按照预定的条件,对系统的运行流程及设备的运行状态进行有针对性选择和精确的控制。为此,MCGS 嵌入版引入运行策略的概念,用以解决上述问题。

所谓"运行策略",是用户为实现对系统运行流程自由控制所组态生成的一系列功能块的总称。MCGS 嵌入版为用户提供了进行策略组态的专用窗口和工具箱。运行策略的建立,使系统能够按照设定的顺序和条件,操作实时数据库,控制用户窗口的打开、关闭,以及设备构件的工作状态,从而实现对系统工作过程精确控制和有序调度管理的目的。

4.2.3　组态软件应用系统设计与调试

4.2.3.1　工程分析和创建

根据工作任务,对工程分析并规划如下。

(1) 工程框架　有两个用户窗口,即"欢迎画面"窗口和"主画面"窗口,其中"欢迎画面"窗口是启动界面。

(2) 数据对象　各工作站以及全线的工作状态指示灯,单机全线切换旋钮,启动、停止、复位按钮,变频器输入频率设定、机械手当前位置等。

(3) 图形制作　欢迎画面窗口:①图片通过位图装载实现;②文字通过标签实现;③按钮由对象元件库引入。

主画面窗口:①文字通过标签构件实现;②各工作站以及全线的工作状态指示灯和时钟由对象元件库引入;③单机全线切换旋钮,启动、停止、复位按钮由对象元件库引入;④输入频率设定通过输入框构件实现;⑤机械手当前位置通过标签构件和滑动输入器实现。

(4) 流程控制 通过循环策略中的脚本程序策略块实现。

进行上述规划后，就可以创建工程，然后进行组态。步骤是在“用户窗口”中单击“新建窗口”按钮，建立“窗口0”“窗口1”，然后分别设置两个窗口的属性。

4.2.3.2 欢迎画面组态

1. 建立欢迎画面

选中“窗口0”，单击“窗口属性”，进入用户窗口属性设置。

①窗口名称改为“欢迎画面”。

②窗口标题改为“欢迎画面”。

③在“用户窗口”中，选中“欢迎”，点击右键，选择下拉菜单中的“设置为启动窗口”选项，将该窗口设置为运行时自动加载的窗口。

2. “欢迎画面”组态

1) 编辑欢迎画面

选中“欢迎画面”窗口图标，单击“动画组态”，进入动画组态窗口开始编辑欢迎画面。

(1) 装载位图。

选择“工具箱”内的“位图”按钮，鼠标的光标呈“十字”形，在窗口左上角位置拖曳鼠标，拉出一个矩形，使其填充整个窗口。

在位图上单击右键，选择“装载位图”，找到要装载的位图，点击选择该位图，见图4-22，然后点击“打开”按钮，则图片该装载到了窗口。

图 4-22 装载位图

(2) 制作按钮。

单击绘图工具箱中图标“ ”，在窗口中拖出一个大小合适的按钮，双击按钮，出现如图4-23(a)的属性设置窗口。在可见度属性页中点选“按钮不可见”；在操作属性页(见图4-23(b))中单击“按下功能”，打开用户窗口时选择主画面，并将数据对象“HMI就绪”的值置1。

(a) 基本属性页

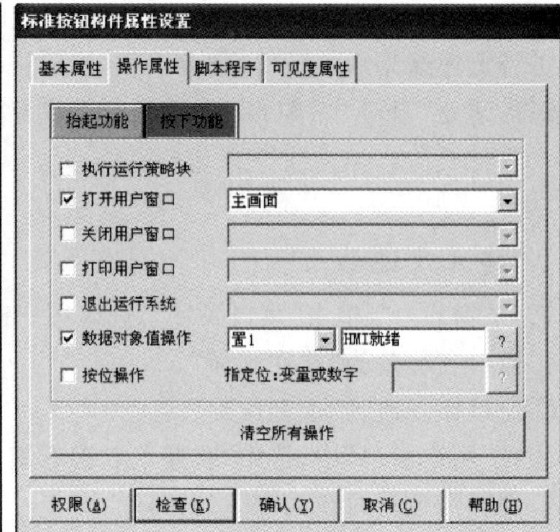

(b) 操作属性页

图 4-23　制作按钮

(3) 制作循环移动的文字框图。

① 选择“工具箱”内的“标签”按钮 A ,拖拽到窗口上方的中心位置,根据需要拉出一个大小适合的矩形。在鼠标光标闪烁位置输入文字“欢迎使用 YL-335B 自动化生产线实训考核装备!”,按回车键或在窗口任意位置用鼠标点击一下,完成文字输入。

② 静态属性设置。

文字框的背景颜色:没有填充。

文字框的边线颜色:没有边线。

字符颜色:艳粉色。

文字字体:华文细黑。

字型:粗体。

字号:二号。

③ 为了使文字循环移动,在“位置动画连接”中勾选“水平移动”,这时在对话框上端就增添“水平移动”窗口标签。水平移动属性页的设置如图 4-24 所示。

图 4-24　设置水平移动属性

(4) 设置说明。

① 为了实现"水平移动"动画连接,首先要确定对应连接对象的表达式,然后再定义表达式的值所对应的位置偏移量。定义一个内部数据对象"移动"作为表达式,它是一个与文字对象的位置偏移量成比例的增量值,当表达式"移动"的值为0时,文字对象的位置向右移动0点(即不动),当表达式"移动"的值为1时,对象的位置向左移动5点(－5),这就是说,"移动"变量与文字对象的位置之间关系是一个斜率为－5的线性关系。

② 触摸屏图形对象所在的水平位置定义为:以左上角为坐标原点,单位为像素点,向左为负方向,向右为正方向。TPC7062KS分辨率是800×480,文字串"欢迎使用YL-335B自动化生产线实训考核装备!"向左全部移出的偏移量约为－700像素,故表达式"移动"的值为＋140。文字循环移动的策略是,如果文字串向左全部移出,则返回初始位置重新移动。

2) 组态"循环策略"的具体操作

(1) 在"运行策略"中,双击"循环策略"进入策略组态窗口。

(2) 双击图标进入"策略属性设置",将循环时间设为100 ms,按"确认"按钮。

(3) 在策略组态窗口中,单击工具条中的"新增策略行"图标,增加一策略行,如图4-25所示。

图 4-25　增加策略行

(4) 单击"策略工具箱"中的"脚本程序",将鼠标指针移到策略块图标上,单击鼠标左键,添加脚本程序构件,如图4-26所示。

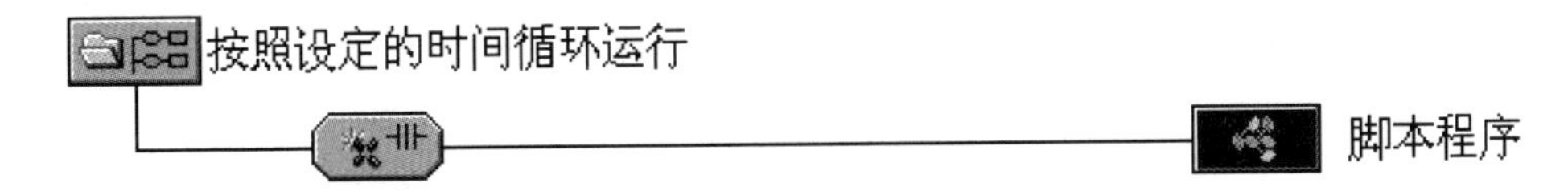

图 4-26　添加脚本程序构件

(5) 双击进入策略条件设置,表达式中输入1,即始终满足条件。

(6) 双击进入脚本程序编辑环境,输入下面的程序:

```
if 移动<=140 then
    移动=移动+1
else
    移动=-140
endif
```

(7) 单击"确认"按钮,脚本程序编写完毕。

4.2.3.3 主画面组态

1. 建立主画面

① 选中“窗口 1”,单击“窗口属性”,进入用户窗口属性设置。

② 将窗口名称改为“主画面”窗口,将标题改为“主画面”;在“窗口背景”中选择所需要的颜色。

2. 定义数据对象和连接设备

(1) 定义数据对象。

各工作站以及全线的工作状态指示灯,单机全线切换旋钮,启动、停止、复位按钮,变频器输入频率设定,机械手当前位置等,都是需要与 PLC 连接,进行信息交换的数据对象。定义数据对象的步骤:

① 单击工作台中的“实时数据库”窗口标签,进入实时数据库窗口页。

② 单击“新增对象”按钮,在窗口的数据对象列表中,增加新的数据对象。

③ 选中对象,按“对象属性”按钮,或双击选中对象,则打开“数据对象属性设置”窗口。然后编辑属性,最后加以确定。表 4-3 列出了与 PLC 连接的数据对象。

表 4-3 与 PLC 连接的数据对象

序号	对象名称	类型	序号	对象名称	类型
1	HMI 就绪	开关型	15	单机全线_供料	开关型
2	越程故障_输送	开关型	16	运行_供料	开关型
3	运行_输送	开关型	17	料不足_供料	开关型
4	单机全线_输送	开关型	18	缺料_供料	开关型
5	单机全线_全线	开关型	19	单机全线_加工	开关型
6	复位按钮_全线	开关型	20	运行_加工	开关型
7	停止按钮_全线	开关型	21	单机全线_装配	开关型
8	启动按钮_全线	开关型	22	运行_装配	开关型
9	单机全线切换_全线	开关型	23	料不足_装配	开关型
10	网络正常_全线	开关型	24	缺料_装配	开关型
11	网络故障_全线	开关型	25	单机全线_分拣	开关型
12	运行_全线	开关型	26	运行_分拣	开关型
13	急停_输送	开关型	27	手爪当前位置_输送	数值型
14	变频器频率_分拣	数值型			

(2) 设备连接。

使定义好的数据对象和 PLC 内部变量进行连接,步骤如下:

① 打开“设备工具箱”,在可选设备列表中,双击“通用串口父设备”,然后双击“西门子_S7200PPI”。出现“通用串口父设备”,“西门子_S7200PPI”。

② 设置通用串口父设备的基本属性,如图 4-27 所示。

③ 双击“西门子_S7200PPI”,进入设备编辑窗口,按表 4-3 的数据,逐个“增加设备通道”,如图 4-28 所示。

图 4-27　设置通用串口父设备

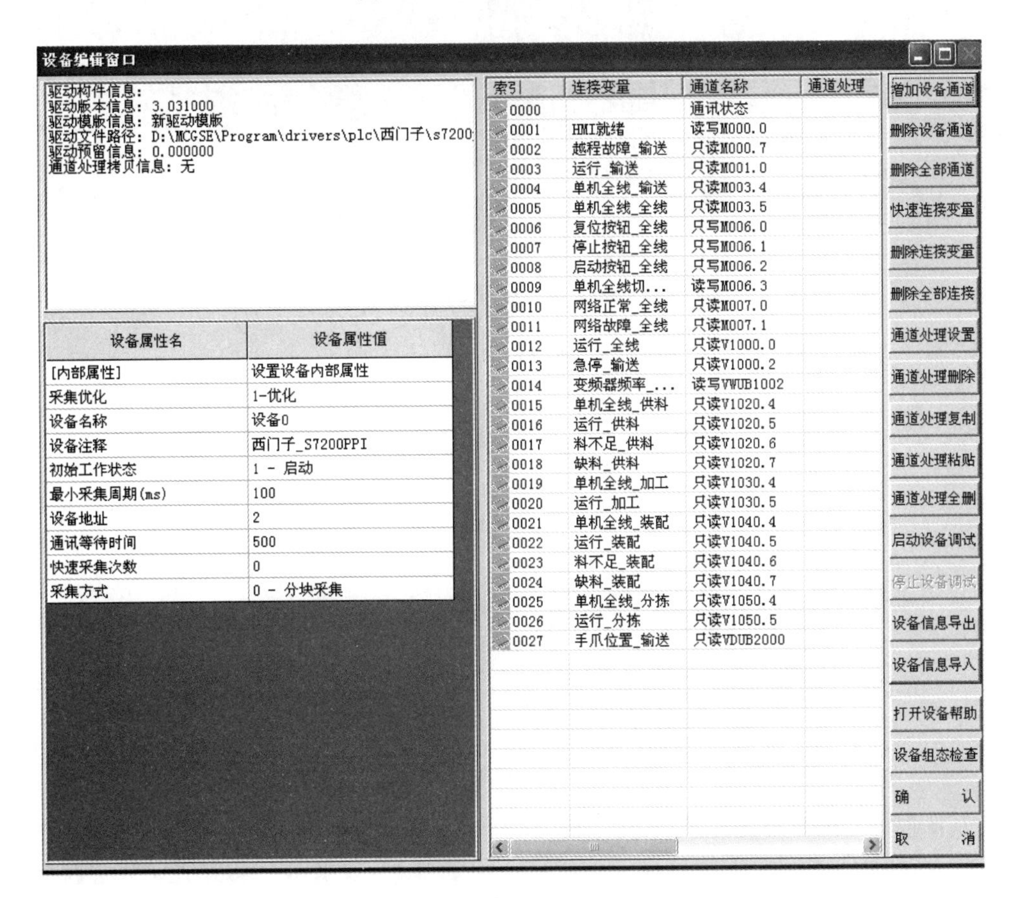

图 4-28　增加设备通道

3. 主画面制作和组态

按如下步骤制作和组态主画面。

(1) 制作主画面的标题文字、插入时钟、在工具箱中选择直线构件、把标题文字下方的区域划分为如图 4-29 所示的两部分。区域左边制作各从站单元画面,右边制作主站输送单元画面。

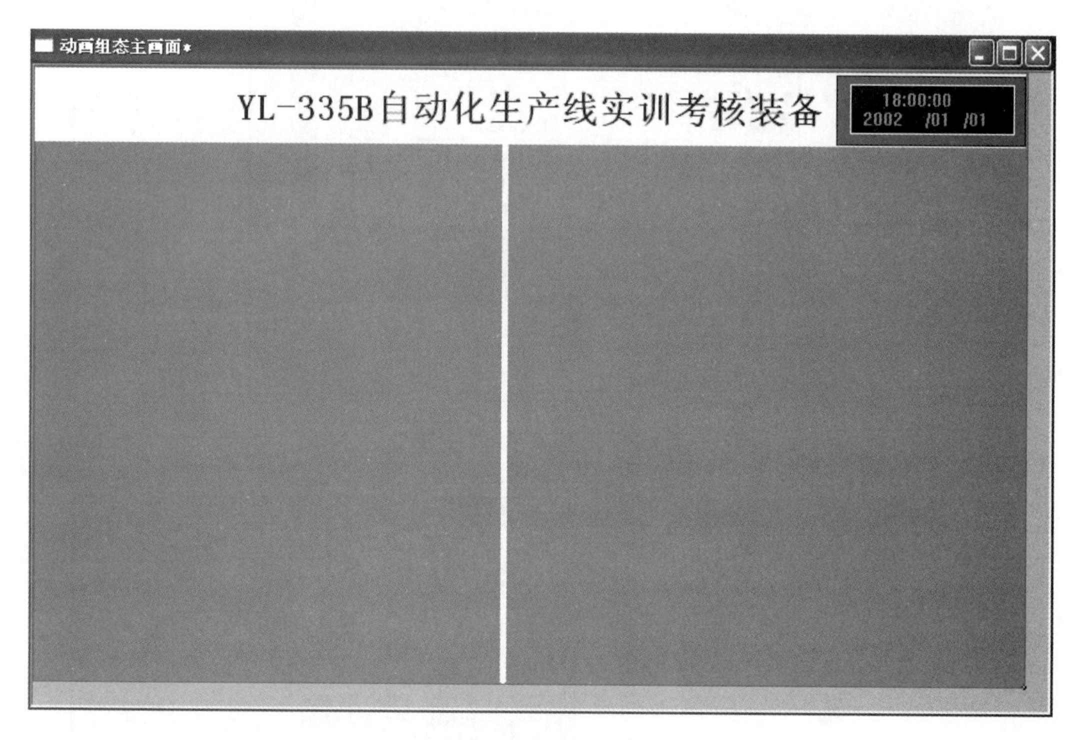

图 4-29 制作主画面

(2) 制作各从站单元画面并组态。以供料单元组态为例,其画面如图 4-30 所示,图中还指出了各构件的名称。这些构件的制作和属性设置前面已有详细介绍,但“供料不足”和“缺料”两状态指示灯有报警闪烁的要求,下面通过制作供料站缺料报警指示灯来着重介绍这一属性的设置方法。

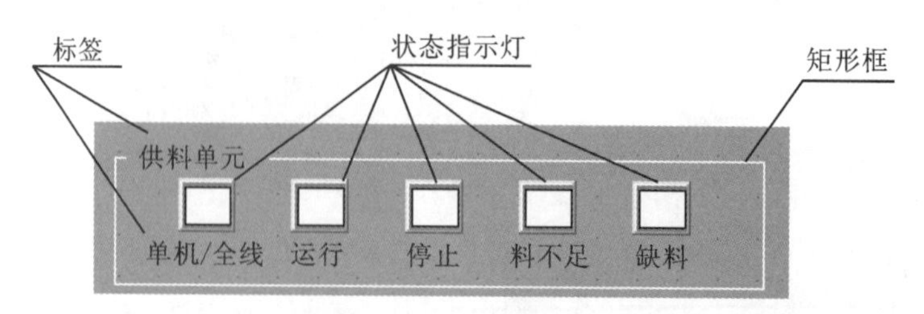

图 4-30 设置标签

与其他指示灯组态不同的是:缺料报警分段点 1 设置的颜色是红色,并且还需组态闪烁功能。步骤是:在属性设置页的特殊动画连接框中勾选“闪烁效果”,“填充颜色”旁边就会出现“闪烁效果”页,如图 4-31(a)所示。点选“闪烁效果”页,表达式选择为“缺料_供料”;在闪烁实现方式框中点选“用图元属性的变化实现闪烁”;填充颜色选择黄色,如图 4-31(b)所示。

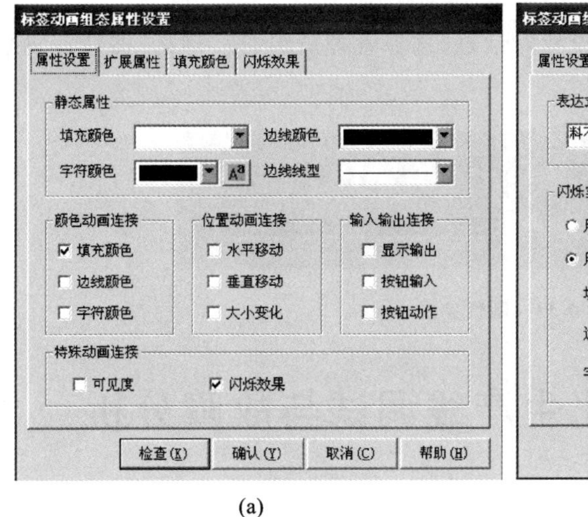

(a)

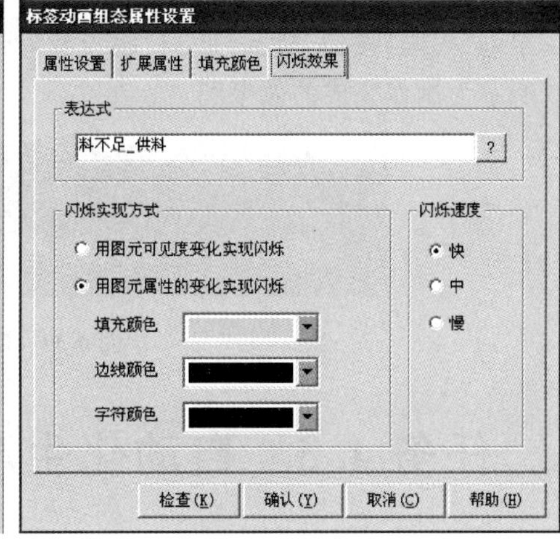

(b)

图 4-31　属性设置

(3) 制作主站输送单元画面。这里只着重说明滑动输入器的制作步骤。

① 选中“工具箱”中的滑动输入器图标，当鼠标呈“＋”字后，拖动鼠标到适当大小。调整滑动块到适当的位置。

② 双击滑动输入器构件，进入如图 4-32 的属性设置窗口。按照下面的值设置各个参数。

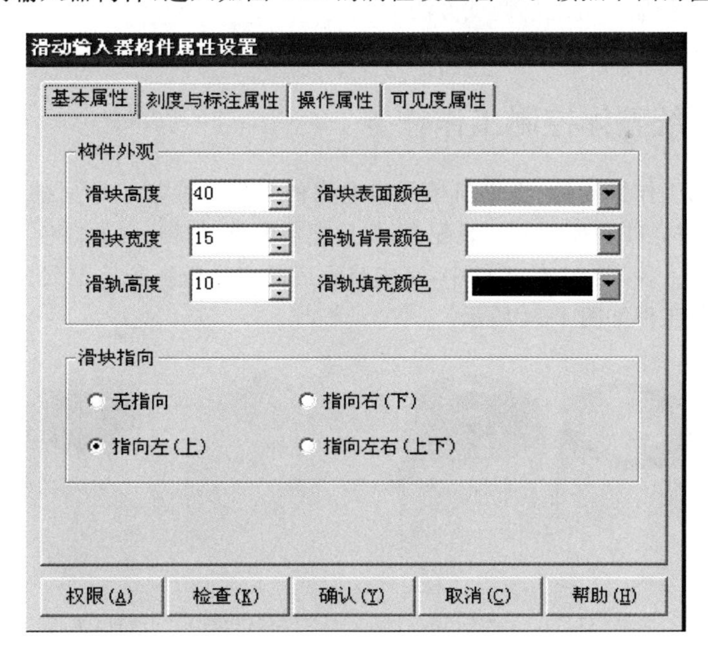

图 4-32　滑动输入器构件属性设置

“基本属性”页中，滑块指向为左(上)。

“刻度与标注属性”页中，主划线数目为 11，次划线数目为 2，小数位数为 0。

“操作属性”页中，对应数据对象名称为手爪当前位置_输送，滑块在最左(下)边时对应的值为 1100，滑块在最右(上)边时对应的值为 0。

其他为缺省值。

③ 单击“权限”按钮，进入用户权限设置对话框，选择管理员组，按“确认”按钮完成制作。图 4-33 所示为制作完成的效果图。

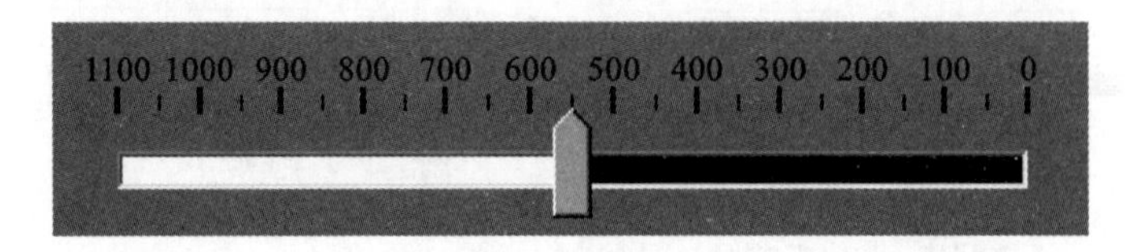

图 4-33 制作完成

任务 4.3 自动化生产线调试与故障分析

【任务提要】

(1) 校验现场开关量、模拟量信号的连接是否正常。

(2) 使用编程工具调试梯形图等控制程序。

(3) 根据故障现象进行故障分析并调试。

【技能目标】

(1) 掌握现场连线的检查方法。

(2) 掌握 PLC 控制系统现场调试方法。

(3) 掌握故障分析的方法。

4.3.1 系统整体控制工作任务

自动生产线的工作目标是：将供料单元料仓内的工件送往加工单元的物料台，加工完成后，把加工好的工件送往装配单元的装配台，然后把装配单元料仓内的白色和黑色两种不同颜色的小圆柱零件嵌入装配台上的工件中，完成装配后的成品送往分拣单元分拣输出。已完成加工和装配工作的工件如图 4-34 所示。

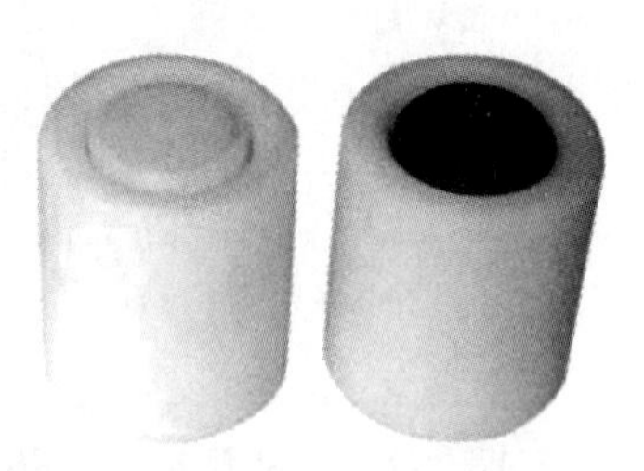

金属(白芯)　金属(黑芯)　　塑料(白芯)　塑料(黑芯)

图 4-34 已完成加工和装配工作的工件

需要完成的工作任务有如下几个。

1. 自动化生产线设备部件安装

完成 YL-335B 自动化生产线的供料、加工、装配、分拣单元和输送单元的部分装配工作。

各工作单元装置部分的装配要求如下：

(1) 供料、加工和装配等工作单元的装配工作已经完成。

(2) 完成分拣单元装置侧的安装和调整，以及工作单元在工作台面上的定位。

(3) 输送单元的直线导轨和底板组件已装配好，必须将该组件安装在工作台上，并完成其余部件的装配，直至完成整个工作单元的装置侧安装和调整。

2. 气路连接及调整

(1) 按照前面所介绍的分拣和输送单元气动系统图完成气路连接。

(2) 接通气源后检查各工作单元气缸初始位置是否符合要求，如不符合应适当调整。

(3) 完成气路调整，确保各气缸运行顺畅和平稳。

3. 电路设计和电路连接

根据生产线的运行要求完成分拣和输送单元电路设计和电路连接。

(1) 设计分拣单元的电气控制电路，并根据所设计的电路图连接电路。电路图应包括PLC的I/O端子分配和变频器主电路及控制电路。电路连接完成后应根据运行要求设定变频器的有关参数，并现场测试旋转编码器的脉冲当量(测试3次取平均值，有效数字为小数后3位)，上述参数应记录在所提供的电路图上。

(2) 设计输送单元的电气控制电路，并根据所设计的电路图连接电路；电路图应包括PLC的I/O端子分配、伺服电动机及其驱动器控制电路。电路连接完成后应根据运行要求设定伺服电动机驱动器有关参数，参数应记录在所提供的电路图上。

4. 各站PLC网络连接

系统的控制方式应采用PPI协议通信的分布式网络控制，并指定输送单元作为系统主站。系统主令工作信号由触摸屏人机界面提供，但系统紧急停止信号由输送单元的按钮/指示灯模块的急停按钮提供。安装在工作桌面上的警示灯应能显示整个系统的主要工作状态，例如复位、启动、停止、报警等。

5. 连接触摸屏并组态用户界面

触摸屏应连接到系统中主站的PLC编程口。

在TPC7062K人机界面上组态画面要求：用户窗口包括主界面和欢迎界面两个窗口，其中的欢迎界面是启动界面；触摸屏上电后运行，屏幕上方的标题文字向右循环移动。

当触摸欢迎界面上任意部位时，都将切换到主窗口界面。主窗口界面组态应具有下列功能：

(1) 提供系统工作方式(单站/全线)选择信号和系统复位、启动和停止信号。

(2) 在人机界面上设定分拣单元变频器的输入运行频率(40～50Hz)。

(3) 在人机界面上动态显示输送单元机械手装置的当前位置(以原点位置为参考点，度量单位为毫米)。

(4) 指示网络的运行状态(正常、故障)。

(5) 指示各工作单元的运行、故障状态。其中故障状态包括：

① 供料单元的供料不足状态和缺料状态。

② 装配单元的供料不足状态和缺料状态。

③ 输送单元抓取机械手装置越程故障(左或右极限开关动作)。

(6) 指示全线运行时系统的紧急停止状态。

欢迎界面和主界面分别如图 4-35 和图 4-36 所示。

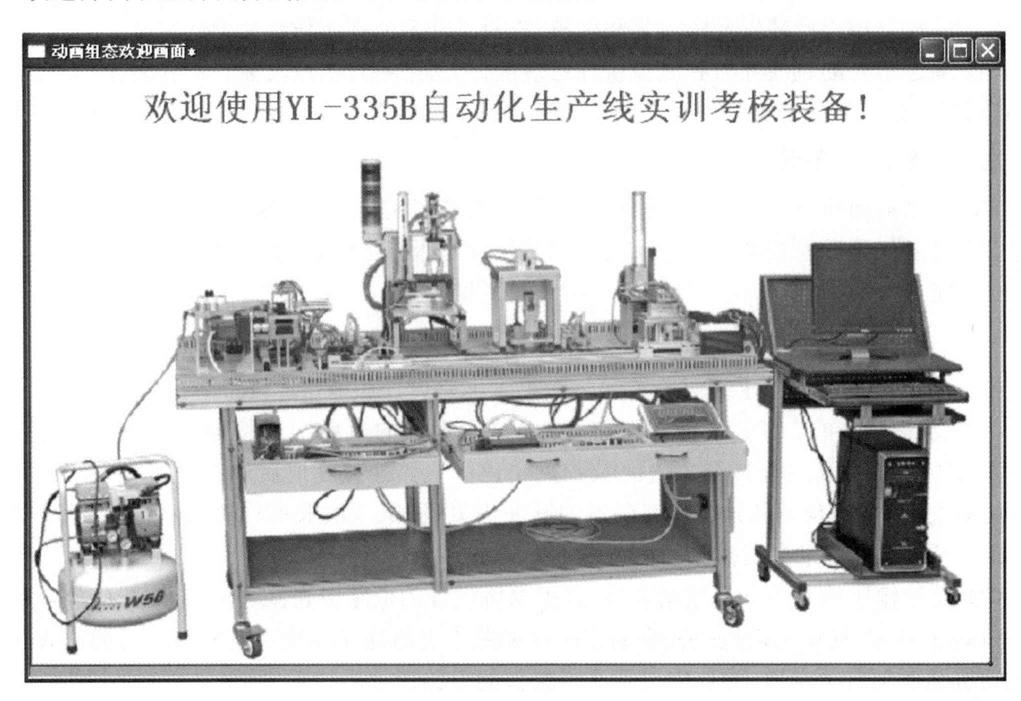

图 4-35　欢迎界面

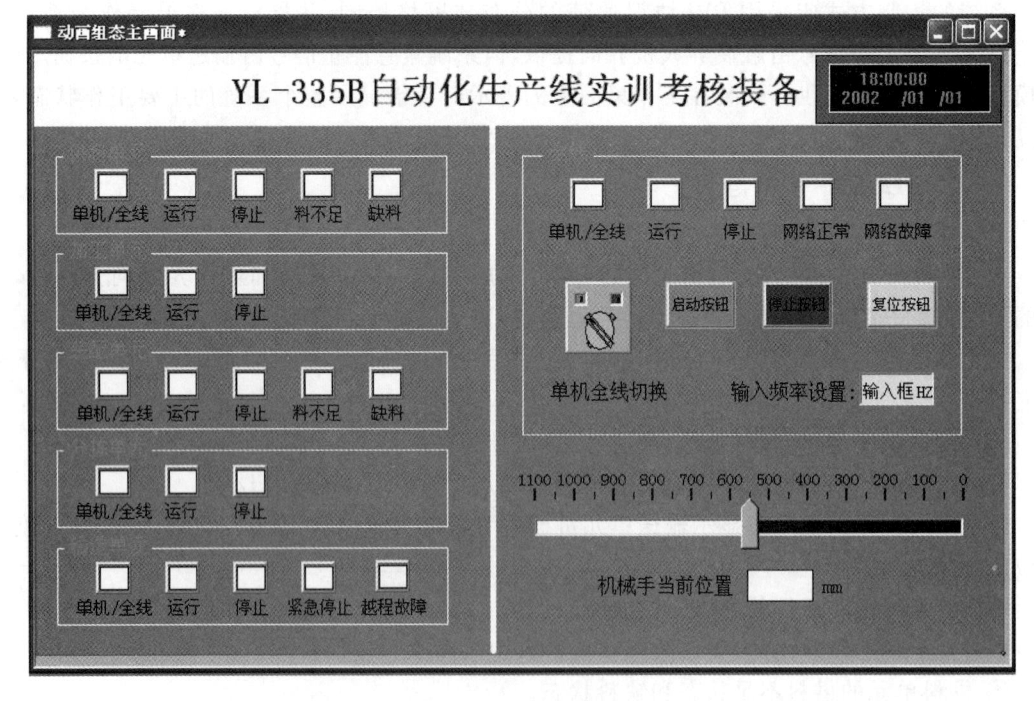

图 4-36　主界面

4.3.2　YL-335B 自动化生产线手动调试

系统的工作模式分为单站测试模式和全线运行模式。

从单站测试模式切换到全线运行模式的条件是:各工作站均处于停止状态,各站的按钮/指示灯模块上的工作方式选择开关置于全线运行模式,此时如果人机界面中的选择开关切换到全线运行模式,系统进入全线运行状态。

要从全线运行模式切换到单站测试模式,仅限当前工作周期完成后人机界面中选择开关切换到单站测试模式才有效。

在全线运行模式下,各工作站仅通过网络接受来自人机界面的主令信号,除主站急停按钮外,所有本站主令信号无效。

1. 单站测试模式

单站测试模式下,各单元工作的主令信号和工作状态显示信号来自其 PLC 旁边的按钮/指示灯模块。并且,按钮/指示灯模块上的工作方式选择开关 SA 应置于“单站方式”位置。各站的具体控制要求如下所述。

(1) 供料站单站测试工作要求。

① 设备上电和气源接通后,如果工作单元的两个气缸满足初始位置要求,且料仓内有足够的待加工工件,则“正常工作”指示灯 HL1 常亮,表示设备准备好。否则,该指示灯以 1 Hz 的频率闪烁。

② 若设备准备好,按下启动按钮,工作单元启动,“设备运行”指示灯 HL2 常亮。启动后,若出料台上没有工件,则应把工件推到出料台上。出料台上的工件被人工取出后,若没有停止信号,则进行下一次推出工件操作。

③ 若在运行中按下停止按钮,则在完成本工作周期任务后,各工作单元停止工作,HL2 指示灯熄灭。

④ 若运行中的料仓内工件不足,则工作单元继续工作,但“正常工作”指示灯 HL1 以 1 Hz 的频率闪烁,“设备运行”指示灯 HL2 保持常亮。若料仓内没有工件,则 HL1 指示灯和 HL2 指示灯均以 2 Hz 的频率闪烁。工作站在完成本周期任务后停止。除非向料仓补充足够的工件,否则工作站不能再启动。

(2) 加工站单站测试工作要求。

① 上电和气源接通后,若各气缸满足初始位置要求,则“正常工作”指示灯 HL1 常亮,表示设备准备好。否则,该指示灯以 1 Hz 的频率闪烁。

② 若设备准备好,按下启动按钮,设备启动,“设备运行”指示灯 HL2 常亮。当待加工工件送到加工台上并被检出后,设备执行将工件夹紧,送往加工区域冲压,完成冲压的动作后返回待料位置的工件加工工序。如果没有停止信号输入,当再有待加工工件送到加工台上时,加工单元又开始下一周期的工作。

③ 在工作过程中,若按下停止按钮,加工单元在完成本周期的动作后停止工作。HL2 指示灯熄灭。

④ 当待加工工件被检出而加工过程开始后,如果按下急停按钮,本单元所有机构应立即停止运行,HL2 指示灯以 1 Hz 的频率闪烁。急停按钮复位后,设备从急停前的断点开始继续

运行。

(3) 装配站单站测试工作要求。

① 设备上电和气源接通后,若各气缸满足初始位置要求,料仓上已经有足够的小圆柱零件;工件装配台上没有待装配工件。则“正常工作”指示灯 HL1 常亮,表示设备准备好。否则,该指示灯以 1 Hz 的频率闪烁。

② 若设备准备好,按下启动按钮,装配单元启动,“设备运行”指示灯 HL2 常亮。如果回转台上的左料盘内没有小圆柱零件,就执行下料操作;如果左料盘内有零件,而右料盘内没有零件,执行回转台回转操作。

③ 如果回转台上的右料盘内有小圆柱零件且装配台上有待装配工件,执行装配机械手抓取小圆柱零件,放入待装配工件中的操作。

④ 完成装配任务后,装配机械手应返回初始位置,等待下一次装配。

⑤ 若在运行过程中按下停止按钮,则供料机构应立即停止供料,在装配条件满足的情况下,装配单元在完成本次装配后停止工作。

⑥ 在运行中发生“工件不足”报警时,指示灯 HL3 以 1 Hz 的频率闪烁,HL1 和 HL2 灯常亮;在运行中发生“工件没有”报警时,指示灯 HL3 以亮 1 s、灭 0.5 s 的方式闪烁,HL2 熄灭,HL1 常亮。

(4) 分拣站单站测试工作要求。

① 在初始状态时,当设备上电和气源接通后,若工作单元的三个气缸满足初始位置要求,则“正常工作”指示灯 HL1 常亮,表示设备准备好。否则,该指示灯以 1 Hz 的频率闪烁。

② 若设备准备好,按下启动按钮,系统启动,“设备运行”指示灯 HL2 常亮。当传送带入料口人工放下已装配的工件时,变频器即启动,驱动传动电动机以指定速度,把工件带往分拣区。

③ 如果金属工件上的小圆柱工件为白色,则该工件对到达 1 号槽中间,传送带停止,工件对被推到 1 号槽中;如果塑料工件上的小圆柱工件为白色,则该工件对到达 2 号槽中间,传送带停止,工件对被推到 2 号槽中;如果工件上的小圆柱工件为黑色,则该工件对到达 3 号槽中间,传送带停止,工件对被推到 3 号槽中。工件被推出滑槽后,该工作单元的一个工作周期结束。仅当工件被推出滑槽后,才能再次向传送带下料。

如果在运行期间按下停止按钮,该工作单元在本工作周期结束后停止运行。

(5) 输送站单站测试工作要求。

单站测试的目标是测试设备传送工件的功能。要求其他各工作单元已经就位,并且在供料单元的出料台上放置了工件,具体测试过程要求如下所述。

① 输送单元在通电后,按下复位按钮 SB1,执行复位操作,使抓取机械手装置回到原点位置。在复位过程中,“正常工作”指示灯 HL1 以 1 Hz 的频率闪烁。

当抓取机械手装置回到原点位置,且输送单元各个气缸满足初始位置的要求,则复位完成,“正常工作”指示灯 HL1 常亮。按下启动按钮 SB2,设备启动,“设备运行”指示灯 HL2 也常亮,开始功能测试过程。

② 抓取机械手装置从供料站出料台抓取工件,抓取的顺序是:手爪伸出→手爪夹紧抓取工件→提升台上升→手爪缩回。

③ 抓取动作完成后,伺服电动机驱动机械手装置向加工站移动,移动速度不小于 300

mm/s。

④ 机械手装置移动到加工站物料台的正前方后，即把工件放到加工站物料台上。抓取机械手装置在加工站放下工件的顺序是：手爪伸出→提升台下降→手爪松开放下工件→手爪缩回。

⑤ 放下工件动作完成 2 s 后，抓取机械手装置执行抓取加工站工件的操作。抓取的顺序与供料站抓取工件的顺序相同。

⑥ 抓取动作完成后，伺服电动机驱动机械手装置移动到装配站物料台的正前方。然后把工件放到装配站物料台上。其动作顺序与加工站放下工件的顺序相同。

⑦ 放下工件动作完成 2 s 后，抓取机械手装置执行抓取装配站工件的操作。抓取的顺序与供料站抓取工件的顺序相同。

⑧ 机械手手爪缩回后，摆台逆时针旋转 90°，伺服电动机驱动机械手装置从装配站向分拣站运送工件，到达分拣站传送带上方入料口后把工件放下，动作顺序与加工站放下工件的顺序相同。

⑨ 放下工件动作完成后，机械手手爪缩回，然后执行返回原点的操作。伺服电动机驱动机械手装置以 400 mm/s 的速度返回，返回 900 mm 后，摆台顺时针旋转 90°，然后以 100 mm/s 的速度低速返回原点停止。

当抓取机械手装置返回原点后，一个测试周期结束。当供料单元的出料台上放置了工件时，再按一次启动按钮 SB2，开始新一轮的测试。

2. 系统正常的全线运行模式测试

在全线运行模式下，各工作站部件的工作顺序以及对输送站机械手装置运行速度的要求与单站运行模式一致。全线运行步骤如下所述。

(1) 执行复位操作。

系统在上电，PPI 网络正常后开始工作。触摸人机界面上的复位按钮，执行复位操作，在复位过程中，绿色警示灯以 2 Hz 的频率闪烁。红色和黄色灯均熄灭。

复位过程包括使输送站机械手装置回到原点位置和检查各工作站是否处于初始状态等内容。

各工作站初始状态是指：

① 各工作单元气动执行元件均处于初始位置。

② 供料单元料仓内有足够的待加工工件。

③ 装配单元料仓内有足够的小圆柱零件。

④ 输送站的紧急停止按钮未按下。

当输送站机械手装置回到原点位置，且各工作站均处于初始状态，则复位完成，绿色警示灯常亮，表示允许启动系统。这时若触摸人机界面上的启动按钮，系统启动，绿色和黄色警示灯均常亮。

(2) 供料站的运行。

系统启动后，若供料站的出料台上没有工件，则应把工件推到出料台上，并向系统发出出料台上有工件的信号。若供料站的料仓内没有工件或工件不足，则向系统发出报警或预警信号。出料台上的工件被输送站机械手取出后，若系统仍然需要推出工件进行加工，则进行下一次推出工件操作。

(3) 输送站运行1。

当工件推到供料站出料台后,输送站抓取机械手装置应执行抓取供料站工件的操作。动作完成后,伺服电动机驱动机械手装置移动到加工站加工物料台的正前方,把工件放到加工站的加工台上。

(4) 加工站运行。

加工站加工台的工件被检出后,执行加工过程。当加工好的工件被重新送回待料位置时,向系统发出冲压加工完成信号。

(5) 输送站运行2。

系统接收到加工完成信号后,输送站机械手应执行抓取已加工工件的操作。抓取动作完成后,伺服电动机驱动机械手装置移动到装配站物料台的正前方,然后把工件放到装配站物料台上。

(6) 装配站运行。

装配站物料台的传感器检测到工件到来后,开始执行装配过程。装入动作完成后,向系统发出装配完成信号。

如果装配站的料仓或料槽内没有小圆柱工件或工件不足,应向系统发出报警或预警信号。

(7) 输送站运行3。

系统接收到装配完成信号后,输送站机械手应抓取已装配的工件,然后从装配站向分拣站运送工件,到达分拣站传送带上方入料口后把工件放下,然后执行返回原点的操作。

(8) 分拣站运行。

输送站机械手装置放下工件、缩回到位后,分拣站的变频器即启动,驱动传动电动机以最高运行频率(由人机界面指定)的80%运行,把工件带入分拣区进行分拣,工件分拣原则与单站运行相同。当分拣气缸活塞杆推出工件并返回后,应向系统发出分拣完成信号。

(9) 系统工作结束。

仅当分拣站分拣工作完成,并且输送站机械手装置回到原点,系统的一个工作周期才结束。如果在工作周期内没有触摸过停止按钮,系统在延时1 s后开始下一周期工作。如果在工作周期内曾经触摸过停止按钮,系统工作结束,警示灯中的黄色灯熄灭,绿色灯仍保持常亮。系统工作结束后若再按下启动按钮,则系统又重新工作。

3. 异常工作状态测试

(1) 工件供给状态的信号警示。

如果发生来自供料站或装配站的“工件不足”的预报警信号或“工件没有”的报警信号,则系统动作如下所述。

① 如果发生“工件不足”的预报警信号警示灯中红色灯以1 Hz的频率闪烁,绿色和黄色灯保持常亮,系统继续工作。

② 如果发生“工件没有”的报警信号,警示灯中红色灯以亮1 s、灭0.5 s的方式闪烁;黄色灯熄灭,绿色灯保持常亮。

若“工件没有”的报警信号来自供料站,且供料站物料台上已推出工件,系统继续运行,直至完成该工作周期尚未完成的工作。当该工作周期工作结束,系统将停止工作,除非“工件没有”的报警信号消失,系统不能再启动。

若“工件没有”的报警信号来自装配站,且装配站回转台上已落下小圆柱工件,系统继续运

行，直至完成该工作周期尚未完成的工作。当该工作周期工作结束，系统将停止工作，除非“工件没有”的报警信号消失，系统不能再启动。

(2) 急停与复位。

系统工作过程中按下输送站的急停按钮，则输送站立即停车。在急停复位后，应从急停前的断点开始继续运行。但若按下急停按钮时，机械手装置正在向某一目标点移动，则急停复位后，输送站机械手装置应首先返回原点位置，然后再向原目标点运动。

习　题　11

一、填空题

1. TPC7062K 供电电源为__________直流电源。

2. YL-335B 自动化生产线有__________、__________、__________、__________及__________共五个工作站。

3. 串行数据通信中，传输速率又称__________，单位是__________。

二、简答题

1. 简述 PPT 通信协议的特点。

2. 简述 YL-335B 自动化生产线调试过程中的两种模式。

3. 简述自动化生产线由哪几部分组成？各部分的基本功能是什么？

附录A　自动线装配与调试任务书

一、竞赛设备及工艺过程描述

YL-335B自动生产线由供料、装配、加工、分拣和输送等5个工作站组成，各工作站均设置一台PLC承担其控制任务，各PLC之间通过RS485串行通信的方式实现互联，构成分布式的控制系统。

系统主令工作信号由连接到输送站PLC的触摸屏人机界面提供，整个系统的主要工作状态除了在人机界面上显示外，尚须由安装在装配单元的警示灯显示启动、停止、报警等状态。

自动生产线的工作目标如下所述。

(1) 将供料单元料仓内金属或白色塑料的待装配工件送往装配单元的装配台进行装配。

(2) 装配工作如下：把装配单元料仓内的白色或黑色的小圆柱零件嵌入到装配台的待装配工件中，完成装配后的成品(嵌入白色零件的金属工件简称白芯金属工件，嵌入黑色零件的金属工件简称黑芯金属工件；嵌入白色零件的白色塑料工件简称白芯塑料工件，嵌入黑色零件的白色塑料工件简称黑芯塑料工件)送往加工站。

(3) 在加工单元完成对工件的一次压紧加工，然后送往分拣单元。已装配和加工的成品工件如图A-1所示。

金属（白芯）　金属（黑芯）

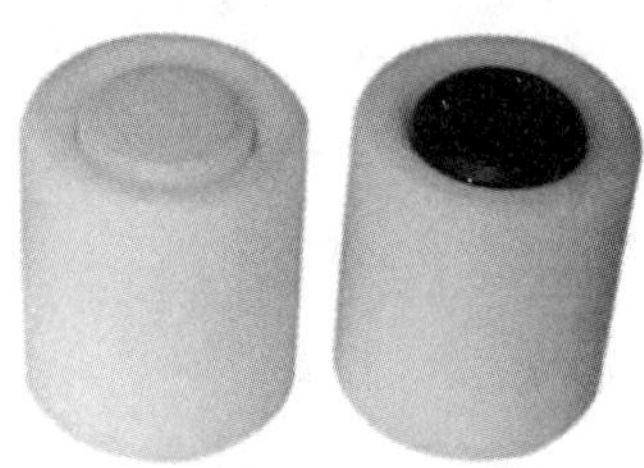

塑料（白芯）　塑料（黑芯）

图A-1　已完成加工和装配工作的工件

(4) 通过分拣机构，从1号槽应输出满足第一种套件关系的工件(每个白芯金属工件和一个黑芯金属工件搭配组合成一组套件)；从2号槽应输出满足第二种套件关系的工件(每个白芯塑料工件和一个黑芯塑料工件搭配组合成一组套件)。分拣时不满足上述套件关系的工件从3号槽输出作为散件。

(5) 从1号槽或2号槽输出的总套件数达到指定数量时，一批生产任务完成，系统停止工作。

二、需要完成的工作任务

(一) 自动生产线设备部件安装

完成YL-335B自动生产线的供料、装配、加工、分拣单元和输送单元的部分装配工作，并

把这些工作单元安装在 YL-335B 的工作桌面上。

1. 各工作单元装置侧部分的装配要求

(1) 供料和装配工作单元装置侧部分的机械部件安装、气路连接工作已完成,选手须进一步按工作任务要求完成该单元在工作桌面上的定位,并进行必要的调整工作。

(2) 完成加工单元装置侧部分部件的安装和调整以及工作单元在工作台面上定位。装配的效果图如图 A-2 所示。

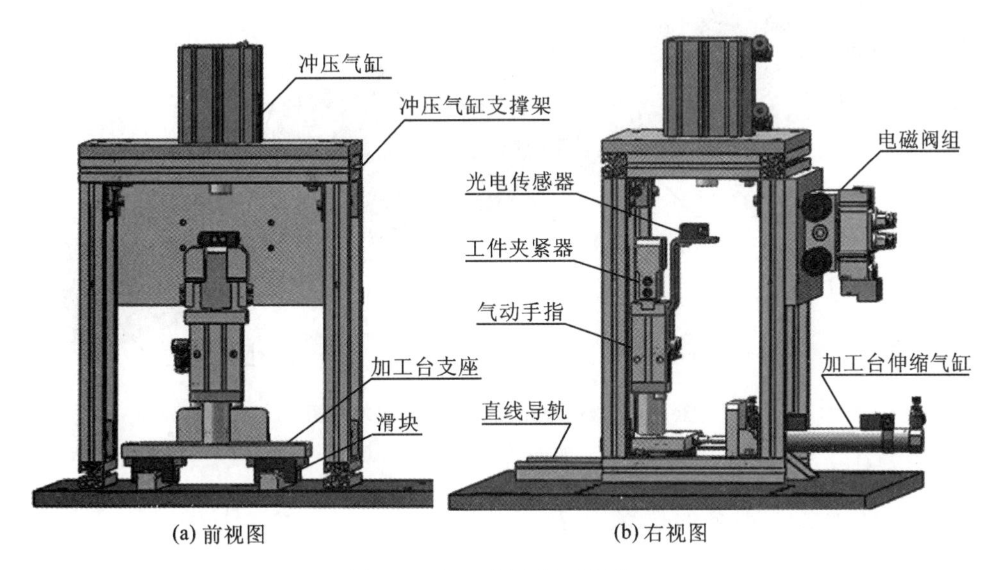

图 A-2　加工单元装配效果图

(3) 完成分拣单元装置侧部分部件的安装和调整以及工作单元在工作台面上的定位。装配的效果图如图 A-3 所示。

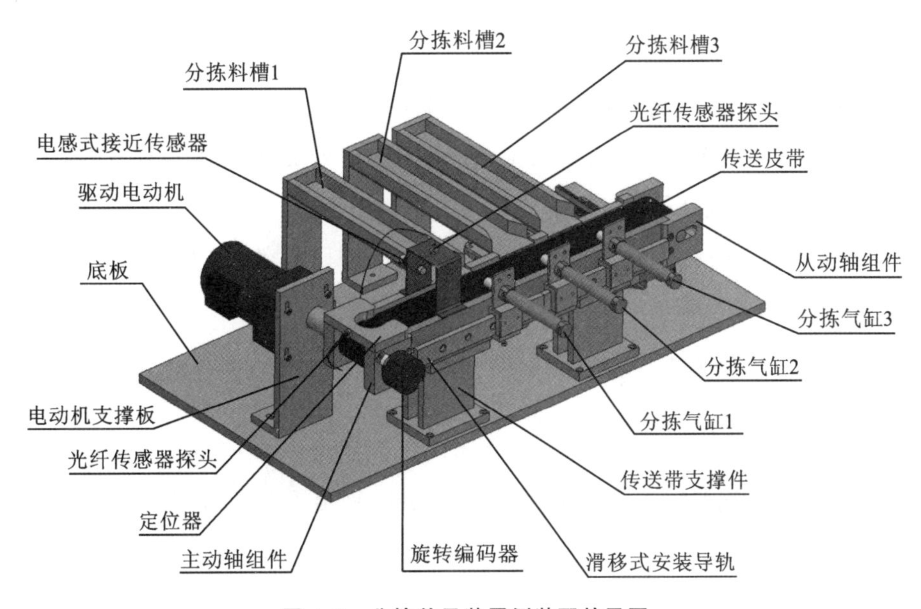

图 A-3　分拣单元装置侧装配效果图

(4) 完成输送单元在工作台面上的定位,装置侧各部件的安装和调整。输送单元装置侧的装配效果图如图 A-4 所示。

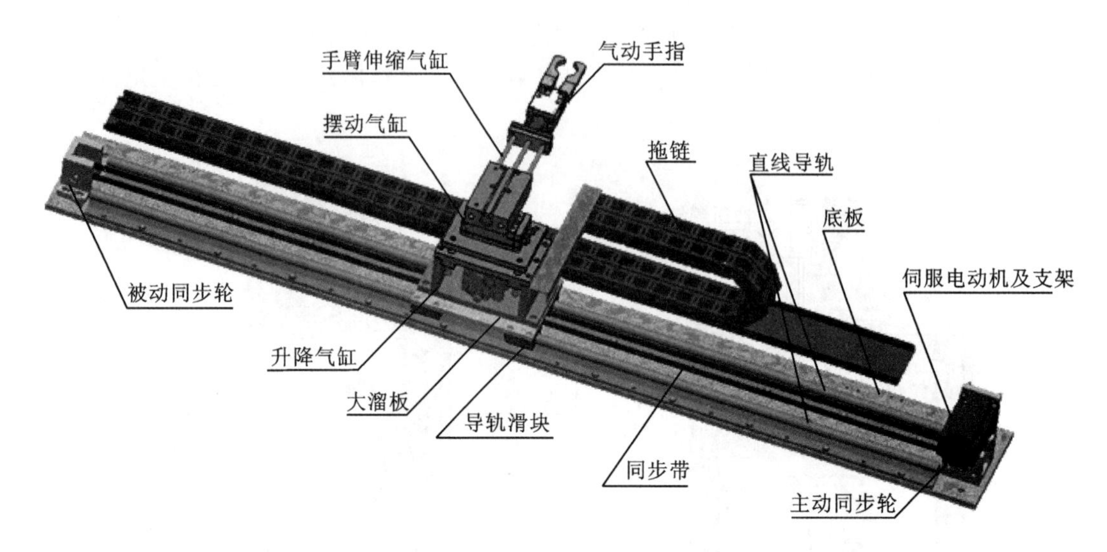

图 A-4　输送单元装置侧的装配效果图

2. 工作单元装置部分的安装位置

YL-335B 自动生产线各工作单元装置部分的安装位置如图 A-5 所示。图中,长度单位为 mm。

(二) 气路连接及调整

(1) 按照图 A-6、图 A-7 和图 A-8 所示的加工、分拣和输送单元气动系统图完成该三个工作单元的气路连接,并调整气路,确保各气缸运行顺畅和平稳。

(2) 检查供料和装配单元各气缸初始位置是否符合下列要求,如不符合请适当调整。

① 供料单元的推料气缸和顶料气缸均处于缩回状态。

② 装配站的挡料气缸处于伸出状态,顶料气缸处于缩回状态。装配机械手的升降气缸处于提升状态,伸缩气缸处于缩回状态,气爪处于松开状态。

③ 完成气路调整,确保各气缸的运行顺畅和平稳。

(三) 电路设计和电路连接

(1) 装配单元的电气接线已经完成,表 A-1(a)、(b)列出了 PLC 的 I/O 分配表,作为程序编制的依据。

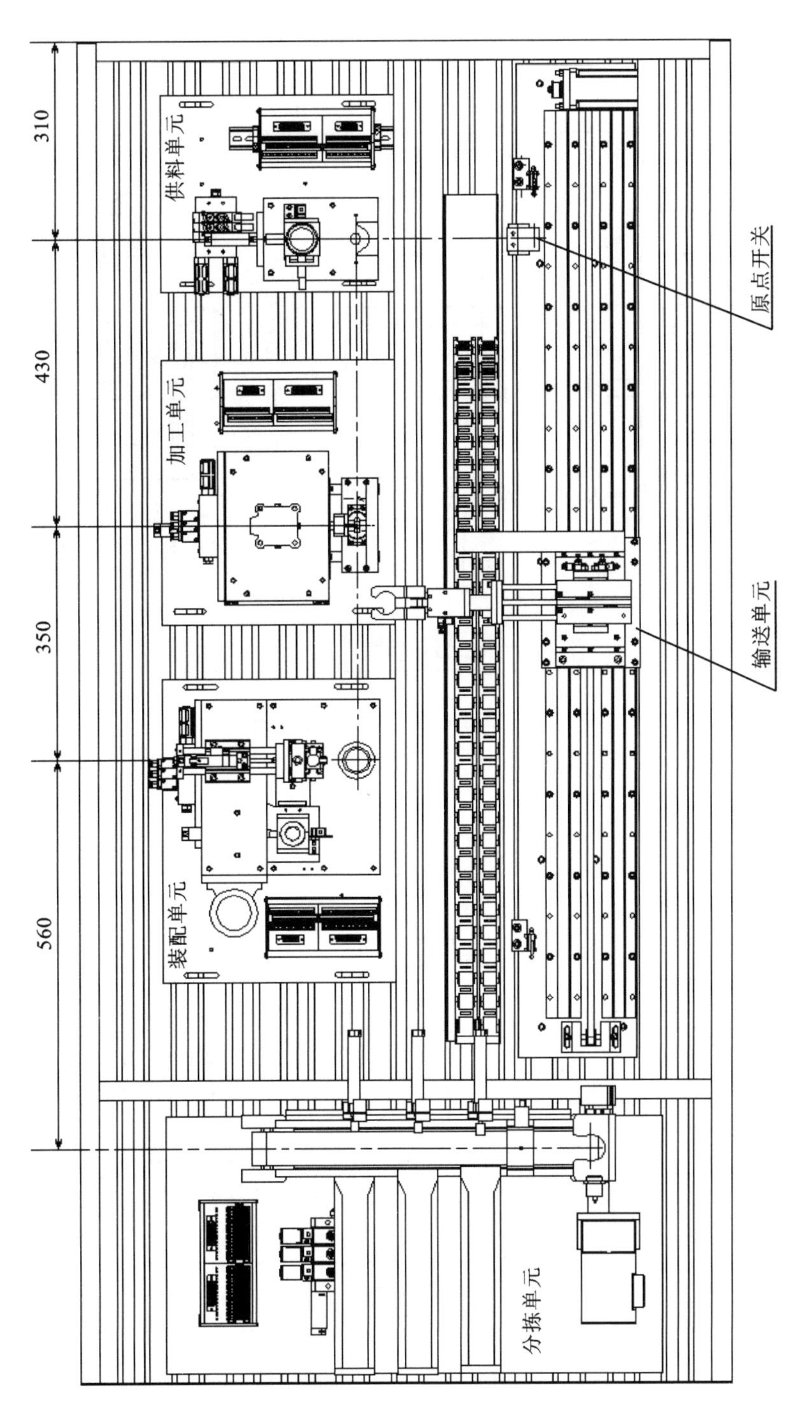

图 A-5　YL-335B 自动生产线设备俯视图

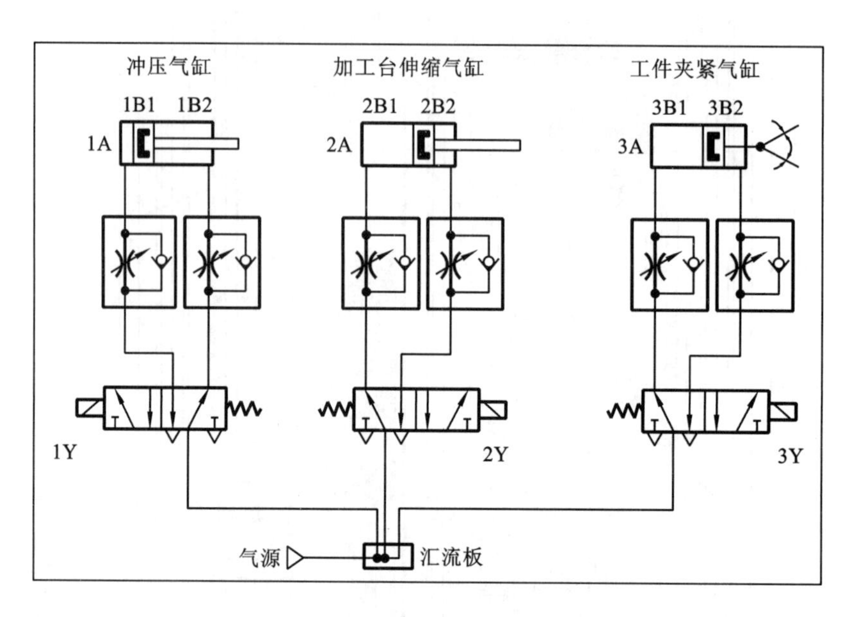

图 A-6 加工单元气动系统原理图

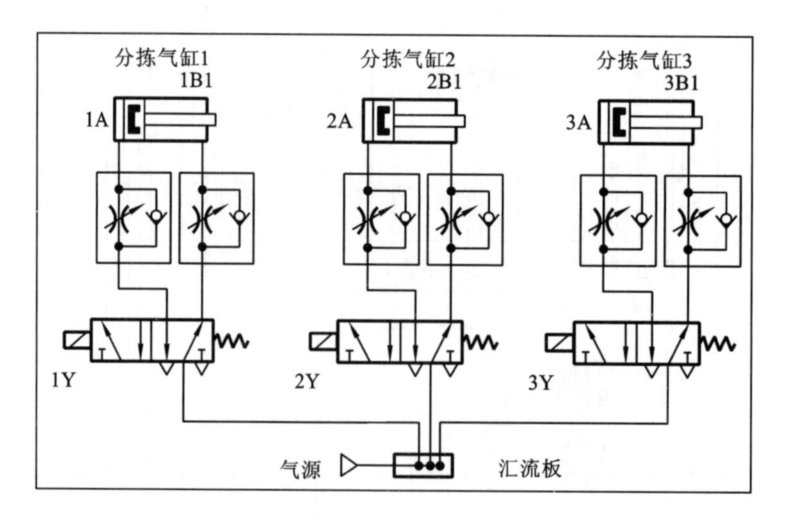

图 A-7 分拣单元气动系统原理图

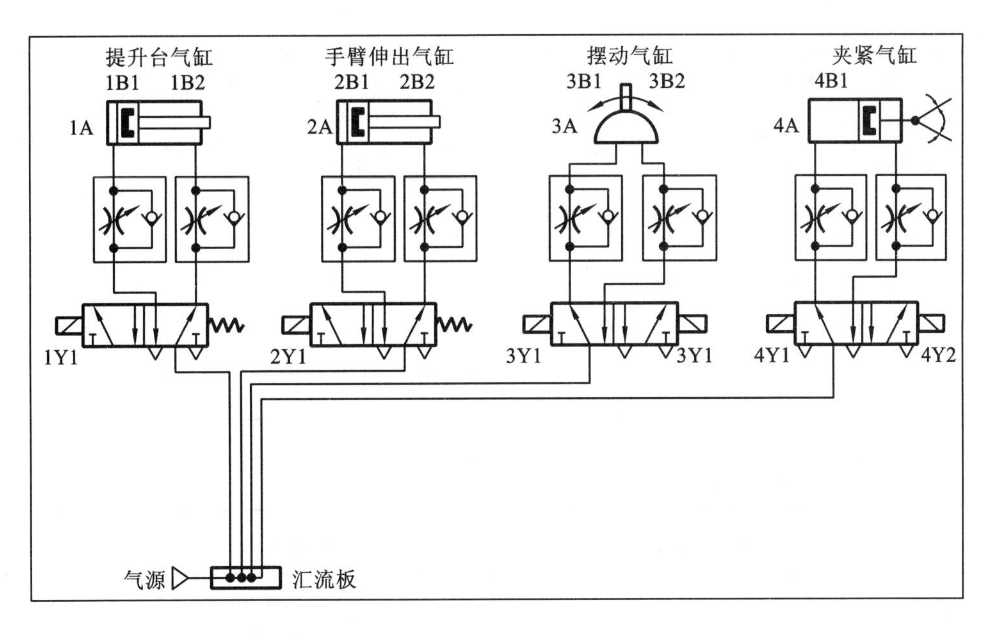

图 A-8　输送单元气动系统原理图

表 A-1(a)　装配单元 PLC(S7-200 系列)的 I/O 信号表

输入信号				输出信号			
序号	PLC输入点	信号名称	信号来源	序号	PLC输出点	信号名称	信号来源
1	I0.0	零件不足检测		1	Q0.0	挡料电磁阀	
2	I0.1	零件有无检测		2	Q0.1	顶料电磁阀	
3	I0.2	左料盘零件检测		3	Q0.2	回转电磁阀	
4	I0.3	右料盘零件检测		4	Q0.3	手爪夹紧电磁阀	
5	I0.4	装配台工件检测		5	Q0.4	手爪下降电磁阀	装置侧
6	I0.5	顶料到位检测		6	Q0.5	手臂伸出电磁阀	
7	I0.6	顶料复位检测		7	Q0.6	红色警示灯	
8	I0.7	挡料状态检测	装置侧	8	Q0.7	橙色警示灯	
9	I1.0	落料状态检测		9	Q1.0	绿色警示灯	
10	I1.1	摆动气缸左限检测		10	Q1.1		
11	I1.2	摆动气缸右限检测		11	Q1.2		
12	I1.3	手爪夹紧检测		12	Q1.3		
13	I1.4	手爪下降到位检测		13	Q1.4		
14	I1.5	手爪上升到位检测		14	Q1.5	HL1	
15	I1.6	手臂缩回到位检测		15	Q1.6	HL2	按钮/指示灯模块
16	I1.7	手臂伸出到位检测		16	Q1.7	HL3	
17	I2.0						

续表

输入信号				输出信号			
序号	PLC输入点	信号名称	信号来源	序号	PLC输出点	信号名称	信号来源
18	I2.1						
19	I2.2						
20	I2.3						
21	I2.4	停止按钮	按钮/指示灯模块				
22	I2.5	启动按钮					
23	I2.6	急停按钮					
24	I2.7	单机/联机					

表 A-1(b)　装配单元 PLC(FX 系列)的 I/O 信号表

输入信号				输出信号			
序号	PLC输入点	信号名称	信号来源	序号	PLC输出点	信号名称	信号来源
1	X000	零件不足检测	装置侧	1	Y000	挡料电磁阀	装置侧
2	X001	零件有无检测		2	Y001	顶料电磁阀	
3	X002	左料盘零件检测		3	Y002	回转电磁阀	
4	X003	右料盘零件检测		4	Y003	手爪夹紧电磁阀	
5	X004	装配台工件检测		5	Y004	手爪下降电磁阀	
6	X005	顶料到位检测		6	Y005	手臂伸出电磁阀	
7	X006	顶料复位检测		7	Y006	红色警示灯	
8	X007	挡料状态检测		8	Y007	橙色警示灯	
9	X010	落料状态检测		9	Y010	绿色警示灯	
10	X011	摆动气缸左限检测		10	Y011		
11	X012	摆动气缸右限检测		11	Y012		
12	X013	手爪夹紧检测		12	Y013		
13	X014	手爪下降到位检测		13	Y014		
14	X015	手爪上升到位检测		14	Y015	HL1	按钮/指示灯模块
15	X016	手臂缩回到位检测		15	Y016	HL2	
16	X017	手臂伸出到位检测		16	Y017	HL3	
17	X020						
18	X021						
19	X022						
20	X023						

续表

输入信号				输出信号			
序号	PLC输入点	信号名称	信号来源	序号	PLC输出点	信号名称	信号来源
21	X024	停止按钮	按钮/指示灯模块				
22	X025	启动按钮					
23	X026	急停按钮					
24	X027	单机/联机					

(2) 供料单元的电气接线已经完成，请根据实际接线确定PLC的I/O分配，作为程序编制的依据。

(3) 加工单元PLC侧已经完成接线，请核查接线端口所对应的I/O信号，确定I/O分配，然后据此完成装置侧的电气接线。

(4) 设计分拣单元的电气控制电路，并根据所设计的电路图连接电路。电路图应包括PLC的I/O端子分配和变频器主电路及控制电路。电路连接完成后应根据运行要求设定变频器的有关参数(其中要求斜坡下降时间或减速时间参数不小于1 s)，变频器有关参数应以表格形式记录在所提供的电路图上。

(5) 设计输送单元的电气控制电路，并根据所设计的电路图连接电路。电路图应包括PLC的I/O端子分配、伺服电动机及其驱动器控制电路。电路连接完成后应根据运行要求设定伺服电动机驱动器的有关参数，参数应以表格形式记录在所提供的电路图上。

(6) 说明。

① 所有连接到接线端口的导线应套上标号管，标号的编制自行确定。

② PLC侧所有端子接线必须采用压接方式。

(四) 各站PLC网络连接

对不同厂家的PLC系统，所指定的网络通信方式如下：

(1) 采用西门子S7-200系列时，指定为PPI方式，并指定输送单元作为系统主站。

(2) 采用三菱FX系列时，指定为N:N方式，并指定输送单元作为系统主站。

(五) 连接触摸屏并组态用户界面

触摸屏应连接到系统中主站PLC的相应接口。在TPC7062KS人机界面上组态画面，要求用户窗口包括欢迎界面、输送站测试界面和主界面窗口。

(1) 欢迎界面是启动界面，触摸屏上电后运行，欢迎界面屏幕上方的标题文字向左循环移动，循环周期约为14 s，当触摸欢迎界面上的任意部位时，都将切换到输送站测试界面。欢迎界面如图A-9所示，其中的位图文件存放在个人计算机的“桌面\技术文档\”文件夹中。

(2) 输送站测试界面应按照下列功能要求自行设计。

① 输送站测试包括抓取机械手装置单项动作测试和直线运动机构驱动测试。测试界面应能实现两项测试内容的切换。

② 使用界面中的开关、按钮等来提供抓取机械手装置单项动作测试的主令信号。单项动

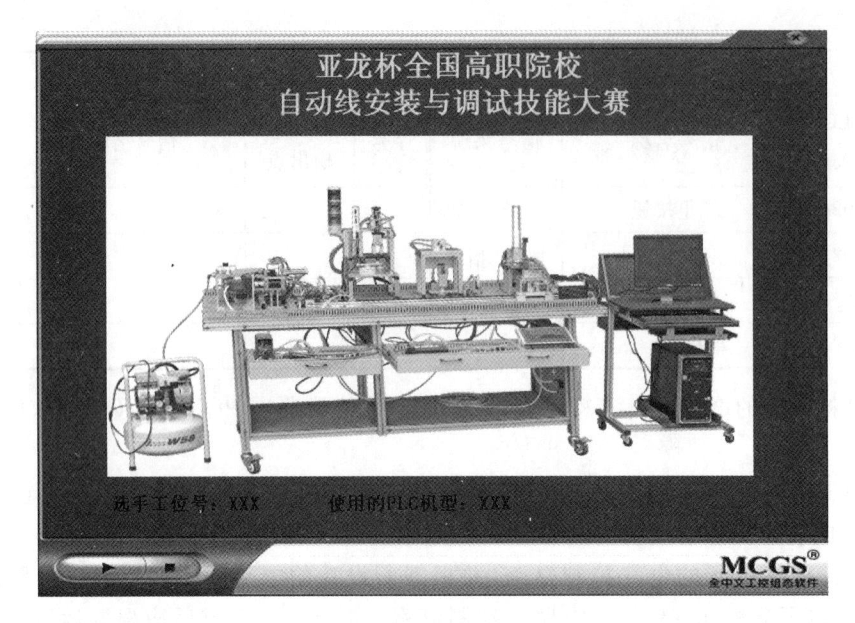

图 A-9　欢迎界面

作测试包括：升降气缸的上升/下降；手臂伸缩气缸的伸出/缩回；气动手指的夹紧/松开；摆动气缸的左旋/右旋。

③ 使用界面中的指示灯元件，显示测试时各气缸的工作状态。

④ 使用界面中的选择开关元件，提供直线运动机构驱动测试时运行速度的档次信号。界面上应能显示当前抓取机械手沿直线导轨运动的方向和速度数值。

⑤ 测试界面应提供切换到主界面的按钮，在单站测试完成条件下，可切换到主窗口界面。

(3) 主界面窗口如图 A-10 所示。其界面组态应具有下列功能：

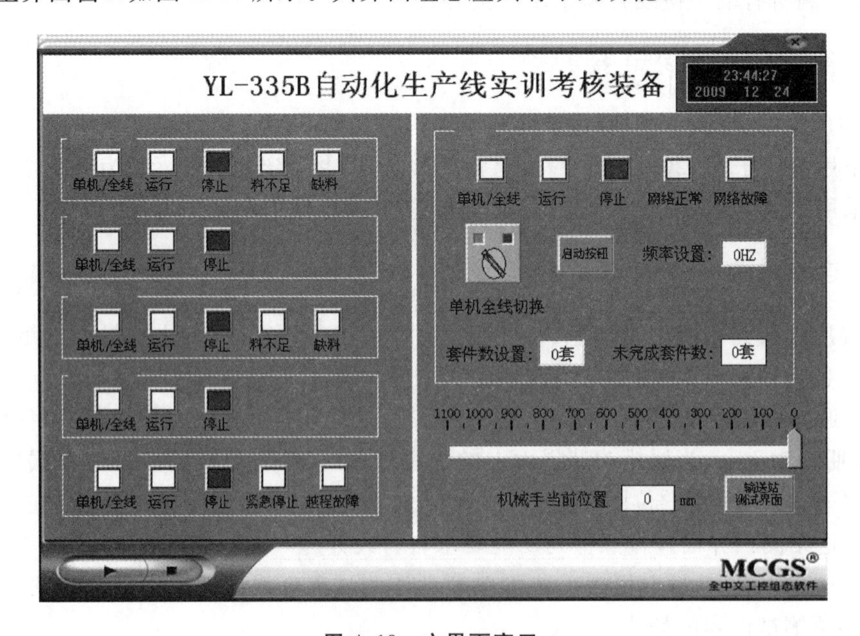

图 A-10　主界面窗口

① 提供系统工作方式(单站/全线)选择信号、系统启动和停止信号。

② 在人机界面上可设定计划生产套件总数,并在生产过程中显示尚须完成的套件总数。

③ 在人机界面上设定分拣单元变频器的运行频率(40～50 Hz)。

④ 在人机界面上动态显示输送单元机械手装置的当前位置(以原点位置为参考点,度量单位为 mm)。

⑤ 指示网络的运行状态(正常、故障)。

⑥ 指示各工作单元的运行、故障状态。其中故障状态包括:

■ 供料单元的供料不足状态和缺料状态。

■ 装配单元的供料不足状态和缺料状态。

■ 输送单元抓取机械手装置越程故障(左或右极限开关动作),以及工作单元运行中的紧急停止状态。发生上述故障时,有关的报警指示灯以闪烁方式报警。

⑦ 当系统停止全线运行时,若工作方式选择为单站方式,按下"返回"按钮,返回到输送站测试界面。

(六) 程序编制及调试

系统的工作模式分为单站测试模式和全线运行模式。系统上电后应首先进入单站测试模式。仅当所有单站在停止状态且选择全线运行模式,以及在人机界面中选择开关置为全线运行模式,系统才能投入全线运行。若需从全线运行模式切换到单站测试模式,仅当系统工作停止后,在人机界面中选择开关切换到单站测试模式才有效。各工作站要进行单站测试,其按钮/指示灯模块上的方式选择开关应置于单站方式。

1. 单站测试模式

1) 供料站单站测试要求

① 设备上电和气源接通后,若工作单元的两个气缸满足初始位置要求,且料仓内有足够的待加工工件,出料台上没有工件,则"正常工作"指示灯 HL1 常亮,表示设备准备好。否则,该指示灯以 1 Hz 的频率闪烁。

② 若设备准备好,按下启动按钮 SB1,工作单元将处于启动状态。这时按一下推料按钮 SB2,表示有供料请求,设备应执行把工件推到出料台上的操作。每当工件被推到出料台上时,"推料完成"指示灯 HL2 亮,直到出料台上的工件被人工取出后熄灭。工件被人工取出后,再按 SB2,设备将再次执行推料操作,若按下 SB1,则工作单元停止工作。

③ 若在运行过程中,料仓内工件不足,则工作单元继续工作,但"正常工作"指示灯 HL1 以 1 Hz 的频率闪烁。若料仓内没有工件,则 HL1 指示灯和 HL2 指示灯均以 2 Hz 的频率闪烁。设备在本次推料操作完成后停止。除非向料仓补充足够的工件,工作站不能再启动。

2) 装配站单站测试要求

① 设备上电和气源接通后,若各气缸满足初始位置要求,料仓上已经有足够的小圆柱零件;工件装配台上没有待装配工件。则"正常工作"指示灯 HL1 常亮,表示设备准备好。否则,该指示灯以 1 Hz 的频率闪烁。

② 若设备准备好,按下启动按钮,装配单元启动,"设备运行"指示灯 HL2 常亮。如果回转台上的左料盘内没有小圆柱零件,就执行下料操作;如果左料盘内有零件,而右料盘内没有零件,执行回转台回转操作。

③ 如果回转台上的右料盘内有小圆柱零件且装配台上有待装配工件,执行装配机械手抓取小圆柱零件,放入待装配工件中进行操作。

④ 完成装配任务后,装配机械手应返回初始位置,等待下一次装配。

⑤ 若在运行过程中按下停止按钮,则供料机构应立即停止供料,在装配条件满足的情况下,装配单元在完成本次装配后停止工作。

⑥ 在运行中发生“零件不足”报警时,指示灯 HL3 以 1 Hz 的频率闪烁,HL1 和 HL2 灯常亮;在运行中发生“零件没有”报警时,指示灯 HL3 以亮 1 s、灭 0.5 s 的方式闪烁,HL2 熄灭,HL1 常亮。工作站在完成本周期任务后停止。除非向料仓补充足够的工件,否则工作站不能再启动。

3) 加工站单站测试要求

① 上电和气源接通后,若各气缸满足初始位置要求,则“正常工作”指示灯 HL1 常亮,表示设备准备好。否则,该指示灯以 1 Hz 的频率闪烁。

② 若设备准备好,按下启动按钮,设备启动,“设备运行”指示灯 HL2 常亮。当待加工工件送到加工台上并被检出后,设备执行将工件夹紧,送往加工区域冲压,完成冲压动作后返回待料位置的工件加工工序。如果没有停止信号输入,当再有待加工工件送到加工台上时,加工单元又开始下一周期工作。

③ 在工作过程中,若按下停止按钮,加工单元在完成本周期的动作后停止工作,HL2 指示灯熄灭。

4) 分拣站单站测试要求

① 设备上电和气源接通后,若工作单元的三个气缸满足初始位置要求,则“正常工作”指示灯 HL1 常亮,表示设备准备好。否则,该指示灯以 1 Hz 频率闪烁。

② 若设备准备好,按下启动按钮,系统启动,“设备运行”指示灯 HL2 常亮。当传送带入料口人工放下已装配的工件时,变频器即启动,驱动传动电动机以指定速度,把工件带往分拣区。

③ 满足第一种套件关系的工件(一个白芯金属工件和一个黑芯金属工件搭配组合成一组套件,不考虑两个工件的排列顺序)到达 1 号槽中间时,传送带停止,推料气缸 1 动作把工件推出;满足第二种套件关系的工件(一个白芯塑料工件和一个黑芯塑料工件搭配组合成一组套件,不考虑两个工件的排列顺序)到达 2 号槽中间时,传送带停止,推料气缸 2 动作把工件推出。不满足上述套件关系的工件到达 3 号槽中间时,传送带停止,推料气缸 3 动作把工件推出。

工件被推出滑槽后,该工作单元的一个工作周期结束。仅当工件被推出滑槽后,才能再次向传送带下料,开始下一个工作周期。

如果每种套件均被推出 1 套,则测试完成。在最后一个工作周期结束后,设备退出运行状态,指示灯 HL2 熄灭。

说明:假设每当一套套件在分拣单元被分拣推出到相应的出料槽后,即被后序的打包工艺设备取出,打包工艺设备不属于本生产线控制。

5) 输送站的单站测试要求

输送站的单站测试包括抓取机械手装置单项动作测试和直线运动机构的运行测试。两项测试内容的选择指令,由人机界面发出。

① 抓取机械手装置单项动作测试时，设备响应 HMI 界面上的主令信号，单步执行抓取机械手的手臂上升/下降、伸出/缩回；手爪的夹紧/松开和机械手手臂的 90°回转。

② 进行直线运动机构的运行测试时，通过按钮/指示灯模块的按钮 SB1、SB2 和输送站测试界面上的速度选择开关点动驱动抓取机械手装置沿直线导轨运动。其中，按钮 SB1 实现正向点动运转功能，按钮 SB2 实现反向点动运转功能；HMI 界面上的选择开关 SA1 指令 2 挡速度选择，第 1 挡速度要求为 50 mm/s，第 2 挡速度要求为 200 mm/s。在按下 SB1 或 SB2 实现点动运转时，应允许切换 SA1，改变当前运转速度。但当运转速度为 200 mm/s 时，机械手手臂必须在缩回状态。

③ 直线运动机构的运行测试应包括原点校准功能。当原点搜索操作完成，可同时按下 SB1、SB2 按钮 2 s，确认抓取机械手装置已在原点位置。

④ 仅当抓取机械手装置上各气缸返回初始位置，抓取机械手位于原点位置时，单站测试才能认为完成。

2. 系统正常的全线运行模式

(1) 人机界面切换到主画面窗口后，输送站 PLC 程序应首先检查供料、装配、加工和分拣等工作站是否处于初始状态。初始状态是指：

① 各工作单元气动执行元件均处于初始位置。

② 供料单元料仓内有足够的待加工工件。

③ 装配单元料仓内有足够的小圆柱零件。

④ 输送站的紧急停止按钮未按下。

若上述条件中任一条件不满足，则安装在装配站上的绿色警示灯以 2 Hz 的频率闪烁，红色和黄色灯均熄灭，这时系统不能启动。

如果上述各工作站均处于初始状态，绿色警示灯常亮。若人机界面中设定的计划生产套件总数大于零，则允许启动系统。这时若触摸人机界面上的启动按钮，系统启动，绿色和黄色警示灯均常亮，并且供料站、加工站和分拣站的指示灯 HL3 常亮，表示系统在全线方式下运行。

(2) 计划生产套件总数的设定只能在系统未启动或处于停止状态时进行，套件数量一旦指定且系统进入运行状态后，在该批工作完成前，修改套件数量无效。

(3) 系统正常运行情况下，各从站的工艺工作过程与单站过程相同，但运行的主令信号均来源于系统主站。同时，各从站应将本站运行中有关的状态信息发回主站。

① 供料站接收到系统发来的启动信号时，即进入运行状态。在接收到供料请求信号时，即进行把工件推到出料台上的操作。工件推出到出料台后，应向系统发出出料台上有工件信号。若供料站的料仓内没有工件或工件不足，则向系统发出报警或预警信号。当系统发来的启动信号被复位时，工作站在完成本工作周期后退出运行状态。

② 装配站接收到系统发来的启动信号时，即进入运行状态。装配站物料台的传感器检测到工件到来后，开始执行装配过程。装入动作完成后，向系统发出装配完成信号。

如果装配站的料仓或料槽内没有小圆柱零件或零件不足，应向系统发出报警或预警信号。当系统发来的启动信号被复位时，工作站按正常停止的流程退出运行状态。

③ 加工站接收到系统发来的启动信号时，即进入运行状态，当加工台上有工件且被检出后，执行加工过程。冲压动作完成且加工台返回待料位置后，向系统发出加工完成信号。

④ 分拣站接收到系统发来的启动信号时,即进入运行状态。当输送站机械手装置放下工件、缩回到位后,分拣站的变频器即启动,驱动传动电动机以70%人机界面所指定的变频器运行频率的速度,把工件带入分拣区进行分拣,工件分拣原则与单站测试的相同。当分拣气缸活塞杆推出工件并返回后,向系统发出分拣完成信号。

(4) 输送站的工艺工作流程。

① 输送站接收到人机界面发来的启动指令后,即进入运行状态,并把启动指令发往各从站。

② 当接收到供料站的“出料台上有工件”信号后,输送站抓取机械手装置应执行抓取供料站工件的操作。动作完成后,伺服电动机驱动机械手装置以不小于300 mm/s的速度移动到装配站装配台的正前方,把工件放到装配站的装配台上。

③ 接收到装配完成信号后,机械手装置应抓取已装配的工件,然后从装配站向加工站运送工件,到达加工站的加工台正前方,把工件放到加工台上。机械手装置的运动速度要求与流程②相同。

④ 接收到加工完成信号后,机械手装置应执行抓取已压紧工件的操作。抓取动作完成后,机械手臂逆时针旋转90°,然后伺服电动机驱动机械手装置移动到分拣站进料口。执行在传送带进料口上方把工件放下的操作。机械手装置的运动速度要求与流程②相同。

⑤ 机械手装置完成放下工件的操作并缩回到位后,手臂应顺时针旋转90°,然后伺服电动机驱动机械手装置以不小于400 mm/s的速度,高速返回原点。

仅当分拣站完成一次分拣操作,并且输送站机械手装置回到原点,系统的一个工作周期才认为结束。如果从分拣站1号槽或2号槽推出的套件总数未达到设定值,系统在暂停1 s后,开始下一工作周期。

如果在1号槽或2号槽推出的套件总数达到所指定值时,系统工作结束,警示灯中黄色灯熄灭,绿色灯仍保持常亮。系统工作结束后若再按下启动按钮,则系统又重新开始工作。

3. 异常工作状态测试

1)工件供给状态的信号警示

如果发生来自供料站或装配站的“工件不足”的预报警信号或“工件没有”的报警信号,则系统动作如下:

① 如果发生“工件不足”的预报警信号警示灯中的红色灯以1 Hz的频率闪烁,绿色灯和黄色灯保持常亮,系统继续工作。

② 如果发生“工件没有”的报警信号,警示灯中红色灯以亮1 s、灭0.5 s的方式闪烁;黄色灯熄灭,绿色灯保持常亮。

若“工件没有”的报警信号来自供料站,且供料站物料台上已推出工件,系统继续运行,直至完成该工作周期尚未完成的工作。当该工作周期工作结束,系统将停止工作,除非“工件没有”的报警信号消失,系统不能再启动。

若“工件没有”的报警信号来自装配站,且装配站回转台上已落下小圆柱零件,系统继续运行,直至完成该工作周期尚未完成的工作。当该工作周期工作结束,系统将停止工作,除非“工件没有”的报警信号消失,否则系统不能再启动。

2) 系统急停与复位

系统运行中若需紧急停车(按下输送站急停按钮),则各工作站立即停车。在急停复位后,

应从急停前的断点开始继续运行。若在急停时，输送站机械手正在向某一目标位置运动，急停复位后，允许在接近目标点时以低速(1000 Hz)到达目标点。

三、注意事项

(1) 选手应在试卷指定页内完成输送单元的电气控制电路设计图、分拣单元变频器主电路和控制电路设计图。

(2) 选手提交最终的 PLC 程序，存放在"D:\2010 自动线\××"文件夹下(××：工位号)。选手的试卷用工位号标识，不得写上姓名或与身份有关的信息(竞赛时每组发放三套试题，选手将所有答案集中写在其中一套上并在试卷的封面标明"答卷"，三套试题一并收回)。

(3) 比赛中如果出现下列情况时另行扣分：

① 调试过程中由于撞击造成抓取机械手不能正常工作的扣 15 分。

② 选手认定器件有故障可提出更换，经裁判测定器件完好时每次扣 3 分，器件确实损坏时每更换一次补时 3 min。

(4) 由于错误接线等原因引起 PLC、伺服电动机及驱动器、变频器和直流电源损坏的，取消竞赛资格。

参考文献

［1］ 晏华成.自动化生产线的安装与调试[M].北京：电子工业出版社，2015.

［2］ 中国亚龙科技集团组.自动化生产线安装与调试[M].北京：中国铁道出版社，2010.

［3］ 周天沛.自动化生产线的安装与调试[M].北京：化学工业出版社，2013.

［4］ 吴明亮.自动化生产线技术[M].北京：化学工业出版社，2011.

［5］ 雷声勇.自动化生产线装调综合实训教程[M].北京：机械工业出版社，2014.

［6］ 宁宗奇.自动生产线装配、调试与维修[M].北京：机械工业出版社，2011.

［7］ 吕景泉.自动化生产线安装与调试[M].北京：中国铁道出版社，2009.

［8］ 孙佳海.自动线的安装与调试[M].北京：高等教育出版社，2010.

［9］ 刘彬.自动生产线安装与调试[M].北京：化学工业出版社，2012.

［10］ 廖常初.西门子人机界面（触摸屏）组态与应用技术[M].北京：机械工业出版社，2008.

［11］ 金沙.PLC 应用技术[M].北京：中国电力出版社，2010.

［12］ 牟志华.液压与气动技术[M].北京：中国铁道出版社，2010.

［13］ 盛靖琪.自动线安装与调试[M].北京：机械工业出版社，2012.